高 等 学 校 教 材

化 工 导 论

邹长军 编

石油工业出版社

内 容 提 要

化工是继土木、机械和电气之后形成的第四大工程，对人类文明和社会发展的影响是巨大的。本书作为一本导论性的入门教材，除了阐述化工学科的形成、发展与学科内涵外，还从原料和燃料的角度介绍了煤、石油和天然气等资源的加工和能源利用，从产品工程的角度介绍了石油天然气化工产品、高分子化工产品及精细化工产品等内容。但不管是原料加工还是目的产品生产，化工基础、环境友好及可持续发展的知识是重要的，因此，在本书的后两章向读者介绍了这方面的内容。

本书可作为化工类专业学生了解本专业的导论性教材，还可供从事或准备从事化工、石油、材料、能源、动力、机械、冶金、轻工等行业的专业和非专业人员参考。

图书在版编目（CIP）数据

化工导论／邹长军编 . — 北京：石油工业出版社，2018.9（2022.8 重印）

高等学校教材

ISBN 978 – 7 – 5183 – 2825 – 3

Ⅰ . ①化⋯ Ⅱ . ①邹⋯ Ⅲ . ①化学工程—高等学校—教材 Ⅳ . ①TQ02

中国版本图书馆 CIP 数据核字（2018）第 199616 号

出版发行：石油工业出版社

（北京市朝阳区安华里 2 区 1 号楼 100011）

网 址：www.petropub.com

编辑部：（010）64523579

图书营销中心：（010）64523633

经 销：全国新华书店

排 版：北京密东文创科技有限公司

印 刷：北京中石油彩色印刷有限责任公司

2018 年 9 月第 1 版 2022 年 8 月第 3 次印刷

787 毫米 × 1092 毫米 开本：1/16 印张：13.25

字数：336 千字

定价：29.90 元

前 言

Preface

　　如何写好一本让即使没有一点儿专业背景的人也能看得懂的书是编者一直思考的问题。"化工"一词本身就有很多释义，既可以理解为化学工业、化学工程和化学工艺的总括，也可以理解为它们其中的一部分。如果再加上"导论"二字，用以引导读者轻松愉快地了解化工学科的奥妙，对于编者来说，无论如何都是一种挑战。

　　很感谢我们的先贤们在这方面所做的工作，当编者每每踏进图书馆驻足于书海中时，呈现在眼前的不仅仅是所寻找的资料，更被一种"为中华之崛起而读书"的精神所激励，那一刻仿若看见了无数的年轻后辈们投身于"化工"的宏大场景。"化工"这个国民经济的支柱产业，尤其在科技高度发展的今天，所起的作用更是不可或缺。

　　那么"化工"的内涵是什么？它又是如何发展形成的？未来，在人们对美好生活要求越来越高的时代，它的作用和地位又将如何变化？这些疑问不仅需要如编者般的老辈们思考，也需要更多的各行各业的年轻的科学工作者和工程师们思考。

　　编写本书的目的就是引导，给那些不同专业、不同层次的人们以启发，尤其是即将涉入化工专业的莘莘学子。如果说还能带来学科交叉或给非化工专业的读者带来启迪的话，那实在是编者的荣幸。

　　在本书编写过程中，天津大学王富民教授、重庆大学刘清才教授、吉林化工学院谭乃迪教授、北京理工大学珠海学院王淑波教授、中石油四川石油化工有限公司孙然功高工、中石油大庆油田分公司刘超工程师提出了许多宝贵意见和有益的指教。另外，本书还参考和应用了许多网络公开的图片和中外文献，并承蒙西南石油大学教材建设委员会的大力支持，在此一并深表谢意。

　　限于编者水平，错漏在所难免，恳请读者批评指正。

编者

2018 年 6 月

目　　录

第一章
化工的发展历程

　　"化工"一词，通常是化学工业、化学工艺和化学工程的总称或者其中之一。人类在长期的生活和生产活动中，为了求得生存和发展，不断地对大自然进行探索，逐步加深了对周围世界的认识，从而促进了人类文明的发展。在漫长的历史实践中，人类越发善于利用自然条件和改造自然，创造了丰富的物质世界。

　　在古代，人类的生活主要依赖于对天然物质的直接利用，或从天然物质中提取所需要的物质。随着人们需求的不断提高，当这些天然物质的固有性质不能满足要求时，便产生了加工技术。凡运用化学方法改变物质的组成或结构，或合成新物质的加工过程都属于化学生产技术（Chemical Technology），也就是今天我们所说的化学工艺，所得的产品称为化学品或化工产品。这样，许多自然界没有的物质就被源源不断地创造了出来。

　　最开始，人类生产这些产品的场所一般都是手工作坊，后来演变为工厂，并在土木建筑、机械制造等工业之后，逐步形成了一个特定的生产部门，即化学工业（Chemical Industry）。

　　随着生产力的发展，有些生产部门，如冶金、造纸、制革、炼油等，已作为独立的生产部门从化学工业中划分出来。尤其是随着石油炼制和石油化工的蓬勃发展，化学工程（Chemical Engineering）学科应运而生，即以化学、物理学和数学为基础并结合其他工程技术，研究化工生产过程中的共同规律，解决规模放大和大型化中出现的诸多工程技术问题的学科。化学工程学科把化学工业从经验或半经验状态生产提高到了一个新的水平，从而使化学工业进入了理论和设计生产过程的新阶段，能够以更大的生产规模和创造能力，为人类增添大量的物质财富，加快了工业文明发展的进程。

　　总之，不同的历史时期、不同的场合，"化工"一词其含义不同。习惯上，"化工"已成为一个总的知识门类和事业的代名词，它在国民经济和工程技术中具有重要意义，广泛地引起了人们的兴趣，吸引着成千上万的人们为之奋斗。

第一节　化工学科形成

一、化工概念的提出

　　"化学工程"这一概念，最早由英国曼彻斯特地区的制碱业检查员 G. E. 戴维斯（图 1-1）提出，当时，法国革命时期已经出现了吕布兰法制碱。到了 19 世纪 70 年代，制碱、硫酸、化肥、煤化工等都已有了相当的规模，化学工业在这一时期产生了许多杰出的成就。例如索尔维法制碱中所用的纯碱碳化塔，高达 20 余米，在其中可同时进行化学吸收、结晶、沉降等过程，即使在今天看来，仍然是一项了不起的成就。但在当时取得这些成就的

图1-1 G.E. 戴维斯[●]

人们却认为自己是化学家，而没有意识到自己已经在履行着化学工程师的职责。

G. E. 戴维斯通过总结指出：化学工业发展中所面临的诸多问题往往是工程问题；各种化工生产工艺，都是由为数不多的基本操作如蒸馏、蒸发、干燥、过滤、吸收和萃取组成的，可以对它们进行综合的研究和分析；化学工程将成为继土木工程、机械工程、电气工程之后的第四门工程学科。

虽然戴维斯的这些观点当时在英国没有被普遍接受，但对当时的英国还是有一定的影响，其证据之一就是1885年新成立的英国伦敦帝国学院，在创办的三个系中就有化学工程系，尽管该系讲授的课程只是化学和机械工程的混合，不久就停办了。戴维斯仍继续根据自己的观点搜集资料，并进行整理和分析。在1887~1888年，戴维斯在曼彻斯特工学院作了12次演讲，系统阐述了化学工程的任务、作用和研究对象。这些演讲的内容后来陆续发表在曼彻斯特出版的《化工贸易杂志》上，并在此基础上写成了《化学工程手册》，于1901年出版。这是世界上第一本阐述各种化工生产过程共性规律的著作，出版后很受欢迎，并于1904年出版了第二版。

二、化学工程专业的建立

1. 化学工程课程的开设

与英国的情况相反，戴维斯的这些活动在美国却引起了普遍的关注，化学工程这一名词在美国很快获得了广泛应用。1888年，根据 L. M. 诺顿教授的提议，麻省理工学院开设了世界上第一个定名为"化学工程"的四年制学士学位课程，即著名的第十号课程。随后，宾夕法尼亚大学（1892）、戴伦大学（1894）、密歇根大学（1898）也相继开设了类似的课程。这些课程的开设标志着培养化学工程人才的开始。但这些课程的主要内容是由化学和机械工程构成的，还未具有今天化学工程专业的特点。这样培养出来的化学工程人才虽然具有制造各种化工产品的工艺知识，但仍不懂得化工生产的内在规律，因此还不能满足化学工业发展的需要。

戴维斯虽然提出了培养化学工程师的一种新途径，但是他的工作因偏重于对以往经验的总结和对各种化工基本操作的定性阐述，还缺乏创立一门独立学科所需要的理论深度。1902年华克尔受命开始对麻省理工学院化学工程的实验教学环节进行改造，由此拉开了化学工程教育改革的序幕，使化学工程进入了一个新的发展时期。

2. 化工单元操作概念的提出与化学工程师的培养

华克尔当时是著名物理化学家 A. 诺伊斯的助手，在此之前他曾和 A. D. 利特尔一起从事化学工业方面的咨询工作，这种经历使他有条件致力于探索如何把物理化学和工业化学知识结合起来，去解决化学工业发展中面临的工程问题。1905年华克尔在哈佛大学受聘讲述

---

❶ G. E. 戴维斯，1850年生于英国伊顿，曾就学于斯劳机械学院和皇家矿业学校。20岁以前从事由煤气中提取苯的试验工作。1870年，任曼彻斯特的贝莱漂洗厂化学师。1872年，任坎诺克蔡斯化工厂厂长。1880年起在曼彻斯特从事私人咨询顾问工作，并任英国皇家碱业视察员。1881年，他协助创立英国化学工业协会。1895年，任英国化学工程学会曼彻斯特分会主席。

的工业化学课程中，已经形成了现今化工原理课程的基本思想。因此，1907 年华克尔全面修订了化学工程课程计划，更加强调学生的化学训练和工程原理的实际应用。

1）化学工程师的培养

利特尔（图 1-2）长期从事化学工业方面的咨询工作，基于对化学工程的兴趣，以及同华克尔的友谊，他一直关心着麻省理工学院的化学工程教育。1908 年，根据他的建议，麻省理工学院建立了应用化学实验室和化学工程实用学校，让学生接受各种化工基本操作的实际训练。1915 年，他在给麻省理工学院的一份报告中，提出了单元操作的概念，报告指出，任何化工生产过程，无论其规模大小都可以用一系列称为单元操作的技术来处理。只有将纷杂众多的化工生产过程分解为构成它们的单元操作来进行研究，才能使化学工程专业具有广泛的适应能力。这些建议对化学工程学科的发展产生了深远的影响。

利特尔当时所说的单元操作，实际上就是以物理化学、传递过程和化工热力学为理论基础，研究实现蒸馏、干燥等各单元操作的过程和设备，故后来的课程设置中又将单元操作称为化工过程及设备、化工原理等。单元操作的应用遍及化工、冶金、能源、食品、轻工、核能和环境保护等部门，对这些部门生产的大型化和现代化起着重要作用。化工过程常用的单元操作见表 1-1。

图 1-2 A. D. 利特尔[1]

表 1-1 化工过程常用的单元操作

类 别	名 称	目 的
流体流动过程	流体输送	物料以一定的流量输送
	沉降与过滤	从气体或液体中分离悬浮的颗粒或液滴
	混合	使液体与其他物质均匀混合，构成混合物，或强化物理、化学过程，也有固体混合
传热过程	换热	使物料升温、降温或改变相态
	蒸发	使溶剂汽化而与不挥发溶质分离
传质分离过程	蒸馏	通过汽化和冷凝而分离液体混合物
	吸收	用液体吸收剂分离气体混合物
	萃取	用液体萃取剂分离液体混合物
	浸取	用液体溶剂浸渍固体物料，使可溶组分与残渣分离
	吸附	用固体吸附剂分离气体或液体混合物
	离子交换	用离子交换剂从稀溶液中提取或除去某些离子
	膜分离	用固体或液体膜分离气体或液体混合物
热质传递过程	增湿	调节与控制气体中的水汽含量
	干燥	加热固体，使所含液体（如水）汽化而除去
	结晶	使液体或气体混合物中溶质变成晶体析出
热力过程	制冷	将物料冷却到环境温度以下

[1] A. D. 利特尔，美国化学工程界的先驱者，1908 年参与发起成立了美国化学工程师协会，并担任该协会的主席。他提出了单元操作概念，对皮革、氯酸钾、醋酸纤维素的制造和应用等方面作出了贡献。

类 别	名 称	目 的
粉体工程	颗粒分级	将固体颗粒分为大小不同的部分
	粉碎	在外力作用下，使固体物料变成小颗粒
	流态化	用流体使大量固体颗粒悬浮并使其具有流体状态的特性

随着化学工业的发展，单元操作一直处在不断的发展之中，其中最活跃的领域是混合物的分离。近年来，单元操作的研究进展主要有如下特点：

（1）新的分离技术不断得到开发和应用，如膜分离、区域熔炼、电磁分离、泡沫分离、超临界流体萃取和超离心分离等。

（2）在原有分离技术方面，处理能力加大、效率提高的新型设备不断出现；设备的放大效应逐步得到解决；研究成功许多合理利用能量的操作流程；一些高效的吸收剂、萃取剂等不断出现并在生产中应用。

（3）计算机模拟和辅助设计不断取得成果，缩短了新过程的开发周期；设备的设计和操作更趋于合理，提高了产品质量，降低了能量消耗。

生产的发展给单元操作提出了新的课题，在促进化工生产发展的同时，又推动了单元操作学科的不断进步。

2）最初的化工原理教材

1920 年，在麻省理工学院，化学工程脱离化学系而成为一个独立的系，由 W. K. 刘易斯（图 1–3）任系主任。这年夏天，在华克尔的缅因州夏季别墅里，华克尔、刘易斯和麦克亚当斯完成了《化工原理》一书的初稿，此书油印后立即用于化工系的课程教学，后于 1923 年正式出版。

图 1–3 W. K. 刘易斯❶

《化工原理》阐述了各种单元操作的物理化学原理，提出了它们的定量计算方法，并从物理学等基础学科中吸取了对化学工程有用的研究成果（如雷诺关于湍流、层流的研究）和研究方法（如因次分析和相似论法），奠定了化学工程作为一门独立工程学科的基础，影响了此后化工专业人才的培养和化学工程学科的发展。

20 世纪 20 年代，在汽车工业的推动下，石油炼制工业兴起，出现了第一个化学加工过程——热裂化。另外，在化工生产中，连续操作日益普遍。这些过程的操作和放大，激发了人们对流体流动、热量传递及相际传质方面的研究热情。麻省理工学院培养的第一批具有单元操作知识的化工专业人才，在热裂化过程开发中发挥了极大的作用，这又进一步推动了单元操作的研究，取得了丰硕的成果。继《化工原理》后，一批论述各种单元操作的著作，如 C. S. 鲁滨孙的《精馏原理》（1922）和《蒸发》（1926）、刘易斯的《化工计算》（1926）、麦克亚当斯的《热量传递》（1933）、T. K. 舍伍德的《吸收和萃取》（1937）相继问世。

---

❶ W. K. 刘易斯，美国化学工程界的先驱者，被誉为化学工程之父，终身在麻省理工学院任教。除了著有《化工原理》外，他还与 W. 惠特曼提出了双膜理论，在皮革、橡胶制造、蒸馏、过滤、石油裂解、催化剂等方面有开创性贡献。刘易斯重视理论与实践相结合，开辟了化工学科的新途径，工业研究成果显著。他也是著名的教育家，擅长启发式教学，很多著名学者都出于他的门下。

3. 化工热力学的诞生

虽然在单元操作的阐述过程中，华克尔等就已经利用了热力学的成果，但是化学工程面临的问题还有很多，例如许多化工过程中都会遇到的高温、高压下气体混合物 PVT 的计算关系等，而经典热力学理论并没有提供现成的方法。20 世纪 30 年代初，麻省理工学院的 H. C. 韦伯等人提出了一种利用气体临界性质的计算方法，虽然从现今的物理化学观点来看，这种方法十分粗糙，但对工程应用，却已足够准确。这应该是化工热力学最早的研究成果。1939 年韦伯写出了第一本化工热力学教科书《化学工程师用热力学》，1944 年耶鲁大学的 B. F. 道奇写的第一本取名为《化工热力学》的著作出版，至此，化学工程的一个新的分支学科——化工热力学诞生了。

4. 化学工程的研究

第二次世界大战爆发以后，化学工程的研究不得不转入战争的需要。20 世纪 40 年代前期，在碳四馏分的分离和丁苯橡胶的乳液聚合、粗柴油的流态化催化裂化以及曼哈顿原子弹工程计划等重大项目的开发中，化学工程都发挥了重要作用。例如流态化催化裂化的设想就是由麻省理工学院的 W. K. 刘易斯和 E. R. 吉利兰提出的，在他们的指导下，几所大学同时进行了流化床性能的研究，确定了颗粒尺寸、密度等因素与床层膨胀、颗粒运动所需气速的关系，证实了在催化裂化反应器和再生器之间连续输送大量催化剂颗粒是可行的。这项技术开发的成功，使人们认识到要顺利实现过程放大，特别是高倍数的放大（在曼哈顿原子工程计划中放大高达 1000 倍），基础研究工作尤为重要，必须对过程的内在规律有深刻的了解。在单元操作经过二三十年的研究并已有了一定的基础之后，反应器的工程放大对化工过程开发的重要性也得到证实；同时，也为战后化学工程的发展指明了方向。

5. 化工学科体系的形成

如果说单元操作概念的提出是化学工程发展过程第一个里程碑的话，那么在第二次世界大战后，化学工程又经历了其发展过程中的第二个里程碑，这就是"三传一反"（动量传递、热量传递、质量传递和反应工程）。

1）"三传一反"概念的形成

化学工程诞生之初，对工业反应过程的研究吸引着许多化学工程师的注意。戴维斯在《化学工程手册》中曾对化学工业中的反应作过分类。单元操作的概念，也在处理蒸馏、蒸发、干燥、吸收等那些只包含物理变化的操作时获得了学界的认可。人们开始将反应过程按化学特征分为硝化、磺化、加氢、脱氢等单元过程，试图解决工业反应过程的开发问题。但实践证明：单元过程的概念没有抓住反应过程开发中所需解决的工程问题的本质。

1913 年哈伯—博施法合成氨投入生产，这一成功极大地促进了催化剂和催化反应的研究；1928 年钒催化剂被成功用于二氧化硫的催化氧化；1936 年发明了用硅铝催化剂进行的粗柴油催化裂化工艺。对这些气固相催化反应过程和燃烧过程的研究，使化学工程师开始认识到，在工业反应过程中质量传递和热量传递对反应结果的影响。20 世纪 30 年代后期，德国的 G. 达姆科勒和美国的 E. W. 蒂利分别对反应相外传质和传热以及反应相内传质和传热做了系统的分析，这些成果至今仍是化学反应工程的重要组成部分。50 年代初，随着石油化工的兴起，在对连续反应过程的研究中，提出了一系列重要的概念，如返混、停留时间分布、宏观混合、微观混合、反应器参数敏感性、反应器的稳定性等。1957 年在阿姆斯特丹举行的第一届欧洲化学反应工程讨论会上，水到渠成地宣布了化学反应工程这一学科的诞生。

在《化工原理》中，华克尔等已经吸取了流体力学、传热学和关于质量传递的研究成果。到 20 世纪 50 年代，化学工程师更清楚地认识到，从本质上看所有单元操作都可以分解成动量传递、热量传递、质量传递这三种传递过程或它们的结合。这一观点，即使对工业反应器中进行的化学反应而言，传递过程的影响也清晰可辨。

20 世纪 50 年代初，许多大学都开始给化工系的学生讲授流体力学、扩散原理等课程，并出现了把三种传递过程加以综合的趋向。1957 年在普渡大学召开的美国工程学科的系主任会议上，传递过程和力学、热力学、电磁学等一起被列为基础工程学科，并制订了这一课程的详细计划。在这种背景下，威斯康星大学教授 R. B. 博德、W. E. 斯图尔德和 E. N. 莱特富特编写了《传递现象》教材，经威斯康星大学试用和修订，于 1960 年正式出版。这部著作的出版几乎和当年的《化工原理》一样产生了巨大的影响，成为化学工程发展进入"三传一反"时期的标志。

2）分支学科的综合和深化

20 世纪 50 年代中期，电子计算机开始进入化工领域，对化学工程的发展起了巨大的推动作用，化工过程数学模拟迅速发展，由对一个过程或一台设备的模拟，很快发展到对整个工艺流程甚至整套装置的模拟。在 50 年代后期，第一代的化工模拟系统问世。

在计算机上进行模拟试验，既省时又省钱，使得研究化工系统的整体优化成为可能，形成了化学工程研究的一个新领域——化工系统工程，这是化学工程在综合方面上的深化。至此，化学工程形成了比较完整的学科体系。

在化学反应工程、传递工程、化工系统工程取得突破性进展的同时，单元操作和化工热力学并没有停滞不前。传递过程研究和电子计算机的应用给单元操作带来了新的活力。20 世纪 50 年代初，美国化学工程师协会组织了蒸馏塔板效率的研究工作，对影响塔板效率的主要因素及应如何改进塔板结构有了感性认识。浮阀塔板、舌形塔板、斜孔塔板等新型塔板相继推出，通过设计方法的改进，筛板塔重新得到重视。反渗透、电渗析、超过滤等膜分离操作和区域熔炼等提纯技术投入了工业应用。液膜分离、参数泵分离等新的分离技术开始进行实验室研究。还有，高压过程的普遍采用和传质分离过程设计计算方法的改进，推动了化工热力学关于状态方程和多元汽液平衡、液液平衡及相平衡关联方法的研究，提出了一批至今仍获得广泛应用的状态方程和活度系数方程。

3）新兴领域的出现

进入 20 世纪 70 年代后，化学工业的规模不断扩大，并且面临着环境污染和能源紧缺的挑战。在单元操作方面，固体物料的加工和处理开始得到普遍的关注，粉体工程的新分支正在形成。在化工热力学领域，状态方程和相平衡关联依然是活跃的课题，提出了 PR 方程（1976）、SRK 方程（1972）等形式简单又有足够精确度的新状态方程和基于基团贡献原则的 UNIFAC（1977）等活度系数方程。另外，由于降低能耗的迫切要求，过程热力学分析获得了很大的发展。另一方面，高分子化工和生物化工的发展推动了非牛顿型流体传递过程特征的研究，激光测量、流场显示等新技术开始应用于传递过程。还有，化学反应工程不断向复杂领域扩展，20 世纪 70 年代初催生了处理有大量连续组分参与反应的复杂反应体系的集总动力学方法和聚合反应工程、电化学反应工程等新分支。化工系统工程领域也开始对系统综合进行探索，在换热器网络和分离流程的合成方面取得了有实用价值的成果。20 世纪 80 年代初开发了以 ASPEN 为代表的第三代化工模拟系统。

但是，由化工热力学、传递过程、单元操作、化学反应工程和化工系统工程构成的学科体系，无论在深度和广度上都已覆盖了传统化学工程的各个领域，所以在传统化学工程的范围内难以期望再会出现过去那种令人激动的突破。近十几年来，化学工程更引人注目的发展是在与邻近学科的交叉渗透中已经或正在形成的一些充满希望的新领域。

化学工程在与生物技术结合方面，通过二战期间问世的青霉素技术引领，各种抗生素和激素的生产迅速增长，微生物技术被用于石油蛋白生产和进行污水净化。20 世纪 70 年代，分子生物学在重组 DNA 技术方面等取得了重大成果，开拓了制备生物化学品和医药品的新领域，已可预见将对人类社会发展产生重大影响。

化学工程师已经以自己的专长为医学的发展做出了贡献，生物医学工程这一新学科正在形成。人的身体实质上相当于一座构造复杂的小型化工厂，许多生理过程可借助化学工程原理进行分析。传质原理已被用于潜水病的研究，传热原理已被用于体内热调节的研究，停留时间分布的概念可用来分析药物的疗效，在人工心肺机、人工肾的研制中应用了非牛顿流体流动和渗析的原理。

化学工程与固体物理、结晶化学、材料科学相结合，在化学气相淀积过程的研究中发挥着自己的作用。化学气相淀积是近二十年来获得迅速发展的一种制备无机材料的新技术，在微电子、光纤通信、超导等新技术领域中，广泛用于各种功能器件的制造。化工与材料科学的紧密结合推动了科学技术的进步，在碳材料（石墨烯和碳纳米管等）高度发展的今天，化工仍将担负着重要的历史重任。

正如一百多年前从化学中分裂出了化学工程一样，今天化学工程中又在孕育着新的学科。

第二节　化工学科的内涵

一、化学工业的特点及研究对象

1. 化学工业的特点

化学工业是产品种类繁多的基础工业，为了适应化工生产的各种需要，化工设备的种类很多，操作条件也十分复杂：按操作压力有真空、常压、低压、中压、高压和超高压之分，按操作温度又有低温、常温、中温和高温之分。化工过程处理的介质大多数有腐蚀性，或易燃、易爆、有毒、有害等。有时对于某种具体设备来说，既有温度、压力的要求，又有耐腐蚀方面的要求，而且这些要求有时还互相制约，有时某些条件又经常变化。

随着科学技术的发展，化工过程由最初只生产纯碱、硫酸等少数几种无机产品和主要从植物中提取茜素制成染料的有机产品过程，逐步发展为一个多行业、多品种的生产部门，出现了一大批综合利用资源和规模大型化的化工企业。化工企业是利用化学反应改变物质结构、成分、形态等生产化学产品的部门，如无机酸、碱、盐、稀有元素、合成纤维、塑料、合成橡胶、染料、油漆、化肥、农药等。这些企业就其生产过程来说，同其他工业企业有许多共性，但就生产工艺技术、对资源的综合利用和生产过程的严格性、连续性等方面来看，又有它自己的特点。

（1）生产技术具有多样性、复杂性和综合性。化工产品品种繁多，每一种产品的生产不仅需要一种或几种特定的技术，而且原料来源多种多样，工艺流程也各不相同；即使是生产同一种化工产品，也因有多种原料或不同反应路径而有多种工艺流程。由于化工生产技术的多样性和复杂性，任何一个大型化工企业的生产过程要能正常进行，都需要有多种技术的综合运用。

（2）化工生产具有综合利用原料的特性。化学工业的生产是化学反应，在大量生产一种产品的同时，往往会生产出许多联产品和副产品，而这些联产品和副产品大部分又是化学工业的重要原料，可以再加工和深加工。因此，化工部门是最能开辟原料来源、综合利用物质资源的一个部门。

（3）生产过程要求有严格的比例性和连续性。一般化工产品的生产，对各种物料都有一定的比例要求，在生产过程中，上下工序之间，各车间、各工段之间，往往需要有严格的比例，否则，不仅会影响产量、造成浪费，甚至可能中断生产。化工生产主要是装置性生产，从原材料到产品加工的各环节，都是通过管道输送，采取自动控制进行调节，形成一个首尾连贯、各环节紧密衔接的连续生产系统，任何一个环节发生故障，都有可能使生产过程中断。

（4）化工生产还具有耗能高的特性。第一，煤炭、石油、天然气既是化工生产的燃料动力，又是重要的原料；第二，有些化工产品的生产，需要在高温或低温条件下进行，无论高温还是低温都需要消耗大量能源。

2. 化学工业的研究对象

基于化学工业的特点，化工学科是研究化工过程中所进行的物质和能量转化，物质（组成、性质和状态）转变及其所用设备与过程的设计，操作和优化的共同规律与关键技术的一门工程技术学科。

化工学科的核心内涵是研究物质的合成，以及物质、能源的转化过程与技术，以提供技术上最先进、经济上最合理的方法、原理、设备与工艺为目标。其主要研究对象包括：以能源和资源开发及高效利用为目标的化学工程与技术，生物与制药过程中的化学工程与技术，以新物质和新材料开发、应用为目标的化学工程与技术，物质合成与转化过程中减轻和消除环境污染的化学工程与技术等。

二、学科理论与专业基础

1. 学科理论

化工学科经过一个多世纪的发展，尤其在化学工业及石油与天然气化工大规模生产需求的引领下，形成了以化学、物理学、数学和生物学基本原理和方法为基础，以"三传一反"为核心，包括化工热力学、分离过程、生物工程、系统工程和控制工程等重要理论的完整理论体系。

2. 专业基础

化工学科旨在培养能在化工、能源、信息、材料、环保、生物工程、轻工、制药、食品、冶金和军工等部门从事工程设计、技术开发、生产技术管理和科学研究等工作的工程技术人才，要求掌握化学工程与工艺等方面的基本知识与方法，同时注重化学与化工实验技能、工程实践、计算机应用、科学研究与工程设计方法的基本训练，并具有对企业生产过程进行模拟优化、革新改造，对新过程进行开发设计和对新产品进行研发的基本能力。

除本学科的知识发展之外，相关学科的理论和技术的发展也使得化工学科的基础知识不断拓展和深化。总体来说，这些基础知识包括四大类：自然科学基础知识（数学、化学、物理、生物、生态学和医学），工程科学基础知识（工程机械等），技术科学基础知识（计算机科学与材料科学等）和人文社会科学基础知识（经济学与管理学等）。

第三节　化工与人类文明

人类与化工的关系十分密切，在现代生活中，几乎随时随地都离不开化工产品，从衣食住行等物质生活，到文化艺术、娱乐等精神生活，都需要化工产品为之服务。有些化工产品在人类发展的历史中，起着划时代的重要作用。它们的生产和应用，甚至代表着人类文明的一定历史阶段。引火烘烤食物是人类一个了不起的进步，等到熬制药物、酿酒制醋、烧陶制砖、炼铜冶铁、造纸印刷等化学加工技艺相继出现的时候，历史已流转了几千年。这些技艺的积累为化学工业的形成奠定了基础。图1-4为中国古代的酿酒过程，从图中已经能够看到发酵工艺和蒸馏化工单元操作的使用。

图1-4　中国古代的酿酒过程

一、工业革命的助手

化学工业从形成之日起，就为各工业部门提供必需的基础物质。作为各时期工业革命的助手，正是它所担负的历史使命。18～19世纪的产业革命时期，手工业生产转变为机器生产，蒸汽机发明了，社会化大生产开始了，这正是近代化学工业形成的时候。面临产业革命的急需，吕布兰（图1-5）法制纯碱等技术应运而生，这使已有的铅室法制硫酸技术也得到发展，解决了纺织、玻璃、肥皂等工业对酸、碱的需要。

图1-5 N.吕布兰❶

同时，随着炼铁、炼焦工业的兴起，以煤焦油分离出的芳烃和以电石生产的乙炔为基础原料的有机化工也得到了发展。合成染料、合成药物、合成香料等相继问世，橡胶轮胎、赛璐珞和硝酸纤维素等也投入生产。这样，早期的化学工业就为纺织工业、交通运输业、电力工业和机器制造业提供了必需的原材料和辅助品，促成了产业革命的成功。

20世纪经过两次世界大战，一方面石油炼制工业中的催化裂化、催化重整等技术的出现，使汽油、煤油、柴油和润滑油的产量有了大幅度增长，特别是丙烯水合制异丙醇工业化以后，烃类裂解制取乙烯和丙烯等工艺相继成功，使基本有机化工生产建立在石油化工雄厚的技术基础之上，从而得以为各工业部门提供大量有机原料、溶剂、助剂等，从此，人们常以烃类裂解生产乙烯的能力，作为一个国家石油化工生产力发展的标志；另一方面，哈伯—博施法合成氨高压高温技术在工业上实现，硝酸投入生产，使大量的硝化物质出现，尤其是使火炸药工业从黑火药发展到奥克托今（环四亚甲基四硝胺），炸药的比能量提高了十几倍，这不仅解决了战争之急需，更重要的是在矿山、铁路、桥梁等民用爆破工程上，得到了应用。此外，对于核工程中同位素分离和航天事业中火箭推进剂的应用，化工也都做出了关键性的贡献。

二、发展农业的支柱

长期以来，人类的食物和衣着主要依靠农业。而农业自远古的刀耕火种开始，一直依靠大量人力劳作，且受各种自然条件的制约，发展十分缓慢。19世纪，农业机械的运用，逐步改善了劳动状况。然而，在农业生产中，单位面积产量的真正提高，则是得益于化肥和农药的使用。实践证明，农业的各项增产措施中，化肥的作用达40%~65%。在石油化工蓬勃发展的基础上，合成氨和尿素生产的大型化，使化肥产量在化工产品中占据很大比重。氮、磷、钾复合肥料和微量元素肥料的开发，进一步满足了不同土壤结构、不同作物的需求。

早期，人类对作物病虫害防治没有好的解决办法。直到19世纪末，近代化学工业形成以后，采用巴黎绿（砷制剂）杀马铃薯甲虫、波尔多液防治葡萄霜霉病，农业才开始了化学防治的新时期。20世纪40年代生产了有机氯、有机磷、苯氧乙酸类等杀虫剂和除草剂，广泛用于农业、林业、畜牧业和公共卫生，但这一代农药中有些因高残留、高毒，造成生态污染，已被许多国家禁用。之后开发了一些高效、低残留、低毒的新农药，其中拟除虫菊酯（除虫菊是具有除虫作用的植物）是一种仿生农药，每亩用量只几克，不污染环境，已经投入工业生产。此外，生物农药是21世纪以来在农药研究中最活跃的一个领域。

现代农业应用塑料薄膜（如高压聚乙烯、线型低密度聚乙烯等），用作地膜覆盖或温室育苗，可明显地提高作物产量，正在进行大面积推广。

---

❶ 1783年，法国科学院以1200法郎高额奖金悬赏征求制造纯碱的方法。1789年，法国奥尔良医生N.吕布兰（N. Leblanc，1742—1806）成功地创造了一种制碱的方法，1791年获得专利，建立起日产250~300kg的碱厂。吕布兰制碱法所用的原料除食盐外，还有硫酸、木炭和石灰石。

三、战胜疾病的武器

医学和药学一直是人类努力探求的领域，在中国最早的药学著作《神农本草经》（公元 1 世纪前后编著）中，就记载了 365 种药物的性能、制备和配伍。明代李时珍的《本草纲目》中所载药物已达 1892 种，这些药物采自天然矿物或动植物，多数需经泡制处理，突出药性或消除毒性后才能使用。19 世纪末至 20 世纪初，生产出解热镇痛药阿司匹林、抗疟药阿的平等，这些化学合成药成本低、纯度高、不受自然条件限制，表现出明显的疗效。20 世纪 30 年代，人们用化学剖析的方法，鉴定了水果和米糠中维生素的结构，用人工合成的方法，生产出维生素 C 和维生素 B_1 等，解决了从天然物质中提取维生素产量不够、质量不稳定的难题。1935 年磺胺药投产以后，拯救了数以万计的产褥热患者。在第二次世界大战中，青霉素救治伤病员，收到了惊人效果（图 1−6）。链霉素以及对氨基水杨酸钠、异烟肼等药物，战胜了结核菌，结束了一个历史时期内这种蔓延性疾病对人类的威胁。天花、鼠疫、伤寒等，直到 19 世纪，曾一直是人类无法控制的灾害之一，但是当抗病毒疫苗投入工业生产以后，这些传染病就得到了彻底抑制。21 世纪，疫苗仍是人类与病毒性疾病斗争的有力武器。各种临床化学试剂和各种新药物剂型不断涌现，使医疗事业大为改观，人类的健康有了更可靠的保证。

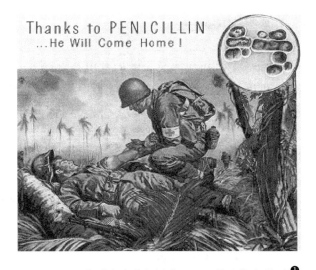

图 1−6　青霉素让我们回家——二战末期宣传画 ❶

四、改善生活的手段

化工向人们提供的产品是丰富多彩的，它除了提供大量产品用于制造业外，还有用量很少但效果十分明显的产品，使人们的生活得到不断改善。如用于食品防腐、调味、强化营养的各种食品添加剂，提高蔬菜作物生长调节剂和保鲜剂，生产化妆品和香料香精的基础原料

---

❶ 青霉素（Penicillin，或音译盘尼西林）是抗生素的一种，分子中含有青霉烷，能破坏细菌的细胞壁并在细菌细胞的繁殖期起杀菌作用。1928 年英国细菌学家弗莱明最先发现，1941 年前后英国牛津大学病理学家霍华德·弗洛里与生物化学家钱恩实现对青霉素的分离与纯化，并发现其对传染病的疗效。1943 年 10 月，弗洛里和美国军方签订了首批青霉素生产合同。青霉素在二战末期投入使用。

和助剂，房屋家具和各种器具装饰用的涂料，各种印刷油墨用的颜料以及洗涤用品用的表面活性剂等等，不胜枚举。还有感光材料、磁记录材料等，借助于这些信息记录材料，把人们的视野扩展到宇宙空间、海底深处或深入脏腑内部，甚至于解剖原子结构，揭开自然界的奥秘。

第四节　化工在经济发展中的作用

一、化工与材料

工农业生产和生活质量的提高，都离不开材料。材料数量繁多，按化学组成可以概括为金属材料、无机非金属材料和高分子材料三大类，也有将复合材料列为第四大类，或者把它看作是由三大类中派生出来的一类新材料。一般来说，除金属是冶金部门生产的产品外，其余都是化工生产的材料。

1. 无机非金属材料

无机非金属材料分为传统无机非金属材料和新型无机非金属材料两类，前者主要是硅酸盐材料，后者组成多样，发展很快。

1) 硅酸盐材料

硅酸盐材料指玻璃、陶瓷、水泥和搪瓷等。它们是以含硅酸盐类矿石为原料进行生产的，广泛用作建筑材料，也可以用于日用品和工艺美术制品的材料。玻璃和陶瓷的缺点是性脆易碎，但由于原料易得，生产工艺简单，产品的化学稳定性好，又具有硬度高、耐热和耐蚀等优点，用途十分广泛，产量很大，且仍在不断发展中。

2) 新型无机非金属材料

新型无机非金属材料主要是特种陶瓷。随着工农业、军事工业和科学技术的发展，新型结构陶瓷问世，它们是由不同的氧化物、硅化物、碳化物、氮化物、氟化物、硼化物等组成的，主要包括耐高温材料、电绝缘材料、铁电材料、压电材料、半导体陶瓷材料等，用途特殊，产量不大，但价值很高。21世纪开发了一种陶瓷发动机用于汽车，可使燃气温度提高到1400℃以上，对提高效率、节约能源具有重要意义。这些材料制造的工艺特点是：对原料的纯度要求高，成分、显微结构以及产品表面和界面都需严格控制，形状也细致而复杂，要求精密加工。此类新型材料是在高水平科学技术基础上获得成功的。图1-7为适用于高温熔融液体过滤的碳化硅泡沫陶瓷材料的宏观形貌。

2. 高分子材料

高分子材料又称聚合物材料，主要包括塑料、化学纤维和橡胶三大类。合成的高分子材料品种很多，它们是由石油化工生产的单体，经过聚合反应而制成的。有的具有天然材料所达不到的特殊性能，广泛用于工农业生产与日常生活，所以发展很快。由于塑料比金属密度小，所以按体积计，其产量今天早已超越金属材料了。

1) 塑料

聚合物材料的基础原料是合成树脂。塑料制品密度小（一般只有钢铁的1/9）、耐腐蚀、耐热、电绝缘性好、易加工成型，近几十年来大量用来代替金属、玻璃、纸张、木材等。

塑料薄膜主要用作包装材料，也广泛被应用在农业上；塑料管大量用作输油管、输水管等；汽车壳体和零件也可用塑料制造；用聚氯乙烯加工的地板和门窗比用木材加工的耐磨性增加五倍；有机玻璃的密度为普通玻璃的一半，而冲击强度高达 17 倍，可用作飞机的风挡玻璃；塑料还大量用于电子和电气工业，制成电线、电缆、开关和仪器仪表壳体等。塑料制品已经深入到人们生产和生活的各个角落（图 1-8）。

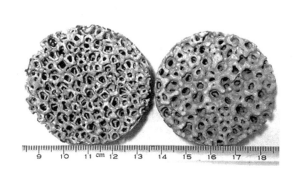

图 1-7　适用于高温熔融液体过滤的　　　　　　图 1-8　日常生活中的塑料制品
　　　　　碳化硅泡沫陶瓷材料

还有一些合成树脂具有特殊的功能，被称为功能高分子材料，如导电材料、半导体材料、感光树脂、光导材料和超导材料等，引起人们很大的兴趣。

2）化学纤维

化学纤维的品种主要有长丝、短丝、鬃丝、弹力丝以及各种异形丝，因所用的原料为石油化工产品，又可以进行纯纺、混纺等加工，故生产效率高；又因为不受自然条件的限制，有效地解决了与粮棉争地的矛盾，所以发展迅速。人们计算过，1 万吨化学纤维，可以相当于 30 万亩（1 亩 = 666.6m²）棉田一年生产的棉花，或由 250 万只羊一年剪下的羊毛。全世界 2/3 以上的纺织品都是由化学纤维制成的。此外，一些聚合物制成的中空纤维还可用作分离膜，用在海水淡化、气体分离、超纯物质制备以及生物技术等方面。

3）橡胶

橡胶是一种战略物资。天然橡胶仅生长于热带及亚热带地区，因此，不产橡胶的国家极其重视建立于石油化工基础上的合成橡胶工业。合成橡胶的品种多，有的品种比天然橡胶具有更好的耐热、耐寒、耐油等性能。橡胶的最大消耗是做轮胎，此外还用以制作胶管、胶带、胶鞋、模具以及胶乳制品。橡胶又是各种设备所不可缺少的密封材料。

3. 复合材料

复合材料是新型结构材料，其特点是体积比强度、体积比刚度和耐蚀性都超过金属材料。它是由合成树脂、金属或陶瓷等基体材料和无机或有机合成纤维等增强材料所组成复模材料。基材和增强材料都有多种，因而可以进行有选择的配合，以制得性能符合要求的材料。各种复合材料的出现，使化工材料有了更为广阔的前景。

二、化工与能源

能源可以分为一次能源和二次能源。一次能源指从自然界获得，而且可以直接应用的热能或动力，通常包括煤、石油等。消耗量十分巨大的一次能源是化石燃料。2016 年，全球一次能源消费总量合计为 $132.76 \times 10^8 t$ 油当量，其中石油 39.9%、煤 29.7%、天然气 21.1%、水电 7.7%、核电 4.9%；中国一次能源消费量达 $2816.1 \times 10^6 t$ 标准煤，其中煤 67.1%、石油 20.0%、水电 9.3%、天然气 6.7%。二次能源（除电外）通常是指从一次能源（主要是化石燃料）经过各种化学过程加工制得、使用价值更高的燃料。例如由石油炼制获得的汽油、喷气燃料、柴油、重油等液体燃料，广泛用于汽车、飞机、轮船等，是现代交通运输和军事的重要物资；还有煤加工所制成的工业煤气、民用煤气等重要的气体燃料；此外，也包括从煤和油页岩制取的人造石油。

化工与能源的关系非常密切。化石燃料及其衍生的产品不仅是能源，而且还是化学工业的重要原料。以石油为基础，形成了现代化的强大的石油化学工业，生产出成千上万种石油化工产品。在化工生产中，有些物料既是某种加工过程（如合成气生产）中的燃料，同时又是原料，两者合二为一。所以化工生产既是生产二次能源的部门，同时也是耗能部门。

化石燃料特别是煤的加工和应用常常产生污水、固体废料和有害的气体，导致环境污染。当然，对于污染的防治，也有赖于多种化工技术的应用。

长远来看，在全世界范围内，预计至 21 世纪上半叶，化石燃料仍将占能源的主要地位。随着时间的推移，由于化石燃料资源的限制，除上述常规能源外，若干非常规能源的发展将越来越受到重视。非常规能源指核能和新能源，后者包括波浪能、海洋能和生物能（如沼气）等。在太阳能、核能利用的研究开发和大规模应用的漫长过程中，化学工程和化工生产技术也大有用武之地。

三、化工与其他科学技术

推动化工发展的动力是工农业生产和人民对化学品的需要，它所依靠的基础是化学、物理学、数学和各种工程技术，其中与化学的关系尤为密切，化学是化工须臾不能离开的学科。在它们之间，曾有"工业化学""应用化学"等学科，发挥了一定的作用。化工基本建设离不开土木工程、电力工程。化工机械的制造离不开机械工程和各种金属材料，尤其是不锈钢，乃至特种钢材。化工机械特别注意的是高温、高压下的可靠性，即系统、设备、元件在规定条件下完成规定功能的概率。现代化工装置趋于大型化、单列生产，对于可靠性的要求就显得格外重要。

化工过程的控制离不开电子学、计算机和自动化，这些理论和仪器仪表，不仅能运用于生产，甚至也能运用于解决发展预测、决策和经营管理等问题。20 世纪 80 年代，新技术革命中蓬勃发展的若干领域，除前述能源和材料外，微电子技术和生物技术等前沿科学，以自己强大的生命力，对化工提出了更高的要求，推动化工前进。

1. 微电子技术

电子计算机、微处理机和信息技术都离不开微电子技术。在微电子技术中，大规模和超大规模集成电路的应用，对化工提出了新的要求，例如超纯气体和纯水、电子工业用试剂、光刻胶、液晶以及腐蚀剂、掺杂剂、黏合剂等等。

微电子技术中使用的超纯气体有几十种，除氧、氢、氮、氩、二氧化碳等常见气体外，还有硼烷、三氯化硼、二氯硅烷、四氟化碳等自然界不存在的气体。所用化工产品的纯度对半导体成品的影响很大。使用工业气体时，成品率只有 10%；但使用含杂质小于 10×10^{-6}

的气体和相应的高纯化学试剂时，则成品率可提高到 70% ~ 80%。以水为例，集成度为 1Mb 的集成电路，允许水中微粒的粒径不大于 0.1μm。为了制得接近理论的纯水，生产方法从蒸馏、离子交换发展到 20 世纪 70 年代的膜分离与离子交换相结合的方法，使纯水制备技术达到新的水平。

2. 生物技术

生物技术用于化工，具有投资较少、节省能源和原料、污染少等特点。利用微生物作催化剂，在常压和不高的温度下通过发酵过程，就可将原料转变为产品。多年来，应用这种传统的生物技术生产了乙醇、丁醇、丙酮、醋酸等产品。利用固定化细胞，也可以由丙烯腈生产丙烯酰胺，收率可达 99.8%。还可利用酶催化剂，生产有机产品。此外，利用生物技术可以制得利用常规方法难以制取的物质，如干扰素、胰岛素、单克隆抗体等。这些药物运用重组 DNA 技术来制备，有望使制药工业面貌一新。

生物技术对化学工程提出了新的要求，主要是解决适宜于微生物大量培养的生化反应器，满足复杂生化反应过程的分离技术以及过程控制等。在这方面，已形成了新的边缘学科——生物化学工程，它把化学工程理论运用于生物催化剂、生化反应工程和新型单元操作的研究开发，取得了许多成绩。

第五节　化工的发展与分类

化工作为一个知识门类来说，在各个不同的历史时期，在各种不同目的的要求下，有多种分解或综合的分类方法，可按照原料来源、产品性质分类，也可按照过程规律、历史联系分类。每种划分方法都难于严格适应。本书力求减少不必要的交叉，采取以历史发展为主，兼顾其他分类的综论分支。

一、早期化工

早期化工可以从 18 世纪中叶追溯到远古时期，从那时起人类就能运用化学加工方法制作一些生活必需品，如制陶、酿造、染色、冶炼、制漆、造纸以及制造医药、火药和肥皂。在中国新石器时代的洞穴中就有了残陶片；公元前 50 世纪左右仰韶文化时，已有红陶、灰陶、黑陶、彩陶等出现（图 1-9）；在中国浙江河姆渡出土文物中，有同一时期的木胎碗，外涂朱红色生漆。商代（公元前 17 ~ 前 11 世纪）遗址中有漆器破片；战国时代（公元前 475 ~ 前 221）漆器工艺已十分精美。公元前 20 世纪，夏禹以酒为饮料并用于祭祀。公元前 25 世纪，埃及用染色物包裹干尸。在公元前 21 世纪，中国已进入青铜时代；公元前 5 世纪，进入铁器时代，用冶炼之铜、铁制作武器、耕具、炊具、餐具、乐器、货币等。盐早就供人食用，在公元前 11 世纪，周朝就已设有掌盐政之官。公元前 7 ~ 前 6 世纪，腓尼基人用山羊脂和草木灰制成肥皂。公元 1 世纪中国东汉时，造纸工艺已相当完善。

图 1-9　仰韶文化时期彩陶

公元前后，中国和欧洲进入炼丹术、炼金术时期。中国由于炼制长生不老药，而对医药进行研究。于秦汉时期完成的最早的药物专著《神农本草经》，载录了动物、植物、矿物药品365种。16世纪，李时珍的《本草纲目》总结了以前药物之大成，具有很高的学术水平。此外，7～9世纪已有关于黑火药三种成分混炼法的记载，并且在宋初时火药已作为军用。欧洲自3世纪起迷信炼金术，直至15世纪才由炼金术渐转为制药，史称15～17世纪为制药时期。在制药研究中为了配制药物，在实验室制得了一些化学品如硫酸、硝酸、盐酸和有机酸。虽未形成工业，但它导致化学品制备方法的发展，为18世纪中叶化学工业的建立准备了条件。

18世纪中叶至20世纪初是化学工业的初级阶段，在这一阶段无机化工已初具规模，有机化工正在形成，高分子化工处于萌芽时期。

1. 无机化工

第一个典型的化工厂是18世纪40年代建立于英国的铅室法硫酸厂，先以硫磺为原料，后以黄铁矿为原料，产品主要用以制硝酸、盐酸及药物，当时产量不大。在产业革命时期，纺织工业发展迅速，它和玻璃、肥皂等工业都大量用碱，而植物碱和天然碱供不应求。1791年N.吕布兰在法国科学院悬赏之下，获取专利，以食盐为原料建厂，制得纯碱，并且带动硫酸工业的发展。生产中产生的氯化氢用以制造盐酸、氯气、漂白粉等，为产业界提供了急需的物质。纯碱又可转化为烧碱，把原料和副产品都充分利用起来，这是当时化工企业的创举；而用于吸收氯化氢的填充装置，煅烧原料和半成品的旋转炉，以及浓缩、结晶、过滤等用的设备，逐渐运用于其他化工企业，为化工单元操作打下了基础。19世纪末叶出现电解食盐的氯碱工业，20世纪初索尔维法逐步取代了吕布兰法。这样，整个化学工业的基础——酸、碱的生产已初具规模。

2. 有机化工

一方面，纺织工业发展起来以后，天然染料便不能满足需要；另一方面，随着钢铁工业、炼焦工业的发展，副产的煤焦油需要利用。化学家们以有机化学的成就把煤焦油分离为苯、甲苯、二甲苯、萘、蒽、菲等芳烃。1856年，英国的W. H. 珀金由苯胺合成苯胺紫染料，

图1-10　A. B. 诺贝尔❶

后经过剖析确定天然茜素的结构为二羟基蒽醌，便以煤焦油中的蒽为原料，经过氧化、取代、水解、重排等反应，仿制了与天然茜素完全相同的产物。同样，制药工业、香料工业也相继合成与天然产物相同的化学品，且品种日益增多。1867年，瑞典A. B. 诺贝尔（图1-10）发明代那迈特炸药（硝化甘油系炸药），大量用于采掘和军工。

当时有机化学品生产还有另一支柱，即乙炔化工。1895年建立以煤与石灰石为原料，用电热法生产电石的第一个工厂，电石再经水解产生乙炔，以此为起点生产乙醛、醋酸等一系列基本有机原料。20世纪中叶石油化工发展后，电石耗能太高，大部分原有乙炔系列产品，改由乙烯为原料进行生产。

---

❶ A. B. 诺贝尔，1833年10月21日出生于斯德哥尔摩，是瑞典化学家、工程师、发明家、军工装备制造商和炸药的发明者。1896年12月10日诺贝尔在意大利的圣雷莫因病去世，终年63岁。在他逝世的前一年，立嘱将其遗产的大部分作为基金，将每年所得利息分为5份，设立物理、化学、生理或医学、文学及和平5种奖金（即诺贝尔奖）。诺贝尔对文学有长期的爱好，曾用英文写过一些诗和一部小说的开端以及剧本。诺贝尔一生没有妻室儿女，也没有固定住所。他曾说："我在哪里工作，哪里就是我的家。"

3. 高分子化工

天然橡胶受热发黏，受冷变硬。1839 年美国 C. 古德伊尔用硫磺及橡胶助剂加热天然橡胶，使其交联成弹性体，应用于轮胎及其他橡胶制品，用途甚广，这是高分子化工的萌芽时期。1869 年，美国 J. W. 海厄特用樟脑增塑硝酸纤维素制成赛璐珞塑料，很有使用价值。1891 年 H. B. 夏尔多内在法国贝桑松建成第一个硝酸纤维素人造丝厂。1909 年，美国 L. H. 贝克兰制成酚醛树脂，俗称电木粉，是第一种热固性树脂，广泛用于电器绝缘材料。

这些萌芽产品，在品种、产量、质量等方面都远不能满足社会的要求。所以，上述基础有机化学品的生产和高分子材料生产，在建立起石油化工以后，都获得很大发展。

二、近代化工

化学工业的大发展时期是从 20 世纪初至六七十年代，这是化学工业真正成为大规模生产的阶段。这一时期，合成氨、石油化工和高分子化工得到了发展，精细化工兴起。可以认为英国 G. E. 戴维斯和美国的 A. D. 利特尔等人提出单元操作的概念奠定了化学工程的基础，无论是在装置规模还是在产品产量方面，都推动了生产技术的发展。

1. 合成氨

20 世纪初期，合成氨工业异军突起，F. 哈伯用物理化学的反应平衡理论，提出氮气和氢气直接合成氨的催化方法，以及原料气与产品分离后，经补充再循环的设想。C. 博施进一步解决了设备材质的氢脆问题，使德国能在第一次世界大战时建立第一个由氨生产硝酸的工厂，以应战争之需。合成氨原用焦炭为原料，20 世纪 40 年代以后改为石油或天然气，使化学工业与石油工业两大部门更密切地联系起来，合理地利用原料和能量。

2. 石油化工

石油化工是 20 世纪 20 年代兴起的以石油为原料的化学工业，起源于美国，初期依附于石油炼制工业，后来逐步形成一个独立的工业体系。第二次世界大战前后，石油化工迅速发展。50 年代在欧洲、60 年代在日本，化学品生产所用的原料开始从煤向石油和天然气方面转变，石油化工的新工艺、新产品不断出现。70 年代初，美国石油化工生产的各种石油化学产品，多达数千种，石油化工已成为各工业国家的重要基干工业。

1）初创时期

随着石油炼制工业的兴起，产生了越来越多的炼厂气（LPG）。1917 年美国 C. 埃利斯用炼厂气中的丙烯合成了异丙醇，1920 年，美国新泽西标准油公司采用此法进行工业生产。这是第一种石油化学品，它标志着石油化工发展的开始。1919 年联合碳化物公司研究了乙烷、丙烷裂解制乙烯的方法，随后林德空气产品公司实现了从裂解气中分离乙烯，并用乙烯加工成化学产品。1923 年，联合碳化物公司在西弗吉尼亚州的查尔斯顿建立了第一个以裂解乙烯为原料的石油化工厂。在 20～30 年代，美国石油化学工业，主要利用单烯烃生产化学品，如丙烯水合制异丙醇、再脱氢制丙酮，次氯酸法乙烯制环氧乙烷，丙烯制环氧丙烷等。

20 世纪 20 年代，H. 施陶丁格提出了高分子化合物概念。W. H. 卡罗瑟斯发现了缩聚法制聚酰胺后，杜邦公司 1940 年开始将聚酰胺纤维（尼龙）投入市场。表面活性剂烷基硫酸伯醇酯出现。这些原来由煤和农副产品生产的新产品，大大刺激了石油化工的发展，同时为这些领域转向石油原料创造了新的技术条件。

2）战时的推动

第二次世界大战前夕至 20 世纪 40 年代末，美国石油化工在芳烃产品及合成橡胶等高分子材料方面取得了很大进展。战争对橡胶的需要，促使丁苯、丁腈等合成橡胶生产技术的迅速发展。1941 年陶氏化学公司从烃类裂解产物中分离出丁二烯作为合成橡胶的单体；1943 年，又建立了丁烯催化脱氢制丁二烯的大型生产装置；1945 年美国合成橡胶的产量达到 $670 \times 10^3 t$。为了满足战时梯恩梯炸药对原料甲苯的大量需求，1941 年美国研究成功由石油轻质馏分催化重整制取芳烃的新工艺，开辟了苯、甲苯和二甲苯等重要芳烃的新来源（在此以前，芳烃主要来自煤的焦化过程）。当时，由催化重整生产的甲苯占全美国所需甲苯总量的一半以上。1943 年，美国杜邦公司和联合碳化物公司应用英国卜内门化学工业公司的技术建设成聚乙烯厂。1946 年美国壳牌化学公司开始用高温氧化法生产氯丙烯系列产品。1948 年，美国标准油公司移植德国技术用氢甲酰化法生产八碳醇。1949 年，乙烯直接法合成酒精投产。

3）蓬勃发展

20 世纪 50 年代起，世界经济由战后恢复转入发展时期。合成橡胶、塑料、合成纤维等材料的迅速发展，使石油化工在欧洲、日本及世界其他地区受到广泛的重视。在发展高分子化工方面，欧洲成功开发一些关键性的新技术，如 1953 年联邦德国化学家 K. 齐格勒研究成功了低压法生产聚乙烯的新型催化剂体系，并迅速投入了工业生产；1955 年卜内门化学工业公司建成了大型聚酯纤维生产厂；1954 年意大利化学家 G. 纳塔进一步发展了齐格勒催化剂，合成了立体等规聚丙烯，并于 1957 年投入工业生产。其他方面也有很大的发展，1957 年美国俄亥俄标准油公司成功开发了丙烯氨化氧化生产丙烯腈的催化剂，并于 1960 年投入生产；1957 年乙烯直接氧化制乙醛的方法取得成功，并于 1960 年建成大型生产厂；进入 20 世纪 60 年代，先后投入生产的还有乙烯氧化制醋酸乙烯酯、乙烯氧氯化制氯乙烯等重要化工产品。石油化工新工艺技术的不断开发成功，使传统上以电石乙炔为起始原料的大宗产品，先后转到石油化工的原料路线上。在此期间，日本、苏联也都开始建设石油化学工业。日本发展较快，仅十多年时间，其石油化工生产技术已达到国际先进水平；苏联在合成橡胶、合成氨、石油蛋白等生产上，有突出成就。

石油化工新技术特别是合成材料方面的成就，使生产上对原料的需求量猛增，推动了烃类裂解和裂解气分离技术的迅速发展。在此期间，各国围绕各种类型的裂解方法开展了广泛的探索工作，开发了多种管式裂解炉和多种裂解气分离工艺，使产品乙烯收率大大提高、能耗下降。由于石油和天然气资源贫乏，西欧各国与日本，裂解原料采用了价格低廉并易于运输的中东石脑油，以此为基础，建立了大型乙烯生产装置，大踏步地走上发展石油化工的道路。

4）新阶段

石油化工的兴起推动了三大合成材料的快速发展。作为战略物资的天然橡胶产于热带，因海运受阻而开发了顺丁、丁腈、异戊、乙丙等多种合成橡胶；1937 年美国用熔融法纺丝成功地合成了尼龙 66，因其有较好的强度，可用作降落伞及轮胎等；以后涤纶、维尼纶、腈纶等陆续投产，也因为有石油化工的原料保证，逐渐占据天然纤维和人造纤维大部分市场。塑料方面，继酚醛树脂后，又生产了醇酸树脂等热固性树脂；20 世纪 30 年代后，新品种不断出现，如高压聚乙烯迄今仍为塑料中的大品种，当时为优异的绝缘材料；到 1939 年高压聚乙烯用于海底电缆及雷达；低压聚乙烯、等规聚丙烯的开发成功，为民用塑料开辟广泛的用途，这是齐格勒—纳塔催化剂为高分子化工所作出的一个极大贡献。这一时期还出现耐高温、抗腐蚀的材料，如有塑料王之称的聚四氟乙烯。第二次世界大战后，其中一些也陆续用于汽车工业，还作为建筑材料、包装材料等，并逐渐成为塑料的大品种。

3. 精细化工

精细化工通常指用于生产精细化学品的工艺技术。关于精细化学品的含义，国内外迄今仍在讨论中。一般认为，精细化学品具有以下特点：（1）品种多；（2）产量小，大多以间歇方式生产；（3）具有功能性或最终使用性；（4）许多为复配性产品；（5）产品质量要求高；（6）商品性强（多数以商品名销售）；（7）技术密集高；（8）设备投资小；（9）附加值高。

精细化工包括的内容，各国也不甚一致，大体可归纳为：医药、农药、合成染料、有机化工、无机化工、涂料、香料与香精、化妆品与盥洗卫生品、肥皂与合成洗涤剂、表面活性剂、印刷油墨及其助剂、黏结剂、感光材料、磁性材料、催化剂、试剂、水处理剂与高分子絮凝剂、造纸助剂、皮革助剂、合成材料助剂、纺织印染剂及整理剂、食品添加剂、饲料添加剂、动物用药、油田化学品、石油添加剂及炼制助剂、水泥添加剂、矿物浮选剂、铸造用化学品、金属表面处理剂、合成润滑油与润滑油添加剂、汽车用化学品、芳香除臭剂、工业防菌防霉剂、电子化学品及材料、功能性高分子材料、生物化工制品、清洗剂等产品生产和分析的40多个行业和部门。

三、现代化工

20世纪六七十年代以来，化学工业各企业间竞争激烈，一方面由于对反应过程的深入了解，可以使一些传统的基本化工产品的生产装置日趋大型化，以降低成本；另一方面，由于新技术革命的兴起，对化学工业提出了新的要求，推动了超纯物质、新型结构材料和功能材料等化学工业的发展。

1. 现代化工的特点

1）规模大型化

1963年，美国凯洛格公司设计建设第一套日产540t合成氨单系列装置，当时是化工生产装置大型化的标志。从20世纪70年代起，合成氨单系列生产能力已发展到日产900~1350t，80年代出现了日产1800~2700t合成氨的设计，其吨氨总能量消耗大幅度下降。乙烯单系列生产规模，从50年代年产50×10^3t发展到70年代年产（100~300）$\times 10^3$t，80年代初新建的乙烯装置最大生产能力达年产680×10^3t。由于冶金工业提供了耐高温的管材，毫秒裂解炉得以实现，从而提高了烯烃收率，降低了能耗。其他化工生产装置如硫酸、烧碱、基本有机原料、合成材料等装置均向大型化发展。这样，减少了对环境的污染，提高了长期运行的可靠性，促进了安全、环保的预测和防护技术的迅速发展。

2）信息技术用化学品

20世纪60年代以来，大规模集成电路和电子工业迅速发展，所需电子计算机的器件材料和信息记录材料得到发展。60年代以后，多晶硅和单晶硅的产量以每年20%的速度增长。

80年代元素周期表中Ⅲ~Ⅴ族的二元化合物已用于电子器件。在大规模集成电路制备过程中，需用多种超纯气体，其杂质含量小于1×10^{-6}，对水分及尘埃含量也有严格要求。大规模集成电路的另一种基材为光刻胶，其质量和稳定性直接影响其集成度和成品率。此外，对基质材料、密封材料、焊剂等也有严格要求。1963年，荷兰飞利浦公司研制盒式录音磁带成功后，日益普及，它不仅用于音频记录、视频记录等，更重要的是作为计算器外存储器及内存储器，有磁带、磁盘、磁鼓、磁泡、磁卡等多种类型。光导纤维为重要的信息材料，不仅用于光纤通信，且在工业上、医疗上作为内窥镜材料。

3）高性能合成材料

20世纪60年代已开始用聚酰胺（俗称尼龙）、聚缩醛类（如聚甲醛）、聚碳酸酯，以及丙烯腈—丁二烯—苯乙烯三元共聚物（ABS）树脂等为结构材料，它们具有高强度、耐冲击、耐磨、抗化学腐蚀、耐热性好、电性能优良等特点，并且自重轻、易成型，广泛用于汽车、电器、建筑材料、包装等方面。60年代以后，又出现聚砜、聚酯、聚苯醚、聚苯硫醚等，尤其是聚酰亚胺为耐高温、耐高真空、自润滑材料，可用于航天器，其纤维可做航天服以抗辐射。聚苯并噻唑和聚苯并咪唑为耐高温树脂，耐热性高，可作烧蚀材料，用于火箭。共聚、共混和复合使结构材料改性，例如多元醇预聚物与己内酰胺经催化反应注射成型，为尼龙聚醚嵌段共聚物，具有高冲击强度和耐热性能，用于农业和建筑机械。另一种是以纤维增强树脂的高分子复合材料，所用树脂主要为环氧树脂、不饱和聚酯、聚酰胺、聚酰亚胺等，所用增强材料为玻璃纤维、芳香族聚酰胺纤维或碳纤维（常用丙烯腈基或沥青基）。这些复合材料密度小、比强高、韧性好，特别适用于航天、航空及其他交通运输工具的结构件，以代替金属，节省能量。有机硅树脂和含氟材料也发展迅速，由于它们具有突出的耐高低温性能、优良电性能、耐老化、耐辐射，广泛用于电子与电器工业、原子能工业和航天工业；又由于它们具有生理相容性，可作人造器官和生物医疗器材。

4）能源材料和节能材料

20世纪50年代原子能工业开始发展，要求化工企业生产重水、吸收中子材料和传热材料以满足需要，航天事业需要高能推进剂。固体推进剂由胶黏剂、增塑剂、氧化剂和添加剂组成，液体高能燃料有液氢、煤油、无水肼等，氧化剂有液氧、发烟硝酸、四氧化二氮。这些产品都有严格的性能要求，已形成一个专门的生产行业。为了满足节能和环保的要求，1960年美国试制成可以实用的醋酸纤维素膜，以淡化海水、处理工业污水，以后又扩展用于医药、食品工业。但这种膜易于生物降解，也易水解，使用寿命短。1970年，开发了芳香族聚酰胺反渗透膜，它能够抗生物降解，但不能抗游离氯。1977年，改进后的反渗透复合膜用于海水淡化，$1m^3$淡水仅耗电$23.7\sim28.4MJ$。此外，还开发了电渗析和超过滤用膜等。聚砜中空纤维气体分离膜，用于合成氨尾气的氢氮分离及其他多种气体分离。这种膜分离技术比其他工业分离方法更节能。精细陶瓷以其硬度见长，用作切削工具。1971年，美国福特汽车公司及威斯汀豪斯电气公司以β-氮化硅（$\beta-Si_3N_4$）为燃气涡轮的结构材料，运行温度曾高达$1370℃$，可提高功效，节省燃料，减少污染，是良好的节能材料。

5）专用化学品

专用化学品得到进一步发展，它以很少的用量增进或赋予另一产品以特定功能，获得很高的使用价值，例如食品和饲料添加剂，塑料和橡胶助剂，皮革、造纸、油田等专用化学品，以及胶黏剂、防氧化剂、表面活性剂、水处理剂、催化剂等。以催化剂为例，由于电子显微镜、电子能谱仪等现代化仪器的发展，有助于了解催化机理，因而制备成各种专用催化剂，标志催化剂进入了新阶段。

2. 化工领域的拓展

在工业化初期，世界资源很丰富，采用的原料都是富矿或易于加工开采的矿藏。但到了今天，有些资源面临枯竭，需要加工贫矿和使用加工过程复杂的原料，甚至要改变原料路线。利用可再生能源及核能逐步过渡和部分代替目前的主要能源（石油、天然气、煤和油页岩），这是开辟新能源途径的需要。例如，开发对太阳能的高效利用，主要包括光电直接转化，利用催化剂、太阳能实现水分解制氢；利用生物质（特别是植物）发酵制乙醇或甲烷；利用与化工有关的新型技术，加强核能利用的研究等。与此同时，提高现有能源的利用效率，减少能量释放过程中对环境的污染，也是十分重要的。例如，注意燃烧中的脱硫和硫的回收，着重解决大气中硫化物的污染；解决燃烧不完全所释放的 CO 和 NO_x 的治理问题；注意解决水的污染和水的复用问题等。

可再生资源是指动植物及其代谢产物，对它们的综合利用十分重要。发展生物化工，利用微生物、动植物细胞生产人类所需的初级和次级代谢产能；高效利用酶和酶工程，发展高效的酶反应器、酶的分子修饰和分离纯化，利用动植物细胞培养，生产色素、香精、生物碱、维生素、甜味剂、酶和一些特殊的蛋白质（激素、疫苗等）产品；对动植物产品（包括淀粉、蛋白、油脂、纤维素等）进行全价开发等，都是可再生资源综合利用的重要方面。

第六节　化工学科的分化与化工教育

一、化工学科的分化

化工学科是适应化学工业需要而产生的。根据化工学科的范畴，化工学科可以按其生产原料及产品加工过程划分为无机化工、基本有机化工、石油化工、能源化工、精细化工、生物化工、环境化工等学科；也可以按各个化学加工过程中工程问题的共同原理、设备及放大的共同规律划分为若干分支学科，包括化工热力学、传递过程、分离过程、反应工程、过程系统工程、化工技术经济等。

根据 2013 年国务院学位委员会公布的学科目录，化工类一级学科的名称为化学工程与技术，包含化学工程、化学工艺、生物化工、应用化学、工业催化、材料化学工程、制药与精细化工 7 个二级学科。

（1）化学工程：研究以化学工业为典型代表的过程工业中相关化学过程与物理过程的一般原理和共性规律，解决过程及装置的模拟、放大、开发、设计、操作及优化的理论和方法问题。该学科方向主要包括化工热力学、传递过程原理、分离过程、化学反应工程、过程系统工程、过程控制工程、化工安全生产与化工过程、装备设计与腐蚀防护等。

（2）化学工艺：研究化学品的合成机理、生产原理、产品开发、工艺实施、过程及装置的设计和优化。该学科方向主要涉及以石油、煤、天然气、生物质可再生能源和其他矿物质为原料，通过石油与天然气化工、煤化工、能源化工、基本有机化工、无机化工、冶金化工和高分子化工等过程加工产品的工艺过程。

（3）生物化工：以实验研究为基础、理论和工程应用并重，综合基因工程、细胞工程、酶工程、发酵工程、组织工程、系统生物学、合成生物技术、生物炼制、生物活性物质的分离纯化与精制、生物材料技术等，通过工程研究、过程设计、操作的优化与控制，实现生物过程的目标产物，因此它在生物技术中有着重要地位。该二级学科也是生物技术的一个重要组成部分，将在解决人类所面临的资源、能源、食品、健康和环境等重大问题上起到积极的作用。

（4）应用化学：有明确的应用前景，并可借助催化剂等辅助方法制造化学产品，主要涉及精细化学品、专用化学品、功能材料等的制备原理和工艺技术。主要内容包括化工产品结构与性能的关系、制备工艺、产品复配及商品化，以及各类化学品、化学材料及器件制造过程中的合成化学、物理化学、化工单元反应及工艺、生物技术的应用等。

（5）工业催化：以近代化学和物理为基础，是与过程工业及材料、能源、环境、食品、生物等领域密切联系的学科。主要涉及表面催化、分子催化、生物催化、催化反应工程、新型催化剂与新型催化过程研发、环境催化、能源与资源转化过程中的催化、化学工业和石油炼制催化等。

（6）材料化学工程：利用化学工程的理论和方法指导材料制备和加工过程。通过材料的"功能—结构—应用"关系的科学问题研究，运用化学工程的理论和方法对材料制备过程进行分析和流程优化设计，揭示若干重要新材料和基础原材料规模化制备中的结构控制规律。依托新型分离与反应材料，构建面向应用过程的材料设计方法，从而构建材料化学工程的理论体系。

（7）制药与精细化工：是化学制药、微生物制药、精细化工等相关专业的延伸，通过与化学、药学、生物学、化学工程及工程学等学科的交叉，研究农药、兽药、医药及其中间体的设计、合成、制备、制剂新技术及药品安全与质量控制。内容涉及精细化学品生产、药物反应工程、药物制剂、多相与生物反应工程、药物分离与质量控制等多个领域。

利用化工学科的多样性，可以分析解决有关生产工艺和流程中的关键问题，包括工艺的组合集成、设备的结构设计和放大、过程的控制和优化等，通过各种化学反应，原料和产品的分离和纯化，能量和物料的输送、传递和混合，保证高效、节能、经济和安全地进行生产，获取人类所需要的各种物质和产品，并维持良好的生态环境，实现可持续发展。

从化工发展的战略出发，了解与化学工业密切相关的重要的化工学科分支及研究领域，特别着重了解其工程性学科分支的发展是十分必要的。

二、化工教育

化工教育是为了化学工业和化学工程学科发展对人才的需要而进行的专业教育，是工程技术教育的组成部分，其目的是培养掌握科学和工程理论知识，具有化工专业理论基础，能从事化学工业、化学工程和化学工艺的研究、开发、设计、操作和管理的工程技术人才。化工教育包括化工高等教育和化工中等（职业）教育，除全日制学校教育外，还包括对在职工程技术人员更新知识、提高业务技术水平而进行的各种形式的继续教育。

1. 沿革

18～19世纪中叶，现代化学工业兴起时，化工教育尚未形成独立的领域。19世纪末，随着化学工业进一步发展，要求培养既懂化学、又懂得工程和机械的技术人才，化工教育才开始从化学教育中分离出来。1885 年英国伦敦帝国学院成立，共有三个系，除机械工程系、电机工程系外，还有化学工程系，系主任为 H. E. 阿姆斯特朗，这是世界上最早的化学工程系。但该系讲授的化学工程课程，不过是化学和机械工程的混合，并没有单元操作的概念。不久该系即停办。1888 年美国麻省理工学院首先设置化学工程专业课程，被认为是化学工程教育的肇始。随后，美国一些大学，如宾夕法尼亚大学、密歇根大学先后于 1893 年、1902 年成立了化学工程系。世界其他各国，也大体经历了类似的发展过程，不过稍晚一些。例如：日本京都大学先将化工学科分为纯化学和制造化学两个专业，1914 年成立工业化学学科，1940 年才建立化学工学科。同时，建立化学工学科的还有东京工业大学。

2. 内容

20 世纪 50 年代以前，化工教育的内容主要是化学、工业化学、单元操作、化工热力学和化学工艺等，机械工程和电机工程也占相当比重。20 世纪 60 年代，石油化工迅速发展，化工装置趋于大型化，加上电子计算机的出现，促使化工教育有较大的更新，传递过程、化学反应工程、化工系统工程、工程数学和电子计算机的应用在化工教学中占据了重要地位。随着科学技术的发展，化工教育界逐步加强工程训练、工厂实践和化工设计等课程。20 世纪 70 ~ 80 年代，化学工业面临来自能源、资源和环境三方面的挑战，在新技术革命的影响下，环境化学工程、生物化学工程、能源化学工程、化工系统工程和化工经济等，在化工教学计划中越来越受重视。当前，化工教育的必修课程一般包括：化学、物理、数学、化工热力学、化工原理、传递过程、化学反应工程、化工过程控制、化学工程实验，设计、经济和计算机训练等，此外，还有其他课程如材料科学及有关社会科学课程。

3. 我国的化工教育

我国的化工教育始于 20 世纪 20 年代。1920 年，浙江公立工业专门学校开设应用化学学科。1927 年，浙江公立工业专门学校与有关学校合并改组为国立第三中山大学（1928 年改名为浙江大学），建立了化学工程系，首届系主任为李寿恒。同年，在苏州工专化工科的基础上，成立了国立第四中山大学（后改名中央大学，现在的南京大学）化学工程系，首届系主任为曾昭抡。1932 年南开大学成立化学工程系，首届系主任为张克忠。其后，广州中山大学、北洋大学（即天津大学）、清华大学、北京大学等校陆续设置了化工系。到 1949 年，全国各综合大学和工科院校中设置化工系的约有 30 所。当时各校化工系的规模都较小，一般每年只招一个班，每届毕业生仅 10 ~ 20 人，规模最大的浙江大学化工系每届毕业最多不过 60 人。

新中国成立后，首先进行院系调整。原大连大学、东北工学院、哈尔滨工业大学的化工系调整为大连工学院（大连理工大学）化工系。原南开大学、北洋大学、河北工学院、北京大学、清华大学、唐山铁道学院、燕京大学（1952 年分别归并于北京大学、清华大学、天津大学及香港中文大学等）的化工系调整组成天津大学化工系。原交通大学、大同大学、东吴大学、震旦大学、江南大学和山东工学院化工系调整组成华东化工学院（华东理工大学），华东化工学院为新中国第一所化工学院。原中央大学、金陵大学的化工系调整组成南京工学院化工系，1958 年又独立成南京化工学院（南京工业大学）。以清华大学石油系为基础组成北京石油学院（中国石油大学）。原重庆大学、四川大学的化工系调整组成成都工学院（后易名为成都科技大学，再后调整入四川大学）化工系。将中山大学、岭南大学的化工系调整组成华南工学院（华南理工大学）化工系。随后，1956 年清华大学恢复化工系，并陆续新建了一批化工院系，如北京化工学院（北京化工大学）等。

改革开放后，我国的国民经济得到了迅猛发展，科技推动了生产力的进步，化工高等教育水平也得到了空前提高，具有化工学科硕士点的高校接近200所。

4. 化工专业教学质量标准

为促进专业教育快速健康发展，适应新时期社会经济发展的要求，2013年教育部高教司启动了专业类教学指导委员会研制"本科专业类教学质量国家标准"的工作。教育部高等学校化工类专业教学指导委员会专门成立了"教学质量国家标准"研制小组，在前两届教指委制定的《化学工程与工艺专业规范》基础上，紧扣教育规划纲要的要求和教学改革的成果，通过与不同地区、不同类型高校及工业界紧密沟通、探讨，制定了具有中国特色的化工类专业人才培养的国家标准。

1）化工类专业教学质量国家标准的定位

化工类专业教学质量国家标准适用的专业范围包括化学工程与工艺专业、资源循环科学与工程专业、能源化学工程专业、化学工程与工业生物工程专业四个专业。

化工类专业培养规格为四年，总学分为140~180，包含理论教学及各种实践教学环节，各高校可根据具体情况做适当调整。培养目标中不仅明确了总的专业培养目标，同时各高校在满足上述专业培养目标的前提下，可根据学校的办学定位及自身的专业基础和学科条件，结合地区和面向行业的特点以及学生未来发展需求，对各自的专业培养目标进行丰富和扩展，细化人才培养目标的内涵，实现专业的准确定位。

2）化工类专业教学质量国家标准的内涵

（1）培养目标及要求：化工类专业的目标是培养从事生产运行与技术管理、工程设计、技术开发、科学研究、教育教学等工作的人才。人才培养的基本要求是具有运用本专业基本理论知识和工程基础知识解决复杂工程问题的能力，具有系统的工程实践学习经历；掌握典型化工过程与单元设备的操作、设计、模拟及优化的基本方法；通过化工实验教学对学生进行实验设计、实验操作和技术、表达能力和团队合作能力的全面训练。

（2）职业道德：要求具有高度社会责任感和良好的职业道德，要求了解国家对于化工生产、设计、研究与开发、环境保护等方面的方针、政策和法律法规，遵循责任关怀的主要原则。

（3）安全与环保意识：要求学生了解化工生产事故的预测、预防和紧急处理预案等，具有应对危机与突发事件的初步能力。

（4）师资队伍数量和结构要求：专业专任教师的数量和结构须满足专业教学需要，专业生师比不应高于24:1；讲授化学工程与技术类知识和专业知识的课程，每个课堂教学班的学生人数不应多于100人。

（5）学生工程设计能力：从事化学工程与技术类知识和专业知识教学的专任教师，其学士、硕士或博士学位中，应至少有一个来自化工类专业，其中讲授化工原理、化学反应工程、化工设计的教师其本科应毕业于化学工程与工艺专业。80%以上的专任教师和实验指导教师应有累计6个月以上的工程实践经历。强化化工设计训练，要求化工设计为4周。

（6）教学条件建设：对实验教学仪器设备、基础化学实验设备、化工原理实验设备、专业教学测量仪器、分析仪器、大型实验设备都有明确要求。教学经费投入要求能较好满足人才培养需要。

（7）质量保障体系建设与实施：专业应在学校和学院相关规章制度、质量监控机制建设的基础上，结合专业特点，建立专业教学过程质量监控机制、毕业生跟踪反馈机制以及专业的持续改进机制。

（8）办学自主权和特色：在专业培养目标中，要求对各自的专业培养目标进行丰富和扩展，细化人才培养目标的内涵，实现专业的准确定位。定期评估，建立适时调整专业发展定位和人才培养目标的有效机制。

（9）与工业界的合作：要有一定数量的企业或行业专家作为兼职教师，培养目标和课程体系的设计应有企业或行业专家的参与，对毕业设计（论文）的指导和考核应有企业或行业专家参与。

3）化工类专业教学质量国家标准的特色

（1）坚持"底限"要求，为"专业特色"留有空间；注重毕业"产出"评价，更强化"过程监控与保障"；关注学科发展趋势，更重视"行业发展需求"。

（2）兼顾"共性"与"特色"、"弹性"与"刚性"。专业"共性"主干学科为化学、化学工程与技术加上特色学科，课程关系为"学科基础课＋特色课程"。除共性的化学、化学工程与技术知识外，设置"特色学科类知识""特色实践教学"，并尽可能地分专业描述，诸如专业知识、专业实验，从而既能体现四个专业的共性，又反映各专业的特色。

当今社会已经进入信息时代，人们对工程技术的理解和认识发生了很大的变化，对工程师的要求也与以前不同。比如，工程师不仅应具有扎实的基础知识、良好的主动获取知识的能力和分析解决问题的能力，而且应具备很好的综合和集成的能力及创新意识。由于人与环境、人与社会的关系越来越密切，工程师的知识结构不应局限于科学和技术本身，工程师在解决具体的工程问题的时候必须全面考虑和综合资源、环境、经济、政治等多方面的因素。

从化工学科的发展来看，一方面认识事物的层次在不断加深，对化工过程所涉及的各种现象有了更本质的认识；另一方面，化工面向的服务领域不断扩展，从传统的无机化工、有机化工等逐渐扩展到生物、环境、材料、医药及轻工、食品等许多领域。面对这两方面的变化，化工专业教育不可能随认识层次的加深和服务对象的扩展而无限制地扩展，而只能保证最基本、最核心的内容。这些基本内容应随着化工学科的发展、行业需求的变化做相应的调整，结合化学工业和化工学科的发展趋势，重新规划和设计新的专业教学体系和内容十分必要，以适应培养高质量人才的需要。

从化工学科的发展、化工行业的需求及中国现实状况等几方面出发，化工专业培养人才的定位应当是化学工程师。尽管化学工程已有百余年的历史，化学工程师所依赖的科学基础（数学、物理学、化学、生物学等）已有了长足的发展，服务的对象在不断扩展和变化，解决具体工程问题的方法和工具也在不断更新，但是，化学工程师所面临的任务在本质上并未发生根本改变，即综合运用物理、化学及工程学科的多方面的知识去解决过程工业中遇到的工程问题。当然，面对社会的不断发展和进步，应该对培养人才的知识结构和能力结构做出更为具体的要求，以满足化工专业社会性特征的需求。

扎实的基础和宽阔的视野是高质量化工人才应该具备的基本条件，这不仅是学生在未来社会中生存和发展的基础，也是在校期间培养创新能力的出发点。实现这一目标的关键是化工专业的课程体系优化、内容的组织和教师水平的提高。扎实的基础知识靠高质量的基础课来保证，而宽阔的视野一方面依靠丰富的高水平选修课来提供，另一方面有赖于教师在各个教学环节中的引导。

目前科学知识的发展和更新极快，学校的教育不可能一劳永逸。事实上，现代教育的发展趋势就是由传统的知识和技能的传授转向能力的培养和方法的传授，教育也从阶段教育发展成终身教育。因此学校教育的主要功能是教会学生基本知识和学习方法以及良好的获取知识和解决问题的能力。另外，由于科技转化为生产力的速度加快，必须加强工程实践和工程设计方面的训练，加强实验动手能力的培养。

随着现代社会的不断发展，工程的概念已经发生了变化，工程与社会的关系越来越密切，工程师所面临的也不再是简单的技术问题。因此，应加强经济、环境、生态、法律等方面的教育，使学生扩大视野，真正适应社会发展的需求。应当指出的是，除了正确地建立学生知识和能力的结构外，课程教学中正确引导、言传身教，提高学生的思想道德素质、文化素质、业务素质和生理心理素质也是不容忽视的重要任务，这也是"寓德于教"的含义所在。

社会的进步、学科的发展及相关行业的需求都对化工专业教育提出了新的要求。为实现新的目标和要求，必须充分调动教和学两个方面的积极性。一方面，教学及培养的目标归根到底要通过每位教师的教学活动来贯彻和实现，改革的成败取决于教师业务素质的提高和在教学活动中的投入；另一方面，加强对学生的引导，激发学生参与教学改革的积极性，是使改革的目标得以真正实现的关键。从社会进步、科学发展、行业需求及人才素质、能力及知识结构等多方面进行全面考量，明确人才培养的目标与思路，积极探索，努力实践，就能够实现改革的目标，使培养的人才更能适应新技术革命的挑战和化工专业社会特性的需求。

 本章思考题

1. 查阅相关资料，了解石油化工兴起的历史背景，从化工原料角度思考石油比煤和天然气具有哪些优势。

2. "三传一反"具体指的是什么内容？为什么说这些内容是重要的？

3. 为什么说化工是生产能源产品的行业，同时也是耗能的行业，化工污染治理也同样依靠化工技术来处理？

4. 结合化工学科划分思考化学工程、化学工艺和化工技术的区别和联系。

第二章
资源与能源化工

化工作为一个行业和知识的门类，在不同的历史时期和不同目的要求下，有多种分类方法。可以按照加工的原料分类，也可以按照生产得到的产品分类，还可以按照过程规律、历史联系等来分类。但不管哪种分类方法，都与其他分类方法存在重复性和不同目的的适应性问题。本章从以原料加工为目的的化工过程出发，重点介绍以无机矿物和煤、石油等加工为化工产品的资源与能源化工。

第一节　无　机　化　工

无机化工具有用途广、需求量大的特点，其用途涉及造纸、橡胶、塑料、农药、饲料添加剂、微量元素肥料、空间技术、采矿、采油、航海、高新技术领域中的信息产业、电子工业以及各种材料工业，又与日常生活中人们的衣、食、住、行以及轻工、环保、交通等息息相关。

一、无机化工的概念及特点

无机化工是无机化学工业的简称，是以天然资源和工业副产物为原料生产硫酸、硝酸、盐酸、磷酸、纯碱、烧碱、合成氨、化肥以及无机盐等化工产品的工业，即人们常说的硫酸工业、纯碱工业、氯碱工业、合成氨工业、化肥工业和无机盐工业。无机化工广义上也包括无机非金属材料和精细无机化学品如陶瓷、无机颜料等的生产。无机化工产品的主要原料是含硫、钠、磷、钾、钙等化学矿物以及空气、水等。

与其他化工部门相比，无机化工的特点是：

（1）在化学工业中是发展较早的部门，为单元操作的形成和发展奠定了基础。例如，合成氨生产过程需在高压、高温以及催化剂存在的条件下进行，它不仅促进了这些领域的技术发展，也推动了原料气制造、气体净化、催化剂研制等方面的技术进步，而且对于催化技术在其他领域的发展也起了推动作用。

（2）除无机盐外，无机化工产品品种不多。例如，硫酸工业仅有工业硫酸、蓄电池用硫酸、试剂用硫酸、发烟硫酸、液体二氧化硫、液体三氧化硫等产品；氯碱工业只有烧碱、氯气、盐酸等产品；合成氨工业只有合成氨、尿素、硝酸、硝酸铵等产品。但硫酸、烧碱、合成氨等主要产品都和国民经济各部门有密切关系，其中硫酸曾有"化学工业之母"之称，它的产量在一定程度上标志着一个国家工业的发达程度。

二、无机化工的发展历程

18 世纪中叶，由于纺织、印染工业的发展，硫酸用量迅速增加。1746 年英国的 J. 罗巴克采用铅室代替玻璃瓶，建成世界上第一座铅室法硫酸厂，标志着化学工业的开始。同时，因制造肥皂和玻璃对碱的需用，而天然碱又不能满足需求，1775 年法国科学院征求制碱方法。奥尔良医生 N. 吕布兰提出了以食盐为原料，用硫酸处理得到芒硝及盐酸，芒硝再与石灰石、煤粉一起在炉内煅烧生成纯碱的方法，工业上称吕布兰法。此法除了制取纯碱外，还能生产硫酸钠、盐酸等产品。硫酸工业和纯碱工业成为无机化工生产最早的两个行业。

到 19 世纪，人们认识到由土壤和天然有机肥料提供作物的养分已经不能满足需要。1842 年英国人 J. B. 劳斯建立了生产过磷酸钙的工厂，这是世界上最早的磷肥工厂。

随着技术的不断进步，吕布兰制碱法原料消耗多、劳动条件差、成本高等问题日益突出，1861 年比利时人 E. 索尔维开发了索尔维法，又称氨碱法。但是很快，造纸、染料和印染等工业对烧碱和氯气的需要迅速增加，氨碱法制得的烧碱也不能满足要求，因此，在直流发电机制造成功之后，1893 年开始用食盐饱和水溶液以电解法生产烧碱，并联产氯气。至此，19 世纪末叶，形成了以硫酸、纯碱、烧碱、盐酸为主要产品的无机化学工业。

由于农业发展和军工生产的需要，以天然有机肥料及天然硝石作为氮肥主要来源已不能满足需要，迫切要求解决利用空气中氮的问题。20 世纪初，很多化学家积极从事氨合成的理论基础研究和工艺条件试验工作。德国物理化学家 F. 哈伯和工程师 C. 博施于高压、高温和催化剂存在下，利用氮气和氢气成功地合成了氨。1913 年，世界上第一座日产 30t 氨的装置在德国建成投产，从而在工业上第一次实现了利用高压，由元素直接合成无机产品的生产过程。到 1922 年，用氨和二氧化碳合成尿素也在德国实现了工业化。由于两次世界大战，军火生产方面需要大量的硝酸、硫酸和硝酸铵等，促使无机酸与合成氨工业迅速发展。

20 世纪 50 年代以来，由于各企业间竞争激烈，降低成本、减少消耗的需要促进了企业在技术上的进步。例如，硫酸生产中，在 60 年代开发了二次转化、二次吸收的接触法流程，提高了原料利用率，并降低了尾气中的 SO_2 浓度；氯碱生产中，在 70 年代，开发了离子膜电解法；尿素生产中，在 60 年代，开发了二氧化碳气提法和氨气提法等工艺方法；在合成氨生产中，开发了低能耗新流程等。

20 世纪 60 年代后期，生产装置的规模进一步扩大，从而降低了基建投资费用和产品成本，建成了日产 1000 ~ 1500t 氨的单系列装置；80 年代初期，建成了日产 2800t 硫酸的大型装置。随着装置规模大型化，热能综合利用有了较大发展。工艺与热力、动力系统的结合，降低了单位产品的能耗，也推动了化工系统工程的发展。

三、典型产品生产工艺

无机化工产品种类繁多，除了硫酸、硝酸、盐酸、纯碱、烧碱、合成氨等大宗无机化学品外，还有如碳酸钙、硫酸铝、硝酸锌、硅酸钠等无机盐产品，此外还有氧、氮、氢等工业气体。下面主要介绍硫酸和纯碱两个产品的生产工艺。

1. 硫酸生产工艺

硫酸是一种重要的工业原料，可用于制造肥料、药物、炸药、颜料、洗涤剂、蓄电池等，也广泛应用于金属冶炼、石油产品改性以及染料等工业中。

硫酸发现于公元 8 世纪，阿拉伯炼丹家贾比尔通过干馏硫酸亚铁晶体得到硫酸。一些早期对化学有研究的人，如拉齐、贾比尔等，还写了有关硫酸及与其相关的矿物质的分类名单。其他一些人，如西那医师，则较为重视硫酸的种类以及它们在医学上的价值。

图 2-1 是英国化学家 J. 道尔顿在 1808 年绘制的三氧化硫分子结构图，该图显示了三氧化硫有一个位于中心的硫原子并与三个氧原子建立共价键。

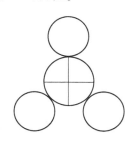

图 2-1 J. 道尔顿绘制的三氧化硫分子结构❶

在 17 世纪，德国化学家 J. R. 格劳伯将硫与硝酸钾混合加热制得硫酸，在这过程中，硝酸钾分解并氧化硫使之成为三氧化硫，三氧化硫与水混合便可得到硫酸。于是，在 1736 年，伦敦药剂师 J. 沃德用此方法大规模生产硫酸。

在 1746 年，J. 罗巴克则运用这个原则，开创铅室法，以更低成本有效地大量生产硫酸。经过多番改良后，这个方法在工业上已被采用了将近两个世纪。由 J. 罗巴克创造的这个生产硫酸的方法能制造出浓度为 65% 的硫酸。后来，法国化学家 J. L. 盖吕萨克以及英国化学家 J. 格洛弗将其改良，使其能制造出浓度高达 78% 的硫酸，可是这浓度仍不能满足一些工业上的要求。

在 18 世纪初，硫酸的生产都是通过黄铁矿（FeS_2）燃烧成硫酸亚铁，然后再被燃烧变为硫酸铁，再通过氧化硫从而制得硫酸。由于该法步骤多，到了 1831 年，英国制醋商人 P. 菲利普斯想到了接触法，能以更低成本制造出三氧化硫以及硫酸，这种方法在现今仍被广泛运用。

接触法生产硫酸主要可分成三个阶段，先制备二氧化硫，再接触氧化成三氧化硫，最后水吸收得到硫酸。

1）硫铁矿焙烧制二氧化硫

首先，硫铁矿在高温下受热分解为硫化亚铁和硫：

$$2FeS_2 \longrightarrow 2FeS + S_2 + Q$$

然后分解得到的硫蒸气与氧反应，瞬间即生成二氧化硫：

$$S_2 + 2O_2 \longrightarrow 2SO_2 + Q$$

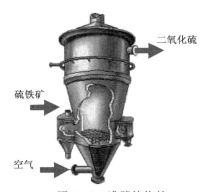

图 2-2 沸腾焙烧炉

硫铁矿的焙烧过程是在沸腾焙烧炉（图 2-2）内进行的。随着固体流态化技术的发展，焙烧炉已由固定床型的块矿炉、机械炉发展成为流化床型的沸腾炉。硫铁矿的沸腾焙烧，就是应用固体流态化技术来完成焙烧反应的。流体经过一定粒度的颗粒床层，随着流体流速的不同，床层会呈现固定床、流化床及流体输送三种状态。需要强调的是，硫铁矿的焙烧，应保持床层正常沸腾，保持正常沸腾取决于硫铁矿颗粒平均直径大小、矿料的物理性能及与之相适应的气流速度。对沸腾焙烧来讲，必须保持气流速度在临界速度与吹出速度之间。

---

❶ 我们现在使用的元素符号直到 1860 年秋才在德国卡尔斯卢会议上由世界各国著名化学家共同确定，而在这之前的上百年里元素符号在各国的使用是混乱的。但是可以肯定，英国化学家 J. 道尔顿（J. Dalton）建议用简单的符号来表示元素和化合物的组成，对当时化学界的影响是巨大的。

2）二氧化硫接触氧化为三氧化硫

二氧化硫氧化为三氧化硫的反应式为：

$$SO_2 + \frac{1}{2}O_2 \longrightarrow SO_3 + Q$$

该反应仅在 V_2O_5 催化剂存在时才能得到满意的反应速度。由于是放热反应，所以在低温下会获得较好的三氧化硫产率。但是，反应温度过低又导致反应速度下降，所以一般选取催化剂正常工作所需的 410~440℃ 作为反应温度。

3）三氧化硫的吸收

三氧化硫被水吸收后便得到硫酸，反应式为：

$$SO_3 + H_2O \longrightarrow H_2SO_4 + Q$$

虽然该反应很容易进行，但水蒸气和三氧化硫在气相中生成硫酸，冷凝形成大量酸雾，使操作条件恶化。因此，工业上一般都采用 98.5%~99.0% 的硫酸吸收。用高浓度的硫酸吸收时，需向循环酸中补充适量的水，以保证吸收用硫酸的浓度恒定，从而得到所要求规格的硫酸产品。

吸收操作首先是用气体冷却器将气体反应物冷却至 180~200℃，然后送入填料吸收塔，硫酸在塔中从上往下喷淋与气体反应物逆向接触，三氧化硫逐渐转化为硫酸。硫酸吸收剂在重新返回吸收塔之前需用水降温，移走吸收过程的热量。

图 2-3 为接触法生产硫酸工艺流程示意图。

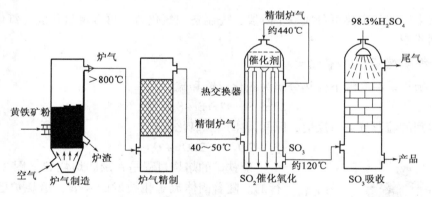

图 2-3　接触法生产硫酸工艺流程示意图

2. 纯碱生产工艺

纯碱是工业上的称谓，就是碳酸钠。纯碱商品碳酸钠的含量多在 99.5%（质量分数）以上，分类属于盐，不属于碱。纯碱在国际贸易中又称苏打或碱灰。纯碱是一种重要的化工原料，主要用于平板玻璃、玻璃制品和陶瓷釉的生产，还广泛用于洗涤用品、酸碱中和以及食品加工等。

在工业上，生产纯碱的典型方法是氨碱法。氨碱法不仅使生产实现了连续化，而且食盐的利用率也得到提高，生产成本降低。

1867 年索尔维设厂制造的产品在巴黎世界博览会上获得铜质奖章，此法被正式命名为索尔维法。消息传到英国，正在从事吕布兰法制碱的英国哈琴森公司买断了两年独占索尔维法的权利。1873 年哈琴森公司改组为卜内门公司，建立了大规模生产纯碱的工厂。后来，法、德、美等国相继建厂。这些国家发起组织索尔维联合会，设计图纸只向会员国公开，对外绝对保守秘密。凡有改良或新发现，会员国之间彼此通气，并相约不申请专利，以防泄露。除了技术之外，营业也有限制，他们采取分区售货的办法，例如中国市场由英国卜内门公司独占。由于如此严密的组织方式，凡是没有得到索尔维联合会的特许，根本无从问津氨碱法生产详情。多少年来，许多国家要想拉拢了解索尔维法奥秘的厂商，无不以失败而告终。直到1933年侯德榜著书《纯碱制造》，将索尔维制碱法公之于众。再到后来被更为先进的侯氏制碱法取代。

我国的化学工业就是从制碱起步的。1921年，化工专家侯德榜（图2-4）受永利制碱公司总经理范旭东邀聘，离美回国，承担起建设碱厂的技术重任，出任永利技师长。在制碱技术和市场被外国公司严密垄断下，永利用重金买到一份索尔维法的简略资料。侯德榜埋头钻研这份简略的资料，带领广大职工长期艰苦努力，解决了一系列技术难题，于1926年取得成功，建成亚洲第一座纯碱厂，生产出了优质纯碱。

图2-4 化学工业的先驱侯德榜 ❶

20世纪30年代，侯德榜主持建成了中国第一座兼产合成氨、硝酸、硫酸和硫酸铵的联合企业；40~50年代，又发明了连续生产纯碱与氯化铵联合制碱的新工艺，以及碳化法合成氨流程制碳酸氢铵化肥新工艺，并使之在60年代实现了工业化和大面积推广。1926年中国"红三角"牌纯碱参加万国博览会，获金质奖章。

侯德榜还积极传播交流科学技术，培育了很多科技人才，为发展科学技术和化学工业做出了卓越贡献。

氨碱法生产纯碱的第一步先是制备二氧化碳。二氧化碳可以通过大型合成氨厂获得，也可以通过石灰窑煅烧生成生石灰和二氧化碳的方法获得。另外一种原料就是氨，可以通过石灰乳分解母液中的氯化铵得到，也可以直接利用合成氨厂提供的氨产品。石灰乳分解得到氯化铵的反应如下：

$$Ca(OH)_2 + 2NH_4Cl \longrightarrow CaCl_2 + 2NH_3 + H_2O$$

有了氨原料，再与饱和食盐水逆向接触，制成氨盐水后与二氧化碳反应得到碳酸氢钠，煅烧后就得到纯碱。过程反应如下：

$$NaCl + NH_3 + CO_2 + H_2O \longrightarrow NaHCO_3 + NH_4Cl$$

$$2NaHCO_3 \longrightarrow Na_2CO_3 + CO_2 + H_2O$$

---

❶ 侯德榜，生于福建闽侯，著名科学家，杰出化学家，侯氏制碱法的创始人，中国重化学工业的开拓者，近代化学工业的奠基人之一，是世界制碱业的权威。在天津大学、北京化工大学等多所化工优势学科的高校建有他的塑像。

氨碱法纯碱生产工艺框图如图 2 - 5 所示。

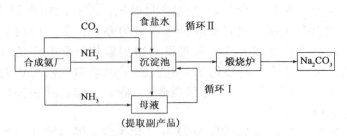

图 2 - 5　氨碱法纯碱生产工艺框图

四、无机化工的发展趋势

无机化工生产技术比较先进、产品市场分布广泛的国家和地区主要在西欧、北美、东欧、俄国、中国、日本等。美国在第一次世界大战前，主要生产硫酸、纯碱、烧碱等，从 20 世纪 20 年代开始生产氮肥。苏联在第二次世界大战后，实行优先发展化学工业的政策，产量大幅度上升，合成氨和化肥的产量均居世界首位，其他很多无机化工产品产量仅次于美国而居第二位。日本天然资源不丰富，原料多依靠进口，在第二次世界大战后，为了解决国内衣食问题，大力恢复化肥生产，由此推动了硫酸、纯碱和氯碱等工业的生产。

中国无机化工过去基础十分薄弱，1949 年以来，无机化工生产从产量和技术方面都取得了很大的成就，1984 年主要品种的产量如合成氨居世界第二位，化肥和硫酸产量居世界第三位，纯碱和烧碱分别居第四、第五位。

由于原料和能源费用在无机化工产品中占有较大比例，技术改造的重点将趋向采用低能耗工艺和原料的综合利用。化肥工业、无机盐工业，都是产品品种发展较快的工业，它们将进一步淘汰落后产品，发展新产品。化肥工业今后将向高浓度复合肥料方向发展。随着工业不断发展，硫酸、合成氨、磷肥、无机盐等生产所排放的废渣、废液、废气累积越来越多，它们给环境带来的危害，已引起重视，今后将继续采取有效措施，解决"三废"问题。同其他部门一样，无机化工除了采用先进工艺、高效设备、新型检测仪表外，在设计方面利用电子计算机进行全流程的模拟优化，生产上采用计算机进行参数的监测和调节，使生产过程更加平稳、安全和高效。

第二节　煤　化　工

煤化工就是以煤为原料，经化学加工使煤转化为气体、液体和固体燃料以及化学品的过程，主要包括煤的气化、液化、焦化、干馏，以及焦油加工和电石乙炔化工等。

煤化工开始于 18 世纪后半叶，19 世纪形成了完整的煤化学工业体系。进入 20 世纪，许多以农林产品为原料的有机化学品多改为以煤为原料生产，煤化工成为化学工业的重要组成部分。第二次世界大战以后，石油化工迅速发展，许多化学品的生产又从以煤为原料转移到以石油和天然气为原料，从而削弱了煤化工在化学工业中的地位。20 世纪 70 年代，石油大幅度涨价，煤化工曾一度有所发展。

煤化工按其产品种类分可分为传统煤化工和新型煤化工。传统煤化工指的是煤制焦炭、煤制电石、煤制甲醇等历史悠久、技术成熟的产业；新型煤化工是指煤制油、煤制天然气、煤制烯烃、煤制二甲醚、煤制乙二醇等以煤基替代能源为导向的产业。

一、煤资源

煤（图2-6）是一种可燃的黑色或棕黑色固体，是植物的枝叶和根茎历经成千上万年的堆积，由于地壳的变动不断地被埋入地下，长期与空气隔绝，并在高温高压下，经过一系列复杂的物理化学变化等因素，形成的黑色可燃沉积岩。

图2-6　煤❶

一座煤矿的煤层厚度与该地区的地壳下降速度及植物遗骸堆积的厚度有关。地壳下降速度快，植物遗骸堆积厚，这座煤矿的煤层就厚；反之，地壳下降速度缓慢，植物遗骸堆积薄，这座煤矿的煤层就薄。又由于地壳的构造运动使原来水平的煤层发生褶皱和断裂，有一些煤层埋到地下更深的地方，有的又被排挤到地表，甚至露出地面，比较容易被人们发现；还有一些煤层相对比较薄，而且面积也不大，所以没有开采价值。

煤主要是由碳，以及不同数量的其他元素（主要是氢、硫、氧和氮）构成。

1. 煤的分类

煤的分类较多，但主要按煤化程度、岩石结构和含挥发性成分来分类。

根据其煤化程度不同，煤可依次分为泥炭、褐煤（棕褐煤、黑褐煤）、烟煤（生煤）、无烟煤、亚煤（褐煤的一种，是日本的特有分类），其中以无烟煤的煤化程度最高，泥炭的煤化程度最低。

根据其岩石结构不同，煤可以分为烛煤、丝炭、暗煤、亮煤和镜煤。含有95%以上镜质体的为镜煤，表面光亮，结构坚实；含有镜质体和亮质体的为亮煤；含粗粒体的为暗煤；含丝质体的为丝炭；由许多小孢子形成的微粒体组成的为烛煤。

根据煤中含有的挥发分多少，煤可以分为贫煤（无烟煤，含挥发分低于12%）、瘦煤（含挥发分12%~18%）、焦煤（含挥发分18%~26%）、肥煤（含挥发分26%~35%）、气煤（含挥发分35%~44%）和长焰煤（含挥发分超过42%）。其中焦煤和肥煤最适合用于炼焦炭，挥发分过低不黏结，过高会膨胀都无法用于炼焦，但一般炼焦要将多种煤配合。

GB/T 5751—2009《中国煤炭分类》依据干燥无灰基挥发分、粘结指数、胶质层最大厚度等，将煤分为14类，即褐煤、长焰煤、不粘煤、弱粘煤、1/2中粘煤、气煤、气肥煤、1/3焦煤、肥煤、焦煤、瘦煤、贫瘦煤、贫煤和无烟煤。

煤也可按终端用途来分类。一般生产的煤炭可分为两种——焦煤与电煤，均属于广义范围的烟煤与次烟煤。焦煤与电煤市场的经营彼此相对独立。

---

❶ 历史上，煤被用作能源，主要是燃烧用于生产电力或供热，并且也可用于工业用途，例如精炼金属，或生产化肥和许多化工产品。作为一种化石燃料，煤的形成是古代植物在腐败分解之前就被埋在地底，转化成泥炭，然后转化成褐煤，然后为次烟煤，之后烟煤，最后是无烟煤。

2. 煤的化学组成

煤是由有机物和少量无机物组成的复杂混合物。其中有机物质是复杂的有机化合物，主要元素是碳，其次是氢，还有氧、氮、硫等，它们以结构复杂的大分子形式存在。这些煤的有机质大分子是由许多结构相似的单元所组成，单元的核心是缩合程度不同的芳环，还有一些脂肪环和杂环，环间由氧桥或次甲基桥连接而成大分子；环上侧链有烷基、羟基、羧基或甲氧基等。很多研究者报道过不同的煤化学结构模型，但尚不能揭示煤的实质结构，比较受认可的是 W. H. 怀泽提出的烟煤结构模型（图 2 - 7）。煤中的无机质元素主要是硅、铝、铁、钙、镁等，它们以蒙脱石、伊利石、高岭石等黏土矿物形式存在，还有黄铁矿、方解石、白云石、石英石等。

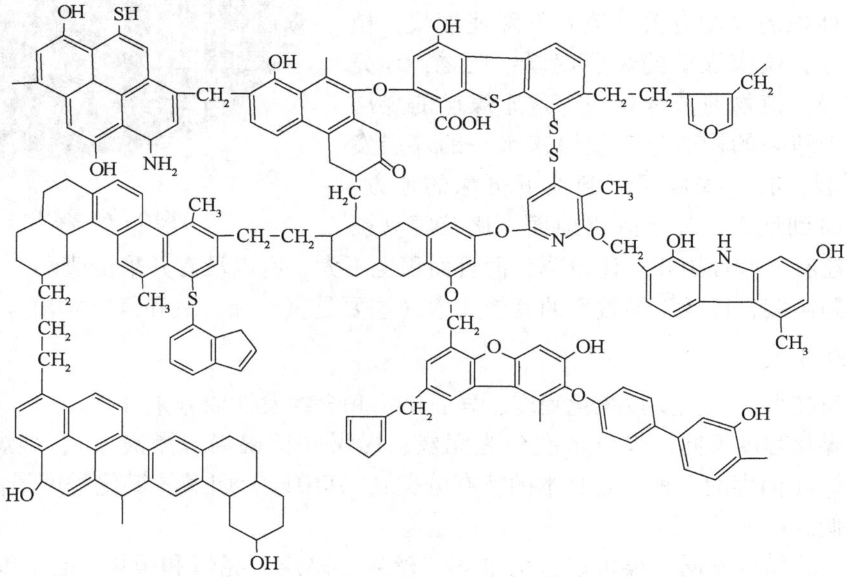

图 2 - 7　怀泽提出的烟煤结构模型

碳是煤中最重要的组分，其含量随煤化程度的加深而增高。泥炭中碳含量为 50% ~ 60%，褐煤为 60% ~ 70%，烟煤为 74% ~ 92%，无烟煤为 90% ~ 98%。

煤燃烧时，所含的硫反应生成 SO_2，SO_2 不仅腐蚀金属设备，还污染环境。煤中硫的含量可分为 5 级：高硫煤，大于 4%；富硫煤，2.5% ~ 4%；中硫煤，1.5% ~ 2.5%；低硫煤，1.0% ~ 1.5%；特低硫煤，小于或等于 1%。煤中硫又可分为有机硫和无机硫两大类。

3. 煤的开采

煤的开采是一项艰苦的工作，当前正在花较大的力量来改善工作条件。由于煤炭资源的埋藏深度不同，开采方式一般相应地也有矿井开采和露天开采之分。其中，可露天开采的资源量在总资源中的比重大小，是衡量开采条件优劣的重要指标，中国可露天开采的储量仅占 7.5%，美国为 32%，澳大利亚为 35%。矿井开采条件的好坏与煤矿中瓦斯的多少成反比，中国煤矿中含瓦斯比例高，高瓦斯和有瓦斯突出的矿井占 40% 以上。中国采煤以矿井开采为主，如山西、山东、徐州及东北地区大多数采用这一开采方式，也有露天开采，如朔州平朔煤矿。

大多数地下煤炭都是通过房柱法采用连续采矿机械开采的。装有钨合金钻头的连续开采机首先破煤，然后运输到等候接送的专用车上，再运送到输送带直至转移到地面；采煤机前进一段距离，停止移动而后放入支撑。这个过程反复，直到煤层开采完。不使用爆破手段。

另一种地下采煤方法是长壁开采法，占了 20% 左右的生产。这种方法使用横跨 400 ~ 600ft 的煤层（长壁）切割机。这台机器上有一个旋转缸钨钻头用来切下煤，而后煤炭送入输送系统，再由其带出矿井。屋顶由大型钢铁支持，附于机器。由于机器向前推动，屋顶支撑也前进。近 80% 的煤炭开采可使用这种方法。

其余的地下生产，是由传统的采矿用的炸药法，爆破后煤炭被移出。

二、煤化工发展史

中国是使用煤最早的国家之一，早在公元前就用煤冶炼铜矿石、烧陶瓷，至明代已用焦炭冶铁，但煤作为化学工业的原料加以利用并逐步形成工业体系，则是在近代工业革命之后。由于煤中的有机质是以芳香族稠环为核心、连有杂环及各种官能团的大分子，这种特定的分子结构使它在隔绝空气的条件下，通过热加工和催化加工，能获得固体产品，如焦炭或半焦；同时，还可得到大量的煤气（包括合成气），以及具有经济价值的化学品和液体燃料（如烃类、醇类、氨、苯、甲苯、二甲苯、萘、酚、吡啶、蒽、菲、咔唑等）。因此，煤化工的发展包含着能源和化学品生产两个重要方面。

煤化工的发展始于 18 世纪后半叶，19 世纪形成了完整的煤化学工业体系。进入 20 世纪，许多有机化学品多以煤为原料生产，煤化学工业成为化学工业的重要组成部分。

煤化工的发展经历了初创、全面发展、萧条和技术发展四个时期。

1. 初创时期

18 世纪中叶，由于工业革命的进展，炼铁用焦炭的需求量大增，炼焦化学工业应运而生。18 世纪 70 年代建成有化学产品回收的炼焦化学厂。

18 世纪末，开始由煤生产民用煤气。当时用烟煤干馏法，生产的干馏煤气首先用于欧洲城市的街道照明。1840 年由焦炭制发生炉煤气，用于炼铁。1875 年使用增热水煤气作为城市煤气。

1920 ~ 1930 年，煤的低温干馏发展较快，所得半焦可作为民用无烟燃料，低温干馏焦油进一步加工生产液体燃料。1934 年在上海建成立式炉和增热水煤气炉的煤气厂，生产城市煤气。

2. 全面发展时期

第二次世界大战前夕和战期，煤化学工业取得了全面迅速发展。德国为了发动和维持战争，大规模开展由煤制取液体燃料的研究工作，加速了煤制液体燃料的工业生产。1923 年发明了由一氧化碳加氢合成液体燃料的费托（Fischer-Tropsch）合成法，1933 年实现工业生产，1938 年产量已达 $59 \times 10^4 t$。1931 年，F. 柏吉斯成功地由煤直接液化制取液体燃料，获得了诺贝尔化学奖。这种用煤高压加氢液化的方法制取液体燃料到 1939 年产量已达到 $110 \times 10^4 t$。在此期间，德国还建立了一些大型低温干馏厂，所得半焦用于造气，经费托合成法制取液体燃料；低温干馏焦油经简单处理后作为海军船用燃料，或经高压加氢制取汽油或柴油。与此同时，工业上还从煤焦油中提取各种芳烃及杂环有机化学品，作为染料、炸药等的原料。

3. 萧条时期

第二次世界大战后，由于大量廉价石油、天然气的开采，除了炼焦化学工业随钢铁工业的发展而不断发展外，工业上大规模由煤制取液体燃料的生产暂时中断，取而代之的是以石油和天然气为原料的石油化工兴起，煤在世界能源构成中由65%～70%降至25%～27%。然而，这一现象在南非却是例外，这或许是由于南非所处的特殊地理和政治环境以及资源条件的原因，以煤为原料合成液体燃料的工业一直在发展。1955年建成萨索尔一厂，1982年又相继建成二厂和三厂，这两个厂的人造石油年生产能力为$160 \times 10^4 t$。

4. 技术发展时期

1973年由于中东战争以及随之而来的石油大涨价，使得由煤生产液体燃料及化学品的方法又受到重视，欧美等国加强了煤化工的研究开发工作，并取得了进展。例如，成功地开发了多种新的直接液化方法；在间接液化方法中除萨索尔法已工业化外，还成功地开发了由合成气制造甲醇，再由甲醇转化成汽油的工业生产技术。

20世纪80年代后期，煤化工有了新的突破，那就是由煤制成醋酐。这一技术首先是煤气化制合成气，再合成醋酸甲酯，进一步进行羰基化反应得醋酐。它是由煤制取化学品的一个最成功的范例，从化学和能量利用来看其效率都是很高的，并具有经济性。

目前，我国每年所产的煤炭主要用于火力发电、工业锅炉、铁路运输、民用、炼焦化学工业、生产冶金焦炭和化学肥料工业等方面，化肥工业年用煤$3000 \times 10^4 t$，占化肥总产量的54%；以煤为原料生产的甲醇，占总产量的70%；以电石为原料生产的氯乙烯占80%以上；萘、蒽等产品则全部来自炼焦化学工业。煤化学工业在我国化学工业中占有十分重要的地位。

我国民用煤中城市民用所占比例较大，且多为直接燃烧。随着国家对环境污染的治理力度加大，将煤制成煤气的技术今后将进一步发展，以便减轻环境污染，提高人民生活水平。

三、煤焦化

煤焦化又称煤炭高温干馏或高温炼焦，一般简称炼焦。煤在焦炉内隔绝空气加热到1000℃左右可获得焦炭、化学产品和煤气。

焦炭主要用于高炉炼铁。煤气可以用来合成氨，生产化学肥料或用作加热燃料。炼焦所得化学产品种类很多，特别是含有多种芳香族化合物，主要有硫铵、吡啶碱、苯、甲苯、二甲苯、酚、萘、蒽和沥青等。所以炼焦化学工业能提供农业需要的化学肥料和农药、合成纤维的原料苯、塑料和炸药的原料酚以及医药原料吡啶碱等。可见，炼焦化学工业与许多部门都有关系，可生产很多重要产品，是煤综合利用行之有效的方法。

炼焦的主要产品焦炭，是炼铁原料，所以炼焦是伴随钢铁工业发展起来的。由于木材逐渐缺乏，使炼铁发展受到限制，人们才开始寻求烧炭炼铁。1735年焦炭炼铁获得成功。

初期焦炉都是结焦和加热在一起进行的，有一部分煤被烧掉。为了使结焦和加热分开，缩短结焦时间，出现了倒焰式焦炉。

由于炼焦化学产品焦油和氨找到了用途，促进了燃烧室和炭化室完全隔开的焦炉，即所谓副产回收焦炉的发展。燃烧室排出的废气温度很高，此部分废热没有回收，有的用来加热废热锅炉，这种没有废热回收的焦炉，叫作废热式焦炉。

为了降低耗热量和节省焦炉煤气，由废热式焦炉进一步发展到回收废热的蓄热式焦炉。

蓄热式焦炉中对应每个炭化室下方有一个蓄热室，蓄热室有蓄热用的格子砖。当废气经过蓄热室时，废气把格子砖加热，格子砖蓄存了热量，当气流方向换向后，格子砖把蓄存的热量再传给冷的空气，使蓄存热量又带回燃烧室。

图2-8为煤焦化工艺流程图。

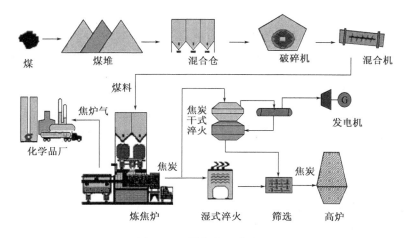

图2-8 煤焦化工艺流程

焦炉由废热式发展到蓄热式，即具备了现代焦炉型式。由于原料煤的限制，为了获得高产优质低消耗的炼焦产品，近一百年来，世界各国出现了不同型式的炼焦炉，其中以欧洲大陆最为发达。

我国自己开办的第一座焦化厂，是1914年开始修建的石家庄焦化厂。至今我国焦化工业已伴随钢铁工业发展成为化工领域中较大的部门，达到了较好水平。

四、煤气化

煤气化是一个热化学的过程，是指在特定的设备内，在一定温度及压力下使煤中的有机质与气化剂（如蒸汽、空气或氧气等）发生一系列化学反应，将固体煤转化为以 CO、H_2、CH_4 等可燃气体为主要成分的生产过程。煤气化时，必须具备三个条件，即气化炉、气化剂、供给热量，三者缺一不可。

煤通过气化方法转化为煤气的实践活动始于17世纪。被公认为是"煤气工业之父"的苏格兰工程师 W. 默多克（图2-9）不仅成功地制成可燃煤气，并且首先将煤气应用实际，成为煤气工业开拓者。初期煤气主要用于街道、住宅等的照明，18世纪末到19世纪初逐渐应用到工业领域。

第二次世界大战时期，煤炭气化工业在德国迅速发展。1932年采用一氧化碳与氢通过费托合成法生产液体燃料获得成功，1934年德国鲁尔化学公司应用此研究成果创建了第一个费托合成油厂。1935～1945年德国共建立了9个合成油厂。

图2-9 W. 默多克[1]

---

[1] W. 默多克（Willian Murdork，1754—1893），19世纪苏格兰发明家，曾经为瓦特的工厂效力，发明了煤气、瓦斯灯、鱼胶、蒸汽引擎机车头、汽动力焊枪、合成染料、综合塑料制品等。

19 世纪在煤制气的技术上取得了许多新的成就。19 世纪 70 年代，美国人研制成功水煤气生产工艺，使用无烟煤或焦炭制气。进入 20 世纪后煤气化技术面貌日新月异，第一台常压固定床空气间隙气化炉于 1882 年设计，1913 年工业化后发展成现在的常压固定床炉。受 20 世纪 70 年代石油危机的影响，C_1 化学技术得到迅速发展，煤气化技术开始广泛应用于合成氨、生产 C_1 化学品和合成油等。

目前我国的煤炭气化技术主要用于化工合成，部分用于生产民用煤气及工业燃气。中国化工行业以煤炭、石油、天然气等为原料生产化工产品，其中以煤炭气化为基础的煤化工约占 50%。而国际上已经示范和应用的 IGCC（整体煤气化联合循环发电）电厂中采用了 Texaco、Shell、Prenflo、Destec、KRW 等气化技术，荷兰 Buggenum 电厂的 253MW 发电来自一台处理 2500t 左右的 Shell 气化炉，电厂发电效率 43%。Shell 公司已具备设计单台处理能力 5000t/d 以适应 600MW 的 IGCC 机组的气化系统。发展到目前，煤气化已经成为煤化工产业的核心技术。

1. 煤气化原理

煤气化的本质就是将煤由高分子的固态物质转化为低分子的气态物质的过程。煤气化过程中，从物质转化方面发生热解、气化和燃烧等反应，从反应相态方面发生气—固非均相反应和气相均相反应。

煤气化过程中煤的大分子的变化可简要表示如下：

（1）煤的大分子周围的官能团以挥发分的形式脱去，某些交联键断裂，氢化芳烃裂解并挥发析出，或转化成附加的芳香部分，芳香部分转化成小的碳微晶，碳微晶聚集成煤焦。

（2）析出的挥发分很活泼，可与气相的 O_2、H_2O、H_2 等作用生成 CO、H_2 和 CH_4 等。

（3）在脱除挥发分过程中，生成活性的、不稳定的碳，它们与周围的气体直接作用而气化，也可以失活而形成焦炭。

（4）由碳微晶形成煤焦，可以气化成煤气，也可进一步缩聚形成焦炭。煤焦的气化反应主要取决于煤的性质和反应条件，如加热速度、气化温度、煤灰的催化性质等。

煤的气化不同于煤的燃烧，煤气化是一个不完全燃烧过程，它的目标产物是 CO 和 H_2，而煤燃烧产物是 CO_2 和 H_2O，气化中基本反应与燃烧有类似之处。

气化过程发生的反应如下：

（1）在一定温度下，碳与水蒸气之间发生下列非均相反应：

$$C + H_2O \rightleftharpoons CO + H_2 + \Delta H \qquad \Delta H = +119kJ/mol$$

$$C + 2H_2O \rightleftharpoons CO_2 + 2H_2 + \Delta H \qquad \Delta H = +77kJ/mol$$

这是制造水煤气的主要反应，有时也称水蒸气分解反应，这两个反应均是吸热反应。

（2）在气化阶段进行的第二个重要非均相反应称为 Boudouard 反应（以法国化学家 Octave Boudouard 的名字命名），即碳与二氧化碳的反应：

$$C + CO_2 \rightleftharpoons 2CO + \Delta H \qquad \Delta H = 162kJ/mol$$

这也是吸热反应，需要在高温条件下才能进行。这个反应还用于评价煤的反应活性。

（3）甲烷生成反应：

$$C + 2H_2 \rightleftharpoons CH_4 + \Delta H \qquad \Delta H = -87kJ/mol$$

$$CO + 3H_2 \rightleftharpoons CH_4 + H_2O + \Delta H \qquad \Delta H = -206kJ/mol$$

煤气中的甲烷，一部分来自煤中挥发物的裂解，另一部分则是气化炉内的碳与煤气中氢的非均相反应，或气体产物之间均相反应的结果。

（4）变换反应：

$$CO + H_2O \rightleftharpoons H_2 + CO_2 + \Delta H \qquad \Delta H = -42kJ/mol$$

该反应称为一氧化碳变换反应，或除水煤气平衡反应。它是均相反应，由气化阶段生成 CO 与水蒸气之间的反应。在化工合成中为了调节 CO 和 H_2 的比例，经常利用这一反应。

2. 煤气化工艺

煤气化工艺是指利用煤或半焦与气化剂进行多相反应产生碳的氧化物、氢、甲烷的过程，主要是固体燃料中的碳与气相中的氧、水蒸气、二氧化碳、氢之间相互作用。也可以说，煤气化过程是将煤中无用固体脱出，转化为工业燃料、城市煤气和化工原料气的过程。

虽然气化过程中使用不同的气化剂可制取不同种类的煤气，但其主要反应基本相同。在气化炉内，煤先后经历干燥、热解、气化和燃烧几个过程。

1）干燥过程

干燥过程是一个物理过程，原料煤加入气化炉后，由于煤与热气流或炽热的半焦之间发生热交换，使煤中的水分蒸发变成水蒸气进入气相。

$$湿煤 \xrightarrow{加热} 干煤 + H_2O$$

2）热解过程

热解过程是脱除挥发分，当煤的受热温度进一步提高，煤中的挥发分从煤中逸出，脱除挥发分一般也称作煤的热分解反应或干馏反应，它是所有气化工艺共同的基本反应之一。

$$干煤 \xrightarrow{加热} 煤气(CO_2、CO、H_2、CH_4、H_2O、NH_3、H_2S) + 焦油(液体) + 半焦$$

3）气化过程

经热解后得到的半焦与气流中的 H_2O、CO_2、H_2 等反应，生成可燃性气体产物，主要反应包括碳与水蒸气的反应、碳与二氧化碳的反应、甲烷生成反应和变化反应等。

4）燃烧过程

经气化后残留的半焦与气化剂中的氧进行燃烧。由于上述碳、水蒸气、二氧化碳之间的反应都是强烈的吸热反应，因此气化炉内要保持高温才能保障吸热反应的进行，而保持高温所需的热量来源就是半焦的燃烧反应，该非均相反应如下：

$$\zeta_{半焦} + O_2 \longrightarrow 2(\zeta - 1)CO + (2 - \zeta)CO_2 + 灰$$

其中 ζ 是统计常数，取决于燃烧产物中 CO 和 CO_2 含量的比例，其范围是 $1 \sim 2$。

另外还有部分气体组分发生燃烧反应，如：

$$H_2 + \frac{1}{2}O_2 \rightleftharpoons H_2O + \Delta H \qquad \Delta H = -242kJ/mol$$

$$CO + \frac{1}{2}O_2 \rightleftharpoons CO_2 + \Delta H \qquad \Delta H = -283.2kJ/mol$$

5）副反应

副反应主要是煤中的硫、氮的反应，其产物会引起设备腐蚀、催化剂中毒和环境污染，因此必须通过净化工艺将其脱除。主要反应如下：

$$S + O_2 \longrightarrow SO_2$$
$$S + O_2 + 3H_2 \longrightarrow H_2S + 2H_2O$$
$$SO_2 + 2CO \longrightarrow S + 2CO_2$$
$$2H_2S + SO_2 \longrightarrow 3S + 2H_2O$$
$$C + 2S \longrightarrow CS_2$$
$$CO + S \longrightarrow COS$$
$$N_2 + 3H_2 \longrightarrow 2NH_3$$
$$2N_2 + 2H_2O + 4CO \longrightarrow 4HCN + 3O_2$$
$$N_2 + O_2 \longrightarrow 2NO$$

煤气化工艺随着科技的不断进步，其工艺发展区别较大，不同的气化工艺对原料的性质要求不同，因此在选择煤气化工艺时，考虑气化用煤的特性及其影响极为重要。气化用煤的性质主要包括煤的反应性、黏结性、煤灰熔融性、结渣性、热稳定性、机械强度、粒度组成以及水分、灰分和硫分含量等。

根据煤炭的粒度和气化炉中气—固相接触方式，煤气化工艺可分为三大类：固定床气化、流化床气化和气流床气化。

固定床气化：在气化过程中，煤由气化炉顶部加入，气化剂由气化炉底部加入，煤料与气化剂逆流接触，相对于气体的上升速度而言，煤料下降速度很慢，因此称之为固定床气化。

流化床气化：它是以粒度为 0~10mm 的小颗粒为气化原料，在气化炉内使其悬浮分散在垂直上升的气流中，煤粒在沸腾状态进行气化反应，从而使得煤料层内的温度均一，易于控制，提高气化效率。

气流床气化（或喷流床气化）：它是一种并流气化，用气化剂将粒度为 $100\mu m$ 以下的煤粉带入气化炉内，也将煤粉先制成水煤浆，然后用泵打入气化炉内。煤料在较高温度下与气化剂发生燃烧反应和气化反应。

煤气化技术的分类还有其他的方法。如按照气化炉内操作压力的不同，将气化炉分为加压的和常压的；移动床气化技术中，按照是否在炉上设置干馏段来分，设置干流段的称为两段炉，气化炉上部无干馏段的称为一段炉；按排灰的形式又有干式出灰和液渣排灰；按气化剂的种类分有空气气化、催化水蒸气气化、富氧气化和纯氧气化等。

按煤的粒度和气化炉内气—固相接触方式的分类是较为通用的分类，也能较好地反映各类气化技术的特征。

3. 煤气化产物的应用

煤气化产物具有很多用途，一方面是作为化工合成的原料，以煤气化制取合成气，进而直接合成各种化学产品，主要产品有合成氨、尿素、费托合成燃料、甲醇、二甲醚等；另一方面，是在燃料方面，主要有以下几种。

（1）工业煤气。采用常压固定床气化炉和流化床气化炉，均可制得热值为 4.59~5.64MJ/m³（1100~1350kcal/m³）的煤气，用于钢铁、机械、卫生、建材、轻纺、食品等部门，用以加热各种炉、窑，或直接加热产品。

（2）民用煤气。民用煤气一般热值为 12.54~14.63MJ/m³（300~3500kcal/m³），要求 CO 含量小于 10%。除焦炉煤气外，用直接气化也可得到，采用鲁奇炉较为合适。与直接燃煤相比，民用煤气不仅可以明显提高用煤效率和减轻环境污染，而且能够极大地方便人民生活，具有良好的社会效益与环境效益。基于安全、环保及经济等因素的考虑，要求民用煤气中 H_2、CH_4 及其他烃类可燃气体含量尽量高，以提高煤气的热值；要求有毒成分 CO 的含量应尽量低。

（3）冶金还原气。煤气中的 CO 和 H_2 具有很强的还原作用，在冶金工业中利用还原气可直接将铁矿石还原成海绵铁；在有色金属工业中，镍、铜、钨、镁等金属氧化物也可用冶金还原气。

（4）煤气化制氢。氢气广泛用于电子、冶金、玻璃生成、化工合成、航空航天、煤炭直接液化及氢能电池领域，目前世界上 96% 的氢气来源于化石燃料转化，而煤炭气化制氢起着很重要的作用。一般是将煤炭转化成 CO 和 H_2，然后通过变化反应将 CO 转化成 H_2 和 H_2O，将富氢气体经过低温分离或变压吸附及膜分离技术，即可获得氢气。

（5）作为联合循环发电燃气。整体煤气化联合循环发电（简称 IGCC）是指煤在加压下气化，产生的煤气经净化后燃烧，高温烟气驱动燃气轮机发电，再利用烟气余热产生高压过热蒸气驱动蒸气轮机发电。用于 IGCC 的煤气，对热值要求不高，但对煤气中杂质如粉尘、硫化物的含量要求很高。与 IGCC 配套的煤气化一般采用气流床气化工艺，煤气热值 2200 ~ 2500kcal/m^3。

（6）煤气化燃料电池。燃料电池是用 H_2、天然气或煤气等燃料（化学能）通过电化学反应直接转化为电的化学发电技术，目前主要有磷酸盐型（PAFC）、熔融碳酸盐型（MCFC）、固体氧化物型（SOFC）等。它们与高效煤气化结合的发电技术就是 IG – MCFC 和 IG – SOFC，其发电效率可达 53%，但该项技术还处于研究阶段。

五、煤液化

煤液化是把固体煤炭通过化学加工，使其转化成为液体燃料、化工原料和产品的先进洁净煤技术。根据不同的加工路线，煤液化可分为煤直接液化和煤间接液化两大类。煤液化属于化学变化。

1. 煤直接液化

煤直接液化就是煤在氢气和催化剂作用下，通过加氢裂化转变为较小分子液体燃料的过程。因煤直接液化过程主要采用加氢手段，故又称煤的加氢液化。

1）发展历程

煤直接液化技术是由德国于 1913 年发明的，并于二战期间在德国实现了工业化生产。德国先后有 12 套煤直接液化装置建成投产，到 1944 年，德国煤直接液化工厂的油品生产能力已达到 $423 \times 10^4 t/a$。二战后，中东地区大量廉价石油得以开发，煤直接液化工厂失去竞争力并关闭。

20 世纪 70 年代初期，由于世界范围内的石油危机，煤液化技术又开始活跃起来。日本、德国、美国等工业发达国家，在原有基础上相继研究开发出一批煤直接液化新工艺，其中大部分研究工作的重点是降低反应条件的苛刻度，从而达到降低煤液化油生产成本的目的。世界上有代表性的直接液化工艺是日本的 NEDOL 工艺、德国的 IGOR 工艺和美国的 HTI 工艺，这些直接液化工艺的共同特点是：反应条件与老液化工艺相比大大缓和，压力由 40MPa 降低至 17 ~ 30MPa，产油率和油品质量都有较大幅度提高，降低了生产成本。到目前为止，上述国家均已完成了新工艺技术的处理煤 100t/d 级以上大型中间试验，具备了建设大规模液化厂的技术能力。煤直接液化作为曾经工业化的生产技术，在技术上是可行的。国外没有工业化生产厂的主要原因是，在发达国家由于原料煤价格、设备造价和人工费用偏高等导致生产成本偏高，难以与石油竞争。

2）工艺原理

煤的分子结构很复杂，一些学者提出了煤的复合结构模型，认为煤的有机质可以设想由以下四个部分复合而成。第一部分，是以化学共价键结合为主的三维交联大分子，形成不溶性的刚性网络结构，它主要来自以芳族结构为基础的木质素。第二部分，包括相对分子质量一千至数千，相当于沥青质和前沥青质的大型和中型分子，这些分子中包含较多的极性官能团，它们以各种物理力为主，或相互缔合，或与第一部分大分子中的极性基团相缔合，成为三维网络结构的一部分。第三部分，包括相对分子质量数百至一千左右，相对于非烃部分，具有较强极性的中小型分子，它们可以以分子的形式处于大分子网络结构的空隙之中，也可以物理力与第一和第二部分相互缔合而存在。第四部分，主要为相对分子质量小于数百的非极性分子，包括各种饱和烃和芳烃，它们多呈游离态而被包络、吸附或固溶于由以上三部分构成的网络之中。

煤复合结构中上述四个部分的相对含量视煤的类型、煤化程度、显微组成的不同而异。上述复杂的煤化学结构，是具有不规则构造的空间聚合体，可以认为它的基本结构单元是以缩合芳环为主体的带有侧链和多种官能团的大分子，结构单元之间通过桥键相连，作为煤的结构单元的缩合芳环的环数有多有少，有的芳环上还有氧、氮、硫等杂原子，结构单元之间的桥键也有不同形态，有碳—碳键、碳—氧键、碳—硫键、氧—氧键等。

从煤的元素组成看，煤和石油的差异主要是氢碳原子比不同。煤的氢碳原子比为 0.2 ~ 1，而石油的氢碳原子比为 1.6 ~ 2，煤中氢元素比石油少得多。

煤在一定温度、压力下的加氢液化过程基本分为三大步骤。

（1）当温度升至 300℃ 以上时，煤受热分解，即煤的大分子结构中较弱的桥键开始断裂，打碎了煤的分子结构，从而产生大量的以结构单元为基体的自由基碎片，自由基的相对分子质量在数百范围。

（2）在具有供氢能力的溶剂环境和较高氢气压力的条件下，自由基被加氢得到稳定，成为沥青烯及液化油分子。能与自由基结合的氢并非是分子氢，而应是氢自由基，即氢原子，或者是活化氢分子。氢原子或活化氢分子的来源有：①煤分子中碳氢键断裂产生的氢自由基；②供氢溶剂碳氢键断裂产生的氢自由基；③氢气中的氢分子被催化剂活化；④化学反应放出的氢。当外界提供的活性氢不足时，自由基碎片可发生缩聚反应和高温下的脱氢反应，最后生成固体半焦或焦炭。

（3）沥青烯及液化油分子被继续加氢裂化生成更小的分子。

3）工艺过程

直接液化典型的工艺过程主要包括煤的破碎与干燥、煤浆制备、加氢液化、固液分离、气体净化、液体产品分馏和精制，以及液化残渣气化制取氢气等部分，如图 2-10 所示。氢气制备是加氢液化的重要环节，大规模制氢通常采用煤气化及天然气转化。液化过程中，将煤、催化剂和循环油制成的煤浆，与制得的氢气混合送入反应器。在液化反应器内，煤首先发生热解反应，生成自由基"碎片"，不稳定的自由基"碎片"再与氢在催化剂存在条件下结合，形成相对分子质量比煤低得多的初级加氢产物。出反应器的产物构成十分复杂，包括气、液、固三相。气相的主要成分是氢气，分离后循环返回反应器重新参加反应；固相为未反应的煤、矿物质及催化剂；液相则为轻油（粗汽油）、中油等馏分油及重油。液相馏分油经提质加工（如加氢精制、加氢裂化和重整）得到合格的汽油、柴油和航空煤油等产品。重质的液固淤浆经进一步分离得到重油和残渣，重油作为循环溶剂配煤浆用。

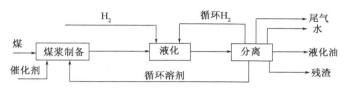

图 2-10　煤直接液化工艺框图

煤直接液化工艺粗油中石脑油馏分约占 15%～30%，且芳烃含量较高，加氢后的石脑油馏分经过较缓和的重整即可得到高辛烷值汽油和丰富的芳烃原料，汽油产品的辛烷值、芳烃含量等主要指标均符合相关标准，且硫含量大大低于标准值（≤0.08%），是合格的优质洁净燃料。中油馏分约占全部直接液化油的 50%～60%，芳烃含量高达 70% 以上，经深度加氢后可获得合格柴油。重油馏分一般占液化工艺中粗油的 10%～20%，有的工艺该馏分很少。煤液化中油和重油混合经加氢裂化也可以制取汽油，并在加氢裂化前进行深度加氢以除去其中的杂原子及金属盐。

4）工艺特点

（1）液化油收率高，例如采用 HTI 工艺，煤的油收率可高达 63%～68%。

（2）煤消耗量小，一般情况下，1t 无水无灰煤能转化成 0.5t 以上的液化油。

（3）馏分油以汽油、柴油为主，目标产品的选择性相对较高。

（4）设备体积小，投资低，运行费用低。

（5）反应条件相对较苛刻，如德国老工艺液化压力甚至高达 70MPa，现代工艺如 IGOR、HTI、NEDOL 等液化压力也达到 17～30MPa，液化温度 430～470℃。

（6）出液化反应器的产物组成较复杂，液、固两相混合物由于黏度较高，分离相对困难。

（7）氢耗量大，一般在 6%～10%，工艺过程中不仅要补充大量新氢，还需要循环油作供氢溶剂，使装置的生产能力降低。

2. 煤间接液化

煤间接液化工艺是先将煤全部气化成合成气，然后以煤基合成气（一氧化碳和氢气）为原料，在一定温度和压力下，将其催化合成为烃类燃料油及化工原料和产品的工艺，包括煤炭气化制取合成气、气体净化与交换、催化合成烃类产品以及产品分离和改制加工等过程。

1）发展历程

1923 年，德国化学家首先开发出了煤间接液化技术。20 世纪 40 年代初，为了满足战争的需要，德国曾建成 9 个间接液化厂。二战以后，同样由于廉价石油和天然气的开发，上述工厂相继关闭和改作他用。之后，随着铁系化合物类催化剂的研制成功、新型反应器的开发和应用，煤间接液化技术不断进步，但由于煤间接液化工艺复杂，初期投资大，成本高，因此除南非之外，其他国家对煤间接液化的兴趣相对于直接液化来说逐渐淡弱。

煤间接液化技术主要有三种，即南非的萨索尔（Sasol）费托合成法、美国的 Mobil 甲醇制汽油法和正在开发的直接合成法。煤间接液化技术在国外已实现商业化生产，全世界共有 3 家商业生产厂正在运行，它们分别是南非的萨索尔公司和新西兰、马来西亚的煤间接液化厂。新西兰煤间接液化厂采用的是美国美孚（Mobil）液化工艺，但只进行间接液化的第一步反应，即利用天然气或煤气化合成气生产甲醇，而没有进一步以甲醇为原料生产燃料油和其他化工产品，生产能力 1.25×10^4 bbl/d。马来西亚煤间接液化厂所采用的液化工艺和南非萨索尔公司相似，但不同的是它以天然气为原料来生产优质柴油和煤油，生产能力为 50×10^4 t/a。因此，从严格意义上说，南非萨索尔公司是世界上唯一的煤间接液化商业化生产企业。图 2-11 为南非萨索尔公司煤间接液化装置。

图 2-11　南非萨索尔公司煤间接液化装置

南非萨索尔公司成立于 20 世纪 50 年代初，1955 年公司建成第一座由煤生产燃料油的 Sasol-1 厂。70 年代石油危机后，1980 年和 1982 年又相继建成 Sasol-2 厂和 Sasol-3 厂。3 个煤间接液化厂年加工原煤约 4600×10^4 t，产品总量达 768×10^4 t，主要生产汽油、柴油、蜡、氨、乙烯、丙烯、聚合物、醇、醛等 113 种产品，其中油品占 60%，化工产品占 40%。该公司生产的汽油和柴油可满足南非 28% 的需求量，其煤间接液化技术处于世界领先地位。

美国 SGI 公司于 20 世纪 80 年代末开发出了一种新的煤液化技术，即煤制油（LFC）技术。该技术是利用低温干馏技术，从次烟煤或褐煤等非炼焦煤中提取固态的高品质洁净煤和液态可燃油。美国 SGI 公司于 1992 年建成了一座日处理能力 1000t 的次烟煤商业示范厂。

2）反应原理

费托合成（Fisher-Tropsch Sythesis）是指 CO 在固体催化剂作用下非均相氢化生成不同链长的烃类（$C_1 \sim C_{25}$）和含氧化合物的反应。该反应于 1923 年由 F. Fischer 和 H. Tropsch 首次发现后经 Fischer 等人完善，并于 1936 年在鲁尔化学公司实现工业化，费托（F-T）合成法因此而得名。

费托合成法的化学方程式因催化剂和操作条件的不同有很大差异，但都可用烃类生成和水汽变换两个基本反应式描述。总反应如下：

$$CO + H_2 \longrightarrow -(CH_2)_{\overline{n}} + CO_2$$

间接液化由于反应条件的不同，还有甲烷生成反应、醇类生成反应及醛类生成反应等。

3）工艺过程

煤间接液化工艺可分为高温合成与低温合成两类工艺。高温合成得到的主要产品有石脑油、丙烯、α-烯烃和 $C_{14} \sim C_{18}$ 烷烃等，这些产品可以用作生产石化替代产品的原料，如石脑油馏分制取乙烯、α-烯烃制取高级洗涤剂等，也可以加工成汽油、柴油等优质发动机燃料。低温合成的主要产品是柴油、航空煤油、蜡和 LPG 等。煤间接液化制得的柴油十六烷值可高达 70，是优质的柴油调兑产品。

煤间接液化工艺（图 2-12）主要有 Sasol 工艺、Shell 的 SMDS 工艺、Syntroleum 技术、Exxon 的 AGC-21 技术、Rentech 技术，已工业化的有南非的 Sasol 的浆态床、流化床、固定床工艺。国际上南非 Sasol 和 Shell 马来西亚合成油工厂已有长期运行经验。

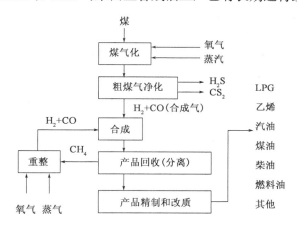

图 2-12　煤间接液化工艺框图

典型煤基费托合成工艺包括：煤的气化及煤气净化、变换和脱碳；费托合成反应；油品加工等 3 个纯"串联"步骤。气化装置产出的粗煤气经除尘、冷却得到净煤气，净煤气经 CO 宽温耐硫变换和酸性气体（包括 H_2 和 CO_2 等）脱除，得到成分合格的合成气。合成气进入合成反应器，在一定温度、压力及催化剂作用下，H_2S 和 CO 转化为直链烃类、水以及少量的含氧有机化合物。生成物经三相分离，水相去提取醇、酮、醛等化学品；油相采用常规石油炼制手段（如常压、减压蒸馏），根据需要切割出产品馏分，经进一步加工（如加氢精制、临氢降凝、催化重整、加氢裂化等工艺）得到合格的油品或中间产品；气相经冷冻分离及烯烃转化处理得到 LPG、聚合级丙烯、聚合级乙烯及中热值燃料气。

4）工艺特点

（1）合成条件较温和，无论是固定床、流化床还是浆态床，反应温度均低于 350℃，反应压力 2.0~3.0MPa。

（2）转化率高，如 SASOL 公司 SAS 工艺采用熔铁催化剂，合成气的一次通过转化率达到 60% 以上，循环比为 2.0 时，总转化率即达 90% 左右；Shell 公司的 SMDS 工艺采用钴基催化剂，转化率甚至更高。

（3）受合成过程链增长转化机理的限制，目标产品的选择性相对较低，合成副产物较多，正构烷烃的范围是 C_1~C_{100}。当合成温度的降低时，重烃类产量增大，轻烃类产量减少。

（4）有效产物—CH_2—的理论收率低，仅为 43.75%，工艺废水的理论产量却高达 56.25%。

（5）煤消耗量大，一般情况下，约 5~7t 原煤产 1t 成品油。

（6）反应物均为气相，设备体积庞大，投资高，运行费用高。

（7）煤基间接液化全部依赖于煤的气化，没有大规模气化便没有煤基间接液化。

第三节 石 油 炼 制

石油炼制工业与国民经济的发展密切相关，无论工业、农业、交通运输或国防建设都离不开石油产品。石油燃料是使用方便、能量利用效率较高的液体燃料。各种高速度、大功率的交通运输工具和军用机动设备，如飞机、汽车、内燃机车、拖拉机、坦克、船舶和舰艇等，它们的燃料主要都是由石油炼制工业提供的。处在运动中的机械，都需要一定数量的各种润滑油、润滑脂等，以减少机件的摩擦和延长使用寿命，这些润滑剂大多数也是由石油炼制工业生产的。

此外，石油炼制工业还为石油化学工业提供原料，如大型乙烯装置所用的石脑油就是通过炼油装置生产的，乙烯装置生产的乙烯、丙烯、丁二烯以及苯、甲苯、二甲苯等又是生产合成纤维、合成橡胶、塑料以及化肥、农药的原料。

图 2-13 为石油经过炼制加工可得到基本有机化学工业原料的主要途径。

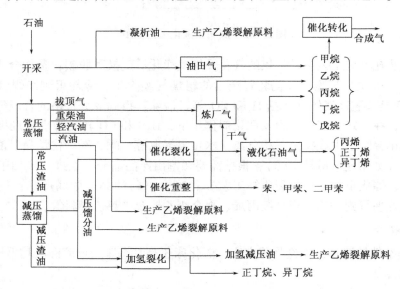

图 2-13　石油炼制加工可得到基本有机化学工业原料的主要途径

一、石油的组成及分类

石油主要由碳和氢元素组成，还含有少量的氧、硫、氮以及其他金属元素。石油是石蜡族烷烃、环烷烃和芳香烃等不同烃类以及各种氧、硫、氮的化合物所组成的可燃的有机液态矿物。未经加工的石油也称原油（图 2-14）。

1. 石油的元素组成

石油没有确定的化学成分，因而也就没有确定的元素组成。石油尽管是多种多样，但它们的元素组成却局限在较窄的变化范围之内，碳（C）、氢（H）占绝对优势。根据对世界各地油田石油化学分析资料统计，石油中含碳量为 84%～87%，含氢量为 11%～14%，碳、氢含量总和大于 95%。碳、氢两种元素在石油中组成各种复杂的碳氢化合物——烃类，它是石油组成的总体。

　　石油中的氧、氮、硫等元素，一般总量都不超过1%，个别油田可达5%~7%，这些元素在石油中多构成非烃有机化合物。它们含量虽少，但对石油质量有一定影响，如石油中的硫化物具有腐蚀性，造成石油品质降低。

图2-14　原油

　　除上述元素外，在石油成分中还发现有30余种微量元素，但含量更少，其中以钒、镍为主，约占微量元素的50%~70%。因此，在石油残渣中提炼某些稀有元素，也是一个值得研究的领域。

2. 石油的化合物组成

　　石油是烃类、非烃类及其各种衍生物的混合物，其中主要族组成为：饱和烷烃（包括正构、异构烷烃和环烷烃）、芳香烃（包括纯芳香烃、环烷—芳香族烃及环状的含硫化物）和胶质及沥青质（主要指氮、硫、氧的各种稠环化合物）。据统计，在可正常生产的原油中，其化学成分为：饱和烃约占57.2%，芳香烃约占28.6%，胶质和沥青质约占14.2%。石油中的非烃化合物主要包括含硫、含氮、含氧化合物，它们对石油的质量鉴定和炼制加工有着重要影响。

　　1）含氮化合物

　　石油中的含氮量一般在万分之几至千分之几，我国大多数原油含氮量均低于千分之五。石油中主要为含氮的杂环化合物，可分为碱性氮化合物和非碱性氮化合物。碱性氮化合物主要是吡啶及其衍生物、喹啉及其衍生物、二苯并吡啶及苯胺等；非碱性氮化合物主要是吡咯系、吲哚系、咔唑系及卟啉等。其中有意义的是卟啉化合物（图2-15），主要以血红素和叶绿素存在于动物和植物体内，从而佐证了石油的有机成因学说。

　　生物色素（即动物的血红素和植物的叶绿素）都含卟啉化合物，因此石油中卟啉化合物的存在就成为石油生物成因的重要证据之一。同时当温度高于180~200℃时，卟啉化合物要分解破坏，由此也说明了石油是在较低温度下生成的。此外，卟啉化合物在有氧环境下会慢慢分解，石油领域称卟啉化合物是还原环境的一种标志，所以石油中卟啉化合物的存在，还说明石油是在还原环境中形成的。

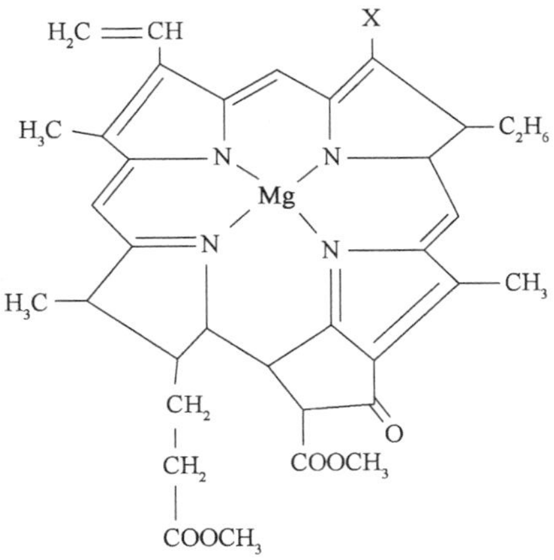

　　2）含硫化合物

　　硫是石油的重要组成元素之一。不同的石油含硫量差别很大，从万分之几到百分之几。硫在石油中的含量随着馏分沸点升高而增加，大部分硫化物集中在残渣油（燃料油）中。

图2-15　卟啉化合物的一种——镁卟啉❶

---

　　❶ 卟啉是一类由四个吡咯类亚基的 α-碳原子通过次甲基桥（=CH—）互联而形成的大分子杂环化合物。"卟啉"一词是对其英文名称 porphyrin 的音译，其英文名则源于希腊语单词，意为紫色，因此卟啉也被称作紫质。许多卟啉以与金属离子配合的形式存在于自然界中，如含有二氢卟吩与镁配位结构的叶绿素以及与铁配位的血红素。

硫在石油中少量以元素硫（S）和硫化氢（H_2S）形式存在，大多数以有机硫化物状态出现。石油中硫化物，根据它们对金属的腐蚀性不同，可分为以下两类：

（1）活性硫化物。活性硫化物在常温下易与金属作用，能强烈腐蚀金属，主要是硫（S）、硫化氢（H_2S）和低分子硫醇（RSH）。

（2）非活性硫化物。这类硫化物有硫醚（R—S—R′）、二硫醚（R—S—S—R′）、环硫醚、噻吩等，它们多集中在高沸点馏分中。其化学性质较稳定，不直接腐蚀金属，但燃烧后能生成二氧化硫和三氧化硫，它们不仅能造成大气污染，而且遇水后生成亚硫酸和硫酸，可以间接地腐蚀金属。

因硫化物对金属设备具有腐蚀性，所以含硫量常作为评价石油质量的一项重要指标。一般产于砂岩中的石油含硫量较少，产于碳酸盐岩系和膏盐岩系中的石油含硫量则较高。

3）含氧化合物

石油中的含氧量只有千分之几，个别可高达 2% ~ 3%，其中 80% ~ 90% 集中在胶质沥青质中。氧在石油中均以有机化合物状态存在，目前在石油中已鉴定出 50 多种含氧化合物。含氧化合物分为酸性氧化物和中性氧化物两类，前者有环烷酸、脂肪酸及酚类等，总称石油酸；后者有醇、醛、酯及苯并呋喃等，含量极少。石油酸中，以环烷酸为主，约占石油酸的 90% 左右。石油中的环烷酸含量因地而异，一般多在 1% 以下。因为环烷酸和酚有一定的水溶性，如果勘探中发现水中有环烷酸及其盐类、酚及其衍生物，可作为含油的直接标志。

环烷酸是一种难挥发的无色油状液体，相对密度为 0.93 ~ 1.02，它的相对分子质量较大，沸点较高，分布在柴油和轻质润滑油等中沸点馏分中较多。环烷酸能与铅、锌、铜、锡、铁、镉等金属作用生成相应的环烷酸盐，因此对金属有腐蚀作用。

3. 原油组分

原油组分是指组成原油的物质成分。为了了解原油的性质及其变化，利用不同的方法将原油的组成分成性质相近的组，这些组称为原油的组分。一般分为下列几组：

（1）油质：为石油的主要组分，一般含量为 65% ~ 100%，它是碳氢化合物组成的淡色黏性液体。油质含量高，颜色较浅，石油的质量相对较好。它的溶解性强，可溶于石油醚、苯、氯仿、乙醚、四氯化碳等有机溶剂中，不能被硅胶等吸附剂吸附。荧光反应为浅蓝色。

（2）胶质：一般是黏性的或玻璃状的半固体或固体物质，颜色由淡黄、褐红到黑色。其主要成分是碳氢化合物，此外也含有一定数量的含氧、氮、硫的化合物。胶质溶解性较差，只能溶解于石油醚、苯、氯仿、四氯化碳等溶解性较强的溶剂中，能被硅胶或氧化铝吸附，在丙烷中沉淀。荧光反应为淡黄色。密度较小的石油一般含胶质 4% ~ 5%，密度较大的可达 20% 或更高，石油呈褐色或黑褐色的原因之一，就是因为存在胶质。

（3）沥青质：为暗褐色至黑色的脆性固体物质。沥青质的组成元素与胶质基本相同，只是沥青质中碳氢化合物减少了，而氧、硫、氮的化合物增多了。其密度大于 $1g/m^3$，不溶于石油醚及酒精，而溶于苯、三氯甲烷及二硫化碳等有机溶剂中，也可被硅胶吸附。荧光反应为深黄褐色。能被 C_5 ~ C_7 烷烃分离，因此，通常将正庚烷沉淀出来的物质称为沥青质。在石油中沥青质含量较少，一般在 1% 左右，个别情况可达 3% ~ 3.5%。

（4）碳质：为黑色固体物质，不具荧光，是一种非碳氢化合物的物质，不溶于有机溶剂，也不被硅胶所吸附，以碳元素的状态分散在石油内，含量很少，也叫残碳。

（5）金属化合物：在原油中一部分以无机水溶性盐类的形式存在，如钾、钠的氯化物盐类，它们主要存在于原油乳化的水相中，可在脱盐过程中随水分脱掉；另一部分以油溶性的有机化合物或络合物的形态存在，并且大部分集中在渣油中，这部分重金属包括砷、磷、镍、钒、铁、铜等元素，会造成电脱盐电流升高，对原油的加工有害无利。含有金属化合物的原油使其呈暗黑色，含量越高黑色越浓。除了原油中的有机酸以外，金属化合物能够使原油表现出强烈的表面活性，含量越高，则表面活性越高。在岩石中它首先吸附在岩石表面，同沥青质—胶质结合在一起形成异常原油油膜，并使岩石表面憎水。

4. 原油分类

原油的分类方式不止一种。由于原油中的非烃类物质对原油的很多性质都有着重大影响，因此根据原油中某些非烃物质的含量，可对原油进行分类。

1）按胶质沥青质含量分类

胶质沥青质在原油中形成胶体结构，它对原油流动性具有很重要的作用，可形成高黏度的原油等。

（1）少胶原油：原油中胶质沥青质含量在8%以下；

（2）胶质原油：原油中胶质沥青质含量为8%～25%；

（3）多胶原油：原油中胶质沥青质含量在25%以上。

我国多数油田产出的原油属少胶原油或胶质原油。

2）按含蜡量分类

原油中的含蜡量常影响其凝点，一般含蜡量越高，其凝点越高，它对原油的开采和运输都会带来很多麻烦。

（1）少蜡原油：原油中含蜡量在1%以下；

（2）含蜡原油：原油中含蜡量为1%～2%；

（3）高含蜡原油：原油中含蜡量在2%以上。

我国各油田生产的原油含蜡量相差很大，有的属少蜡原油，但多数属高含蜡原油。

3）按硫的含量分类

原油中若含有硫，或腐蚀钢材，或对炼油不利，经燃烧生成的二氧化硫也会污染环境，对人和生物有害。欧美国家规定石油产品必须清除硫以后才能出售。

（1）少硫原油：原油中硫的含量在0.5%以下；

（2）含硫原油：原油中硫的含量为0.5%～2.0%；

（3）高硫原油：原油中硫的含量在2.0%以上。

我国生产的原油，多数是少硫原油。

二、石油开采与储运

1. 石油钻井

石油埋藏于地下，通过钻井（图2－16）等方式使其采出，并经地面破乳、脱水等工艺进行储运和集输，最后送至炼油厂而进行下一步加工利用。

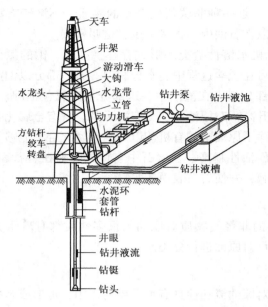

图 2 – 16 钻井原理图与海洋钻井实景

地质工作者用地震和其他地球物理方法进行地质普查，初步判明可能含有油气的构造位置后，必须通过打探井的方法予以验证。此外，还可在钻井过程中利用各种录井方法和地球物理测井方法最终确定含油面积、油藏储量、地层压力、地层岩石物性等地质要素，为油气田的开发提供可靠的依据。油气井是石油和天然气从地下流到地面的通道。要尽可能多地开采出地下石油，就必须在油气田开发过程中钻足够数量的生产井。

2. 石油开采

石油开采主要有自喷采油、气举采油、有杆泵采油和无杆泵采油四种，在我国油田最广泛使用的是有杆泵采油。

（1）自喷采油。油田开发过程中，油井一般都会经历自喷采油阶段。自喷采油设备简单、管理方便、产量高、不需要人工补充能量，可以节省大量的动力设备和维修管理费用，是简单、经济、高效的采油方法。只要地层的自身能量足够高，原油就能被举升到井口，再经地面管线流到计量站。

（2）气举采油。气举采油是从地面将高压气体注入油井中，降低油管内气液混合物的密度，从而降低井底流压的一种机械采油方法。利用气体的膨胀能举升井筒中液体，使停喷或自喷能力差的油井恢复生产或增强生产能力。气举井与自喷井有许多相似之处，其井筒流动规律基本相同；二者也有很大差别，自喷井依靠油层本身的能量生产，而气举井的主要能量来自高压气体。气举采油是机械采油方法中对油井生产条件适应性较强的一种，常用于高产量的深井和含砂量小、含水低、气油比高和含有腐蚀性成分低的采油井。气举采油的优点很多，如排液量范围大、举升深度大、井下无机械磨损件、操作管理方便等。

（3）有杆泵采油。有杆泵（Rod Pump）采油（抽油）是最古老，也是国内外应用最广泛的机械采油方法，在各种人工举升方法中目前仍居首要地位。有杆泵结构简单、适应性强、寿命长。典型的有杆抽油装置由三部分组成：抽油机、抽油泵和抽油杆。抽油机是地面驱动设备，通常我们在沙漠、荒野看到的就是这一部分（图 2 – 17）。抽油泵是井下设备，借助于柱塞的上下往复运动，使油管柱中的液体增压，将其抽汲至地面。抽油杆是传递动力

图 2 - 17　抽油机

的连接部件，就整个生产系统而言，还包括供给流体的油层、作为举升通道的油管柱及其配件、环空及井口装置等。

（4）无杆泵采油。无杆泵（Rodless Pump）采油也是油田生产中常见的机械采油方式。无杆泵采油无需抽油杆，减少了抽油杆断脱和磨损带来的作业和修井费用，适用于开采特殊井身结构的油井。随着我国各大油田相继进入中后开采期，地质条件越来越复杂，无杆泵将会得到更广泛的应用。无杆泵采油主要有潜油电泵、水力活塞泵、射流泵及螺杆泵采油等。

3. 油井增产原理

油田开发及石油开采过程一般可分为三个阶段：一次采油、二次采油和三次采油。

一次采油是指利用油藏天然能量进行开采的过程，这是大多数油藏开发要经历的第一个阶段。早期，很多油藏都是用一次采油方法开采到经济极限产量后废弃。其采油机理是：随着油藏压力下降，液体和岩石的体积膨胀，弹性能量把油藏流体驱入井筒。压力降到原油的饱和压力时，溶解在油中的气体释放、膨胀，又能驱出部分原油。气顶膨胀和重力排驱也能促使原油流入生产井。天然水侵既能驱替油藏孔隙中的原油，又能弥补原油开采造成的压力下降，但其后期产水率很高。不同油藏的一次采收率相差极大，主要取决于油藏类型、岩石和原油的性质及开采机理。

二次采油是指向油层补充流体以保持地层能量的采油方法，如将气体注入气顶、将水注入油层或靠近油水界面的含水层。以前油藏能量衰竭时才进行二次采油，现在为保持油藏压力，维持较长时间的高产和稳产，许多油藏在开发初期就进入了二次采油阶段。二次采油达到经济极限时，油藏中还存留着大量的原油。为了获得更高的采收率，需要进行三次采油。

三次采油是指采用物理、化学、热量、生物等方法改变油藏岩石及流体的性质，提高水驱后油藏采收率的方法。由于投资多、注入流体价格高，三次采油风险很大，但采收率提高幅度也大。

压裂和酸化是油气井增产、注入井增注的重要手段。有的油气层受到钻井液、修井液等外来流体的伤害，近井区渗透率降低，导致产量下降甚至无法投产，必须采取增产措施。一些低渗透性油气层即使在较大生产压差下也很难获得高产。水力压裂是由高压泵将压裂液以超过地层吸收能力的排量注入井中，在井底造成高压，以克服地应力、岩石的抗张强度与断裂韧性，使地层破裂并延伸裂缝，并由支撑剂对其进行支撑，在储集层中形成一定几何形状的支撑裂缝，最终实现增产目的，其施工规模大，增产幅度大。酸化用于解除生产井和注入井井底附近的污染，清除孔隙或裂缝中的堵塞物质，或者沟通（扩大）地层原有孔隙或裂缝，恢复地层渗透率及提高油井产量，其效果显著，施工规模小、成本低。酸化主要有三种类型，即酸洗、基质酸化和压裂酸化。目前，我国水力压裂和酸化增产措施每年所获得的产量相当于一个中等油田的产量。水力压裂和酸化已成为油气田勘探、开发与开采中最常用的油藏改造措施。图 2-18 是我国自主研发并投入使用的阿波罗 4500 型涡轮压裂车组。

4. 石油储运

石油输送管道是连接油井与计量站、联合站甚至是炼油厂和油库的主要设备，因油气田位置不同，有的管道敷设在沙漠中，也有的管道敷设在海上（图 2-19）。

图 2-18　阿波罗 4500 型涡轮压裂车组　　　图 2-19　敷设在海上的油气输送管道

将油田合格原油送至炼油厂、码头或铁路转运站的管道属于长距离输油管道，也称干线输油管道。干线输油管道的管径较大，有各种辅助配套设备，是独立的经营系统，长度可达数千千米，最大原油管道直径达 1220mm。按输送的介质，管道可分为原油管道、天然气管道等。

长距离油气输送管道由输油站与线路两大部分组成。管道沿线需设泵站给油流加压，以克服流动阻力，提供沿管线坡度举升油流的能量。我国原油含蜡多、凝点高，管道上还设有加热站。每隔一定距离还要设中间截断阀，以便发生事故或验修时关断。沿线还有保护地下管道免遭腐蚀的阴极保护站。为了实现全线自动化集中控制，沿线要有通信线路或信号发射与接收设备等。长输管道输量越大，管径越大，单位运费越低；当管径、管长、设备一定时，若达不到经济输送量，输送成本单价会随着输量的减少而增大；管径和输量一定时，输送距离越远，输送成本单价越高；当输送距离较大时，足够的输量才能使输送成本单价降到合理水平。输油管道的起点输油站称首站，任务是接受、计量及储存原油，加压或加温后向下一站输送；沿途中间输油站向管路提供能量；输油管道的终点称末站，任务是接收来油和向用户输转。

三、石油炼制过程

石油是极其复杂的混合物，必须经过一系列加工处理才能成为有用的产品。1859 年美国宾夕法尼亚州的第一口油井——德雷克油井获得了商业性成功，现代石油工业的大幕开始拉开，J. D. 洛克菲勒（John Davison Rockefeller，图 2-20）等石油大亨推动石油工业快速发展。石油炼制又称石油加工，根据石油的性质和产品目的主要有两个加工方向，即石油燃料型方向和石油燃料—化工一体化方向。石油炼制装置主要有常减压蒸馏、催化裂化、焦化、催化重整以及后续的气体和芳烃分离等单元操作。

1. 石油预处理

从地层采出的石油都含有一定的水分，这些水中都溶有 NaCl、$MgCl_2$ 和 $CaCl_2$ 等无机盐。在油田，原油经过脱水和稳定，可以把大部分水及水中的盐脱除，但仍有部分水不能脱除，因为这些水是以乳化状态存在于原油中。石油含水含盐给其运输、储存、加工和产品质量都会带来危害。原油进炼油厂前一般含盐量在 50g/L 左右，含水量 0.5% ~ 1.0%，在炼制前，必须进一步将其脱除。

图 2 – 20　J. D. 洛克菲勒[1]

我国炼油厂大都采用两级脱盐脱水流程。原油自油罐抽出后，先与淡水、破乳剂按比例混合，经加热到规定温度，送入一级脱盐罐，一级电脱盐的脱盐率为 90% ~ 95%。在进入二级脱盐之前，仍需注入淡水，一级注水是为了溶解悬浮的盐粒，二级注水是为了增大原油中的含水量，以增大水滴的偶极聚结力。需要注意的工艺参数有：（1）电场强度和强电场下的停留时间；（2）脱盐温度与压力；（3）注水量和破乳剂加入量；（4）脱金属剂的应用。为了达到低碳经济和可持续发展的目的，在达到原油含盐量、含水量和排水中所含油量要求的前提下，要尽量节省电耗和化学药剂。

原油进入炼油厂，经过脱盐脱水后，含水量为 0.1% ~ 0.2%，含盐量小于 5mg/L，对于有渣油加氢或重油催化裂化过程的炼油厂，要求含盐量小于 3mg/L。达到上述标准，才能进一步加工。

2. 石油常减压蒸馏

蒸馏是将液体混合物加热后，其中的轻组分气化，再将它导出进行冷凝，达到轻重组分分离的目的。蒸馏依据的原理是混合物中各组分沸点（挥发度）的不同。蒸馏有多种形式，可归纳为闪蒸（平衡气化或一次气化），简单蒸馏（渐次气化）和精馏三种。闪蒸是将液体混合物进料加热至部分气化，经过减压阀，在一个容器（闪蒸罐、蒸发塔）的空间内，于一定温度压力下，使气液两相迅速分离，得到相应的气相和液相产物。简单蒸馏常用于实验室或小型装置，它属于间歇式蒸馏过程，分离程度不高。精馏是在精馏塔内进行的，塔内装有用于气液两相分离的内部构件，可实现液体混合物轻重组分的连续高效分离，是原油分离很有效的手段。

原油常减压蒸馏是石油加工的第一道工序，它担负着将原油进行初步分离的任务。它依次使用常压蒸馏和减压蒸馏的方法，将原油按照沸点范围切割成汽油、煤油、柴油、润滑油原料、裂化原料和渣油。图 2 – 21 是 $1200 \times 10^4 t/a$ 的常减压蒸馏装置。

常减压蒸馏装置是炼油厂和许多石油化工企业的龙头装置，其耗能、收率和分离精确度对全厂和下游加工装置的影响很大。通过常减压蒸馏要尽可能多地从石油中得到馏出油，减少残渣油量，提高原油的总拔出率。这不仅能够获得更多的轻质直馏油品，也能为二次加工和三次加工提供更多的原料油，为原油的深加工打好基础。

原油在蒸馏前必须进行严格的脱盐、脱水，脱盐和脱水后的原油经预热至 200 ~ 240℃后，入初馏塔。轻组分由初馏塔塔顶蒸出，经冷却后入分离器分离掉水和未凝气体，分离器

---

[1] 漫步纽约街头，随处可见洛克菲勒中心、洛克菲勒基金会、洛克菲勒大学等洛克菲勒家族过往的辉煌。老洛克菲勒的遗产依然支配着世界石油产业，他本人也成了石油工业的人格化象征。

图 2 – 21　1200 × 10⁴ t/a 常减压蒸馏装置

顶部逸出的气体称为拔顶气，约占原油的 0.15% ~ 0.4%，含乙烷 2% ~ 4%，丙烷 30% 左右，丁烷 40% ~ 50%，其余为 C₅ 及以上组分。拔顶气一般作燃料用，也是生产乙烯的裂解原料。

初馏塔塔顶蒸出的轻汽油（也称石脑油），是催化重整装置生产芳烃的原料，也是生产乙烯的裂解原料。初馏塔塔底油送常压加热炉加热至 360 ~ 370℃，再入常压塔分割出轻汽油、煤油、轻柴油、重柴油（AGO）等馏分，它们都可作为生产乙烯的裂解原料。轻汽油和重柴油也分别是催化重整和催化裂化的原料。

留在常压塔底的重组分称常压渣油。为了避免在高温下蒸馏而导致组分进一步分解，采用减压操作。将常压渣油在减压加热炉中加热至 380 ~ 400℃，入减压蒸馏塔，减压塔第一侧线可出减压柴油（VGO）。一般把侧线产品统称减压馏分油，塔底为减压渣油。减压柴油也可作生产乙烯的裂解原料和催化裂化原料，减压渣油可用于生产石油焦或石油沥青。

3. 催化裂化

催化裂化的目的是将不能用作轻质燃料的常减压馏分油，加工成辛烷值较高的汽油等轻质燃料。裂化过程有热裂化和催化裂化两种，热裂化是在 480 ~ 500℃ 条件下进行，催化裂化是在催化剂存在下于 500℃ 左右温度条件下进行。直链烷烃在催化裂化条件下，主要发生碳链断裂和脱氢反应、异构化反应、环烷化和芳构化反应等，生成小分子直链、支链、环烷和芳烃等产物，也发生叠合、脱氢缩合等反应，生成相对分子质量更大的烃甚至是焦炭。

图 2 – 22　提升管催化裂化装置

目前催化裂化装置主要有以硅铝酸为催化剂的流化床催化裂化（FCC）装置和以高活性稀土 Y 分子筛为催化剂的提升管催化裂化装置（图 2 – 22）。催化裂化得到液化石油气，其组成因所用原料不同、催化剂不同和反应条件不同而不同，质量收率一般为 10% ~ 17%。液化石油气是可贵的化工原料，其中所含的丙烯、正丁烯和异丁烯都可直接用于生产各种基本有机化工产品，所含的正构烷烃也是生产乙烯的裂解原料。

4. 催化重整

催化重整是使原油常压蒸馏所得的轻汽油馏分经过化学加工转变成富含芳烃的高辛烷值

汽油的过程，现在该法不仅用于生产高辛烷值汽油，且已成为生产芳烃的一个重要方法。

催化重整常用的催化剂是 Pt/Al_2O_3，故也称铂重整。为了增加芳烃收率，近年来发展了铂—铼、铂—铱等两种以上多金属重整催化剂。

催化重整过程所发生的化学反应主要有：

（1）环烷烃脱氢芳构化：

$$\bigcirc \rightleftharpoons \bigcirc +3H_2$$

（2）环烷烃异构化脱氢形成芳烃：

$$\bigcirc \rightleftharpoons \bigcirc \rightleftharpoons \bigcirc +3H_2$$

（3）烷烃脱氢芳构化：

$$CH_3CH_2CH_2CH_2CH_2CH_3 \longrightarrow \bigcirc +4H_2$$

$$CH_3CH_2CH_2CH_2CH_2CH_2CH_3 \longrightarrow \bigcirc +4H_2$$

（4）正构烷烃的异构化和加氢裂化等反应。

加氢裂化反应会降低芳烃的收率，应尽量抑制其反应发生。

烃重整后得到的重整汽油含芳烃 30% ~ 50%，进一步可用抽提（液液萃取）方法得到芳烃。芳烃抽提即用一种对芳烃和非芳烃具有不同溶解能力的溶剂（如乙二醇醚、环丁砜等），将重整汽油中的芳烃萃取出来，然后将溶剂分离掉，经水洗后获得基本上不含非芳烃的芳烃混合物，再经精馏得到产品苯、甲苯、二甲苯。

催化重整的工艺流程主要由预处理单元、催化重整单元、萃取和精馏单元构成。图 2-23 为中国石化催化重整装置。

图 2-23 中国石化催化重整装置

催化重整的原料油不宜过重，一般终沸点不得高于 200℃。另外，重整过程对原料杂质含量有严格要求，如砷、铝、汞、硫、有机氮化物等都会使催化剂中毒而失去活性，尤其对砷最为敏感，因此原料油中含砷量不宜大于 0.1mg/kg。原料油需先脱除砷，再经加氢精制以脱除有机硫和有机氮等有害杂质，然后进入重整装置。重整反应温度为 500℃左右，压力约为 2MPa。环烷烃和烷烃的异构化反应都是强吸热反应（反应热为 628～837kJ/kg 重整原料），重整反应是在绝热条件下进行的，为了保持一定的反应温度，一般重整反应器由三（或四）个反应器串联，中间设加热炉，以补偿反应所吸收的热量。自最后一个反应器出来的物料，经冷却后，进入分离器分离出富氢循环气，所得液体入稳定塔，脱去轻组分（燃料气和液化石油气）后，得重整汽油。重整汽油经溶剂萃取后，萃取油可混入商品汽油，萃取液分离掉溶剂和水洗后，再经精馏可分别得到纯苯、甲苯和二甲苯以及 C_9 芳烃。

5. 加氢裂化

加氢裂化是炼油工业中增产航空喷气燃料和优质轻柴油常采用的一种方法。加氢裂化所用催化剂有贵金属（Pt、Pd）和非贵金属（Ni、Mo、W）两种，常用的载体固体酸，如硅酸铝分子筛等。将重质馏分油（例如减压渣油）在催化剂存在下于 10～20MPa 和 430～450℃条件下进行加氢裂化，可得到优质的汽油、煤油、柴油。加氢裂化过程发生的主要反应有：烷烃加氢裂化生成相对分子质量较小的烷烃，正构烷烃的异构化，多环环烷烃的开环裂化和多环芳烃的加氢开环裂化，并可同时发生有机含硫化合物和有机含氮化合物的氢解。加氢裂化产品收率高，质量好。产品中含不饱和烃少，重芳烃少，杂质含量少，而异构烷烃含量高。表 2-1 是减压柴油加氢裂解产品组成。

表 2-1　减压柴油加氢裂解产品组成　　　　　　　　　单位：%

组成	原料减压柴油	加氢裂解产品		
		加氢轻油	加氢汽油	加氢减压柴油
烷烃	22.5	24	27.7	74
环烷烃	39.0	43.2	56.1	24.6
芳烃	37.5	32.6	16.2	1.2

减压柴油中因重芳烃含量高，不宜作生产乙烯的裂解原料。但经加氢裂解后所得的加氢减压柴油，虽仍是重质油，但重芳烃含量显著减少，就可作生产乙烯的裂解原料。加氢裂化过程所产生的低级烷烃（正丁烷、异丁烷）等也是有用的化工原料。

四、石油产品

石油产品是以石油或石油某一部分作原料直接生产出来的各种商品的总称。石油工业一向以生产汽油、煤油和工业锅炉用的燃料油为主。20 世纪 20 年代至 30 年代，更先进的炼油技术出现，以法国人荷德利发明的催化裂化法最为重要。另一种炼油法是聚合法，与裂化法刚好相反，聚合法是把小分子合成大分子，将提炼所得的较轻气体聚合成汽油和其他液体。

1. 石油产品分类

根据石油产品的主要特征，GB/T 498—2014《石油产品及润滑剂分类方法和类别的确定》将石油产品分为：燃料（F）、溶剂和化工原料（S）、润滑剂和有关产品（L）、蜡及其制品（W）、沥青（B）和焦（C）六大类，括号中字母为各类的类别名称。

在六大类石油产品中以燃料产量最大，约占总产量的 90%。润滑剂品种最多，产量约占 5%。各国都制定了产品标准，以适应生产和使用的需要。表 2-2 是中国石油产品的分组情况。

表 2 - 2　中国石油产品的分组情况

产 品 分 类	各类产品分组	品种数
石油燃料	气态燃料组，液化气燃料组，馏分燃料组（汽油、煤油、喷气燃料、柴油等），残渣燃料组	40
石油溶剂及化工原料	轻质型组，汽油型溶剂油组，煤油型溶剂油组，纯芳烃组，化工原料组	44
润滑剂及有关产品	全损耗系统组，脱模组，齿轮组，压缩机组（包括冷冻机和真空泵），内燃机组，主轴、轴承和离合器组，导轨组，液压系统组，金属加工组，电气绝缘组，风动工具组，热传导组，暂时保护防腐蚀组，透平机组，热处理组，需用润滑脂场合组，其他应用组，蒸汽汽缸组，特殊润滑剂应用场合组	447
石油蜡	石蜡组，地蜡组，石油脂组，液体石蜡组，特种蜡组	57
石油沥青	道路沥青组，建筑沥青组，乳化沥青组，专用沥青组	43
石油焦		6

2. 典型石油产品介绍

（1）汽油：是消耗量最大的品种。汽油的沸点范围（又称馏程）为 30 ~ 205℃，密度为 0.70 ~ 0.78g/cm³。商品汽油按该油在汽缸中燃烧时抗爆震性能的优劣标记为辛烷值 70、80、90 或更高，号越大性能越好。汽油主要用作汽车、摩托车、快艇、直升机、农林用飞机的燃料。商品汽油中有添加剂（如抗爆剂等）以改善使用和储存性能。受环保要求，今后将限制芳烃和铅的含量。

（2）喷气燃料：主要供喷气式飞机使用。沸点范围为 60 ~ 280℃ 或 150 ~ 315℃（俗称航空汽油）。为适应高空低温高速飞行需要，这类油要求发热量大，在 - 50℃ 不出现固体结晶。

（3）柴油：沸点范围有 180 ~ 370℃ 和 350 ~ 410℃ 两类。对石油及其加工产品，习惯上对沸点或沸点范围低的称为"轻"，相反称为"重"。故上述前者称为轻柴油，后者称为重柴油。商品柴油按凝点分级，如 10、- 20 等，表示使用温度。柴油广泛用于大型车辆、船舰。由于高速柴油机（常用于货车、卡车）比汽油机省油，柴油需求量增长速度大于汽油，一些小型汽车也改用柴油。对柴油的质量要求是燃烧性能和流动性，燃烧性能用十六烷值表示，越高越好。高速柴油机用的轻柴油十六烷值为 42 ~ 55，低速的在 35 以下。

（4）燃料油：用作锅炉、轮船及工业炉的燃料。商品燃料油用黏度大小区分不同牌号。

（5）石油溶剂：用于香精、油脂、试剂、橡胶加工、涂料工业作溶剂，或清洗仪器、仪表、机械零件。

（6）煤油：煤油纯品为无色透明液体，含有杂质时呈淡黄色，沸点范围为 180 ~ 310℃（不是绝对的，在生产时常根据具体情况变动）。平均相对分子质量为 200 ~ 250，密度大于 0.84g/cm³，闪点 40℃ 以上，运动黏度 40℃ 为 1.0 ~ 2.0mm²/s。不溶于水，易溶于醇和其他有机溶剂，易挥发，易燃。挥发后与空气混合形成爆炸性的混合气，爆炸极限 2% ~ 3%。燃烧完全，亮度足，火焰稳定，不冒黑烟，不结灯花，无明显异味，对环境污染小。不同用途的煤油，其化学成分不同。同一种煤油因制取方法和产地不同，其理化性质也有差异。煤油因品种不同含有烷烃 28% ~ 48%，芳烃 20% ~ 50% 或 8% ~ 15%，不饱和烃 1% ~ 6%，环烃 17% ~ 44%，碳原子数为 11 ~ 16。此外，还有少量的杂质，如硫化物（硫醇）、胶质等，其中硫含量 0.04% ~ 0.10%。不含苯、二烯烃和裂化馏分。各种煤油的质量从高到低依次为：动力煤油、溶剂煤油、灯用煤油、燃料煤油、洗涤煤油。

（7）润滑油：从石油制得的润滑油约占总润滑剂产量的95%以上。除润滑性能外，还具有冷却、密封、防腐、绝缘、清洗、传递能量的作用。产量最大的是内燃机油（约占40%），其余为齿轮油、液压油、汽轮机油、电器绝缘油、压缩机油，合计约占40%。商品润滑油按黏度分级，一般来说，在中转速、中载荷和温度不太高的工况下，选用中黏度润滑油；在高载荷、低转速和温度较高的工况下，选用高黏度润滑油或添加抗磨剂的润滑油；在低载荷、高转速和低温工况下，选用低黏度润滑油；在宽高低温范围、轻载荷和高转速，以及有其他特殊要求的工况下，选用合成润滑油。炼油装置生产的是采取各种精制工艺制成的基础油，再加多种添加剂，因此具有专用功能，附加产值高。

（8）润滑脂：俗称黄油，是润滑剂加稠化剂制成的膏状固体或半流体，用于不宜使用润滑油的轴承、齿轮部位。

（9）石油蜡：属于石油中的固态烃类，是轻工、化工和食品等工业部门的重要原料，其产量约占石油产品总量的1%左右。它包括石蜡（占总消耗量的10%）、地蜡、石油脂等。石蜡主要作包装材料、化妆品原料及蜡制品，也可作为化工原料生产脂肪酸（肥皂原料）。

（10）石油沥青和石油焦：石油沥青是生产润滑油时的副产品，产量约为所加工原油的百分之几，数量虽不多，但在国民经济中有重要用途，主要用于道路、建筑及防水等方面；石油焦是生产燃料时的副产品，是一种固体产品，主要用于冶金（钢、铝）、化工（电石）行业作电极等，其产量约为石油产品总量的2%左右。

（11）其他：除上述石油商品外，各个炼油装置还能得到一些在常温下是气体的产物，总称炼厂气，可直接作燃料或加压液化分出液化石油气，可做原料或化工原料。

炼油厂提供的化工原料品种很多，是有机化工产品的原料基地，各种油、炼厂气都可按不同生产目的、生产工艺选用。常压下的气态原料主要制乙烯、丙烯、合成氨、氢气、乙炔、炭黑；液态原料（液化石油气、轻汽油、轻柴油、重柴油）经裂解可制成发展石油化工所需的绝大部分基础原料（乙炔除外），是发展石油化工的基础；原油因高温结焦严重，一般不直接生产基本有机原料。炼油厂还是苯、甲苯、二甲苯等重要芳烃的提供者。最后应当指出，汽油、航空煤油、柴油中或多或少加有添加剂以改进使用、储存性能。各个炼油装置生产的产物都需按商品标准加入添加剂和不同装置的油进行调和方能作为商品使用。石油添加剂用量少，功效大，属化学合成的精细化工产品。

第四节　燃料电池

燃料电池（Fuel Cell）就是把化学反应的化学能直接转化为电能的装置。与普通电池一样，燃料电池是由阴极、阳极和电解质构成（图2-24）。

在阳极上连续吹充气态燃料，如氢气，阴极上则连续吹充氧气（或空气），这样就可以在电极上连续发生电化学反应，并产生电流。

燃料电池与电池（Battery）都是将化学能转变为电能的装置，有许多相似之处。它们的不同之处在于，燃料电池是能量转换装置，电池是能量储存装置。

从理论上讲，只要不断向燃料电池供给燃料（阳极反应物质，如H_2）及氧化剂（阴极反应物质，如O_2），就可以连续不断地发电。但实际上，由于元件老化和故障等原因，燃料电池也有一定的寿命。

与一次、二次电池相对应，燃料电池也有直接和再生燃料电池，前者电池反应物被排放掉，而后者可利用某些方法将产物再生为反应物。

第三种电池为非直接燃料电池，分为两种类型，一种是对有机燃料的加工，使其转变成氢的电池；另一种是生物化学燃料电池，生化物质在酶的作用下产生氢。

直接燃料电池依其工作温度进一步可细分为低温、中温、高温及超高温，对应的温度范围分别是 $25 \sim 100℃$、$100 \sim 500℃$、$500 \sim 1000℃$ 及 大 于 $1000℃$，不同温度范围使用的燃料电池的类型也不

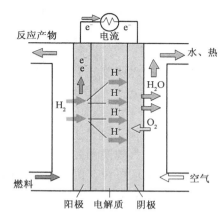

图 2-24 燃料电池内部构造

同，其中有些燃料是可以直接利用的，如氢；但也有一些燃料需经重整后使用，如烃类、醇类等，碳或石墨也可考虑作燃料。已使用的含氮燃料是氨、肼（$NH_2—NH_2$，又称联氨）。在所有实际燃料电池中使用的氧化剂是纯氧或空气。

最常用的分类方法是根据电解质的性质，将燃料电池划分为五大类，分别是碱性燃料电池 AFC（Alkaline Fuel Cell）、磷酸燃料电池 PAFC（Phosphorous Acid Fuel Cell）、熔融碳酸盐燃料电池 MCFC（Molten Carbonate Fuel Cell）、固体氧化物燃料电池 SOFC（Solid Oxide Fuel Cell）、质子交换膜燃料电池 PEMFC（Proton Exchange Membrane Fuel Cell）。

一、燃料电池的性能指标

衡量燃料电池的性能以及燃料电池与其他发电装置进行比较时，要用到一些技术指标或参数，包括电流密度、功率密度、寿命、成本和效率。

（1）电流密度：单个燃料电池的关键指标是电流密度，即单位电板面积上的电流强度（mA/cm^2）。但需要说明的是，燃料电池的电流强度并不与电极面积成正比，电极面积增大一倍，电流强度并不一定增加一倍。原因比较复杂，与燃料电池的类型和电池的设计等因素有关。

（2）功率密度：燃料电池电源具有一定的功率、重量和体积，关键指标是功率密度体积功率密度和比功率质量功率密度。

$$功率密度 = \frac{功率}{体积} \qquad 比功率 = \frac{功率}{质量}$$

（3）寿命：燃料电池的寿命通常是指电源工作的累积时间（h）。当燃料电池不能输出额定功率时，它的寿命即告终结。例如一个额定功率 1kW 的燃料电池电源，出厂时的输出功率一般比额定功率高 20%，即 1.2kW。当该电源的输出功率小于 1kW 时，它就失效了。

（4）成本：燃料电池的成本是制约其应用的最重要指标，用美元/kW 表示。

（5）效率：同其他发电装置一样，效率是燃料电池电源的重要指标。效率与能源利用率密切相关，在能源紧缺的今天，显得尤为重要。

在汽车工业中，两个最重要的技术指标是成本和功率密度。现代车用内燃机的成本、功

率密度和寿命分别是 10 美元/kW、1kW、4000h。如果每天运行 1h，其寿命是 10 年。

二、燃料电池的特性

燃料电池之所以受世人瞩目，是因为它具有其他能量发生装置不可比拟的优越性，主要表现在效率、安全性、可靠性、清洁度、良好的操作性能、灵活性及未来发展潜力等方面。

（1）高效率：理论上讲，燃料电池可将燃料能量的 90% 转化为可利用的电和热。燃料电池的效率与其规模无关，因而在保持高燃料效率时，燃料电池可在其半额定功率下运行。燃料电池发电厂可设在用户附近，这样也可大大减少传输费用及传输损失。燃料电池的另一特点是在其发电的同时可产生热水及蒸汽。其电热输出比约为 1，而汽轮机为 0.5。这表明在相同电负荷下，燃料电池的热载为燃烧发电机的 2 倍。

（2）可靠性：与燃烧涡轮机循环系统或内燃机相比，燃料电池的转动部件很少，因而系统更加安全可靠。燃料电池从未发生过像燃烧涡轮机或内燃机因转动部件失灵而发生的恶性事故。

（3）良好的环境效益：当今世界的环境问题已到了威胁人类生存和发展的程度，这并非危言耸听。解决环境问题的关键是要从根本上解决能源结构问题，研究开发清洁能源技术。而燃料电池正是符合这一环境需求的高效洁净能源。燃料电池不仅消除或减少了水污染问题，也无需设置废气控制系统。燃料电池发电厂的工作环境非常安静，且占地面积小。燃料电池是各种能量转换装置中危险性最小的。这是因为它的规模小，无燃烧循环系统，污染物排放少。燃料电池环境友好性是使其具有极强生命力和长远发展潜力的主要原因。

三、燃料电池的发展

燃料电池有几种不同的类型，如 PEMFC、PAFC、MCFC、SOFC 等。各种燃料电池的技术特点、应用范围有别，其发展程度也不同。

碱性燃料电池是最早开发的燃料电池技术，在 20 世纪 60 年代就成功应用于航天飞行领域。磷酸型燃料电池也是第一代燃料电池技术，是目前最为成熟的应用技术，已经进入了商业化应用和批量生产；但由于其成本太高，目前只能作为区域性电站来现场供电、供热。熔融碳酸型燃料电池是第二代燃料电池技术，主要应用于设备发电。固体氧化物燃料电池以其全固态结构、更高的能量效率和对煤气、天然气、混合气体等多种燃料气体广泛适应性等突出特点，发展最快，应用广泛，成为第三代燃料电池。目前正在开发的商用燃料电池还有质子交换膜燃料电池，它具有较高的能量效率和能量密度，体积重量小，冷启动时间短，运行安全可靠；另外，由于使用的电解质膜为固态，可避免电解质腐蚀。

燃料电池技术的研究与开发已取得了重大进展，技术逐渐成熟，并在一定程度上实现了商业化。作为 21 世纪的高科技产品，燃料电池已应用于汽车工业、能源发电、船舶工业、航空航天、家用电源等行业，受到各国政府的重视。

由于燃料电池需要甲醇、烃类等燃料、催化剂以及聚合物电池膜等，燃料电池的市场化给化学品生产商、能源公司以及汽车制造商的合作创造了机遇，带来了丰厚利润。

杜邦公司成立了燃料电池业务部门，将以新产品为燃料电池系统的开发商服务，包括质子交换膜（PEM）、燃料电池部件（如膜电极组合件和导电板），还准备开发直接用甲醇的燃料电池技术。埃克森—美孚公司正致力于开发能把液态烃和氧化烃转变为氢气的低成本清洁工艺，正在探索使用甲醇作为氢气的清洁来源。传统工艺是两步法，最近研制了能直接一步将甲醇100%转化为H_2和CO_2的催化剂，这些催化剂组分不含基础催化剂铜或氧化铬。

在燃料电池的商业化进程中，各国研究机构和各大汽车公司都对氢源技术的系统研究给予了高度重视。固体高分子型燃料电池是技术相对成熟的氢燃料电池，基本无环境污染，热效能比现行的内燃机提高1~2倍。但固体高分子型燃料电池在推广时遇到了极大的障碍，一是目前技术状态下氢的加工、储存、运输成本极高，汽车开发商和使用者都无法承受；二是采用氢作为燃料要对现有系统进行全面改造，如将加油站改造为配氢站，这些都需要大量的投资。为此，许多公司和机构开始改变研究方向，开发新型固体氧化物燃料电池技术。这种燃料电池具有较高热效率，且可以使用汽油、天然气、甲醇、氢等多种燃料，可利用现有的加油站系统，不需要额外增加投资，生产成本每千瓦仅70美元，这意味着一台20kW的汽车燃料电池动力系统的成本与目前内燃机大致相等。

因此，欧美和日本电动汽车研究机构纷纷从研究固体高分子型燃料电池转向研究固体氧化物燃料电池，日本、美国已生产出样机用于电动汽车上，并力争投入批量生产。

随着燃料电池技术的迅速发展，新型电池材料的需求增长。使用热固性材料、热塑性塑料、弹性体、纳米纤维和其他材料（如炭黑、镍和铂）可提高燃料电池导电率、耐腐蚀性和热稳定性，同时使其塑性变形小、尺寸稳定且能阻燃。

综上所述，燃料电池在电池材料及燃料制备技术上有了长足的进步，但规模化应用还需要在高技术化和低成本化方面做更多的工作，才能进一步推向市场。

从最初的仅限于理论研究到现在人们开始关注环保和可持续发展而大力开发各类新型燃料电池，燃料电池的研究迈入了一个崭新的时期。目前，其研究开发的重点是燃料转化用催化剂膜、制氢和储氢技术、降低燃料成本以及安全设施等。相信在未来几年内，燃料电池将会在某些领域得到更广泛的应用，在发展中不断完善。

第五节　天然气加工

天然气是孔隙性地层中天生的以低分子饱和烃为主的烃类气体和少量非烃类气体组成的可燃混合物，它也常常和原油伴生在一起。天然气严格意义上讲也是石油，它是石油的气态形式，天然气组分大多数以甲烷为主，包含乙烷、丙烷、丁烷、戊烷等烃类，以及少量的氮气、二氧化碳、硫化氢、氦、氧、氢等气体。天然气作为一种宝贵的资源在人民生活和工业中有着广泛的应用。它作为一种高效、优质、清洁能源，不仅在工业与城市民用燃气中广泛应用，而且在发电业中也越来越发挥重要作用。天然气还是很好的化工原料，广泛应用于合成氨、甲醇、氮肥工业、合成纤维工业等。以天然气为原料合成油，也是天然气大规模利用的途径之一。天然气不仅在燃料、化工原料等方面有诸多优点，对天然气进行处理并回收其中的硫磺，还可作为硫酸工业原料，这不仅提高了天然气资源综合利用程度，获得天然气资源的更大价值，还能保证在储藏、运输过程中的安全性，减少大气污染，对提高天然气的整体经济效益，都具有重要的现实意义。

天然气加工处理的目的是脱除天然气中的固体杂质、水分、硫化物和二氧化碳等有害组分，使之符合管输和商品气的要求。常见的天然气净化厂设有分离过滤单元、脱硫装置、硫磺回收装置、尾气处理装置、脱水装置和配套系统。天然气净化工艺流程框图如图2-25所示。

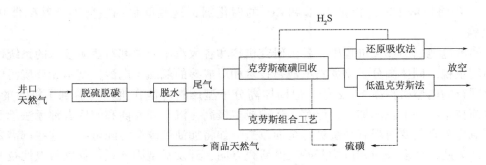

图 2 - 25　天然气净化工艺流程框图

天然气脱硫脱碳和脱水的目的是为了达到商品天然气的质量要求；硫磺回收及尾气处理则是为了达到环境质量要求。

一、天然气脱硫

天然气脱硫实际上是脱除气体中常含有的有机硫化合物等酸性气体和硫化氢、二氧化碳。常用的酸气处理方法分干法和湿法两大类，见表 2 - 3。

表 2 - 3　常用的酸气处理方法

湿法	化学吸收法	醇胺法：（1）一乙醇胺法；（2）改良二乙醇胺法；（3）二甘醇胺法；（4）二异丙醇胺法
		碱性盐溶液法：（1）改良热钾碱法；（2）氨基酸盐法
	物理吸收法	多乙醇醚法
		砜胺法
	直接吸收法	蒽醌法
		改良砷碱法
干法		分子筛法
		海绵铁法

典型醇胺法工艺流程是原料气经分离器后进入吸收塔，在塔内气体与醇胺溶液逆流接触，除掉酸性组分，净化气体经分离器出装置。在天然气净化过程中，吸收塔内的醇胺溶液在低温高压下吸收硫化氢和二氧化碳气体，生成相应的铵盐并放出热量；在汽提塔内溶液被加热，在低压高温下进行逆向反应，分解铵盐、放出酸气，使醇胺溶液再生，并再循环使用。图 2 - 26 为醇胺法天然气脱硫装置。天然气脱除二氧化碳也可用膜分离法和低温分离法，效果较好。

图 2 - 26　醇胺法天然气脱硫装置

从天然气脱硫装置出来的酸气主要含有 H_2S、CO_2 和 H_2O 以及少量 CH_4 等烃类，用硫磺回收装置生产硫磺，使宝贵的硫资源得到充分的利用，同时又防止了大气污染。迄今为止，酸气处理的主体工艺是以空气为氧源、将 H_2S 转化为硫磺的克劳斯工艺，主要产品是硫磺。

改良克劳斯工艺中主要包括两段反应：热反应段和催化反应段。

热反应段是 1/3 的 H_2S 氧化成 SO_2 的自由火焰氧化（高温放热反应或燃烧反应段），在热反应段即燃烧炉内有如下反应：

$$3H_2S + \frac{3}{2}O_2 \Longrightarrow SO_2 + 2H_2S + H_2O + 520kJ$$

催化反应段是余下 2/3 的 H_2S 在催化剂上与燃烧反应段生成的 SO_2 反应（中等放热的催化反应段），主反应是：

$$2H_2S + SO_2 \Longrightarrow 2H_2O + \frac{3}{x}S_x + 96kJ$$

改良克劳斯工艺主要有三种基本工艺流程——直流法、分流法和硫循环法，其中前两种应用最为广泛。

二、天然气脱水

天然气脱水的目的主要用于天然气输送，把水和烃的露点降低到规定值。常用脱水方法有甘醇脱水法、固体吸附法、低温分离法等。

1. 甘醇脱水法

甘醇脱水主要由甘醇吸收和再生两部分组成，工艺流程如图 2-27 所示。

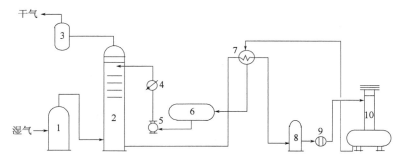

图 2-27 甘醇脱水工艺流程

1—分离器；2—吸收塔；3—雾液分离器；4—冷却器；5—甘醇循环泵；6—甘醇储罐；7—贫富甘醇溶液换热器；
8—闪蒸罐；9—过滤器；10—再生塔

含水天然气在入口分离器中除掉液体和固体杂质，进入吸收塔。在塔内天然气与贫甘醇逆流接触，脱水的天然气成为干气，吸水的甘醇溶液成为富甘醇。富甘醇经过再生循环使用。此法只用于控制水露点，不能控制烃露点。

2. 固体吸附法

将天然气通过吸附剂床层，水被吸附下来，得到干气。吸附剂使用一段时间后，将被水饱和，因此需要再生。吸附工艺有半连续操作和连续操作等形式，半连续操作采用双塔或三塔固定床轮换吸附和再生；连续操作采用流化床，天然气和吸附剂在吸收塔内逆向接触，吸附剂在塔外再生。此法投资和能耗较高，一般只用于低含水量的高压天然气或露点要求很低的场合。

3. 低温分离法

采用适当的低温可使天然气中的水和部分较重的烃冷凝分离出来，达到同时控制水和烃露点的目的。

产生低温的常用方法包括节流制冷、机械制冷、氨吸收制冷等。

（1）节流制冷法脱水是指利用焦耳—汤姆逊效应通过节流阀制冷来脱水的方法，适用于气源压力很高而且降压后不需要再压缩的场合。一般每降低一个大气压可产生 0.5℃ 左右的温降。

（2）机械制冷法脱水时只用制冷剂通过压缩机压缩—冷凝—气化循环制冷的方法。各种常用制冷剂及其适用范围为：氨（-10 ~ -25℃），丙烷（-20 ~ -35℃），液化石油气（-5℃左右）。

（3）氨吸收制冷法是用氨水溶液，通过加热分馏—冷凝—气化—吸收循环来制冷的方法，制冷温度 -10℃ 左右。

三、天然气制合成气

由于天然气主要成分是甲烷，分子结构非常稳定，可开发的下游化工产品大大少于石油化工和煤化工。天然气化工利用技术经几十年发展形成了两条技术路线：一是天然气直接转化制化工产品；二是天然气先转化为含 H_2、CO 的合成气再生产化工产品。目前天然气大宗化工利用的主要途径是经过合成气生产合成氨、甲醇及合成油等，而在上述产品的生产装置中，天然气转化制合成气工序的投资及生产费用通常占装置总投资及总生产费用 60% 左右。因此，在天然气的化工利用中，天然气转化制合成气占有特别重要的地位。

以天然气为原料生产合成气的方法主要有水蒸气转化法和部分氧化法。水蒸气转化是指烃类被水蒸气转化为氢气和一氧化碳及二氧化碳的化学反应。其主反应为：

$$CH_4 + H_2O =\!=\!= CO + 3H_2 \qquad \Delta H^0_{298} = 206.29 kJ/mol$$

由于反应是吸热的，而且反应速度很慢，所以通常是使反应物通过装有催化剂的镍铬合金钢管，在外加热的条件下进行。该方法制得的合成气中 H_2 与 CO 的物质的量之比（n_{H_2}/n_{CO}）理论上为 3，有利于用来制造合成氨或氢气；用来制造其他有机化合物（例如甲醇、醋酸、乙烯、乙二醇等）时，此比值过高，需要加以调整。

部分氧化法是指烃类在氧气不足的情况下，不完全燃烧生成氢气和一氧化碳的化学反应。反应式为：

$$CH_4 + \frac{1}{2}O_2 =\!=\!= CO + 2H_2 \qquad \Delta H^0_{298} = -35.7 kJ/mol$$

由于烃与氧是在衬有耐火衬里的反应器即转化炉中用自身的反应热进行反应，所以又称为自热转化法。近年来，部分氧化法的工艺因其热效率较高（n_{H_2}/n_{CO}）易于调节，逐渐受到重视和应用，但需要有廉价的氧源，才能有满意的经济性。

合成气是重要的工业原料，由合成气可以生产很多化工产品，具体参见第三章第二节。

第六节 农 林 化 工

农林化工是指以农林产物为原料经过化学加工而获得的化学品，曾经是获取有机化工产品的主要来源之一，与农业、林业和轻工业的发展有关，如由木材干馏、淀粉发酵、植物纤维水解、油脂加工、造纸浆液废液中浮油提取等加工方法可获得的一系列产品。

农林化工虽然有着悠久的历史，曾经是获取有机化工产品的主要来源之一，但随着煤化工和石油化工的发展，逐渐处于次要地位。由于农林资源的可再生性、原料易得、价格低廉、加工方法简单等特点，尤其随着生物化学工程的发展，对农林资源比较丰富的国家来说，农林化工产品仍具有一定意义。世界上油脂加工和植物原料加工为化工产品的生产能力以美国为最大，苏联在植物水解制化工产品的技术和产量上占优势。

一、植物纤维

含有丰富的纤维素、半纤维素的木材、稻草、芦苇等在酸化剂作用下发生水解反应，使纤维素、半纤维素转化为单糖，并与不能水解的木质素分离，再经加工即得各种产品。同一种原料经控制水解条件可制成不同产品。水解加工也是由非食用植物中获取可食用产品的重要方法，其主要产品为糠醛、木糖醇和呋喃衍生物等。此外，也用植物纤维制造浆料，生产人造纤维、硝酸纤维。

糠醛产量较大，是农林化工的典型产品。木糖醇是以玉米芯、甘蔗渣、木材等为原料，在 $100 \sim 130$℃用硫酸水解 $1 \sim 2h$，经中和、脱色、过滤、浓缩及镍催化剂下加氢而得，主要用于防龋食品和作为食品添加剂、增塑剂、涂料等。乙酰丙酸是将纤维素水解变戊糖后脱水成羟甲基糠醛，再分解而得。

二、淀粉

含淀粉的植物或农林废料等水解的糖液，可用发酵法制得甲醇、乙醇、杂醇油、丙酮、正丙醇和正丁醇、乳酸等产品。农林废料经稀酸水解后，所得含戊糖溶液、亚硫酸制浆废液、以及食品工业中的含糖废液，在加入菌种进行酵母增殖后，经分离、干燥可获得饲料酵母，这是营养丰富的饲料添加剂。

三、木材

木材经干馏，即隔绝空气加热至高温发生分解反应，能得到甲酸、甲醇、醋酸等产品。此外，将木材直接进行化学加工得到下列产品，其中以浮油产量最大。

浮油亦称妥尔油。以针叶树为原料用硫酸盐法制木浆时，木材中的树脂酸和脂肪酸在蒸煮过程中形成皂化物，并与中性物质一起浮于蒸煮黑液的上层，经分离后称为木浆浮油。以木材为原料造纸，一般 1t 纸浆可产浮油 $30 \sim 50kg$。浮油中含 30% $\sim$ 60% 树脂酸、30% $\sim$ 60% 脂肪酸、7% $\sim$ 10% 中性物和少量氧化物。粗浮油可作橡胶软化剂，也可通过溶剂从中提出的植物甾醇，可作乳化剂、香料和药物等的原料。浮油经分离、酸化、精馏，可分出浮油脂肪酸、浮油松香和浮油沥青。浮油松香和脂肪酸可作涂料、二聚酸、表面活性剂等的原料。中性物浮油沥青可用作纸板、橡胶和沥青的添加剂以及胶黏剂、热塑性树脂材料。

松节油是存于针叶树松脂中的萜烯化合物，主要成分为 α - 蒎烯及 β - 蒎烯，可以在蒸馏松脂时首先蒸出而得；也可由木材干馏或制木浆过程的排气经冷凝收集得到。松节油是良好的溶剂，也可用作涂料催干剂、胶黏剂等。松节油也可合成樟脑、冰片、松油醇、芳樟醇及萜烯树脂等重要产品，广泛用于医药、染料、香料、橡胶等工业中。

松香是一种以树脂酸的同分异构体为主要成分的复杂混合物，由蒸馏松脂获得，主要由树脂酸、脂肪酸、中性物组成。松香的化学加工产品很多：与马来酸酐加工制成的马来松香，是醇酸树脂、纸张施胶和橡胶加工的添加剂；经加氢反应可制成氢化松香，用作胶黏剂、合成橡胶软化剂等的原料；经歧化生成的歧化松香可作合成橡胶的乳化剂。

四、生物柴油

生物油脂是指植物油（如菜籽油、大豆油、花生油、玉米油、棉籽油等）、动物油（如鱼油、猪油、牛油、羊油等）、废弃油脂或微生物油脂等，这些油脂最重要的化学加工利用方向就是与甲醇或乙醇发生酯化反应，形成的脂肪酸甲酯或乙酯称为生物柴油。生物柴油是典型的绿色能源，具有环保性能好、发动机启动性能好、燃料性能好、原料来源广泛、可再生等特性。大力发展生物柴油对经济可持续发展、推进能源替代、减轻环境压力、控制城市大气污染具有重要的战略意义。

1. 生物柴油的生产方法

生物柴油的生产方法主要有化学法和酶法。

1）化学法

生物柴油主要是用化学法生产，即用动物和植物油脂与甲醇或乙醇等低碳醇在酸或者碱性催化剂和高温（230~250℃）下进行转酯化反应，生成相应的脂肪酸甲酯或乙酯，再经洗涤干燥即得生物柴油。甲醇或乙醇在生产过程中可循环使用，生产设备与一般制油设备相同，生产过程中可产生10%左右的副产品甘油。

生物柴油的主要问题是成本高，据统计，生物柴油制备成本的75%是原料成本。因此采用廉价原料及提高转化从而降低成本是生物柴油实用化的关键。美国已开始通过基因工程方法研究高油含量的植物。日本采用工业废油和废煎炸油。欧洲在不适合种植粮食的土地上种植富油脂的农作物。

但化学法合成生物柴油有以下缺点：（1）工艺复杂、醇必须过量，后续工艺必须有相应的醇回收装置，能耗高；（2）色泽深，由于脂肪中不饱和脂肪酸在高温下容易变质；（3）酯化产物难于回收，成本高；（4）生产过程有废碱液排放。

2）酶法

为解决化学合成产生的问题，人们开始研究用酶法合成生物柴油，即用动物油脂和低碳醇通过脂肪酶进行转酯化反应，制备相应的脂肪酸甲酯及乙酯。酶法合成生物柴油具有条件温和、醇用量小、无污染排放的优点，但目前主要问题是：（1）甲醇及乙醇的转化率低，一般仅为40%~60%，由于目前脂肪酶对长链脂肪醇的酯化或转酯化有效，而对短链脂肪醇如甲醇或乙醇等转化率低；（2）而且短链醇对酶有一定毒性，酶的使用寿命短，副产物甘油和水难于回收，不但对产物形成抑制，而且甘油对固定化酶有毒性，使固定化酶使用寿命短。

2. 生物柴油的应用

（1）奥地利。奥地利是世界上最早进行植物油酯化的国家，其生物柴油的主要市场在于农业及林业设施以及湖泊与河川的休闲游艇发动机，以利清洁空气，提升环保。1982年Graz有机化学研究院进行了世界上第一次菜籽油酯化制成柴油燃料试验；1983年使用回收的废食用油作为生产生物柴油的原料；1985年在Silberberg农业学院建立第一座菜籽油甲酯的示范工厂；1995年申请再酯化专利，转化率可达100%；1998年建立将达20%的动物脂肪作原料生产生物柴油的工厂。

（2）巴西。巴西主要选用大豆、棉籽、葵花子、油菜籽、蓖麻籽和棕榈等生产生物柴油，餐厅和家庭煎炸食品后的废油也被收集起来提炼生物柴油。目前，巴西使用的乙醇、生物柴油及其他可替代能源已占其能源消耗总量的44%，远高于13.6%的世界平均水平。巴西圣十字州立大学也开发出利用油炸食品残油生产汽车燃料的新技术，这所大学的试验工厂每周从市内的饭店回收炸完各种食品后扔掉的残油，其中的90%可转换成代替柴油的燃料，另外的10%还可提炼用于生产化妆品的甘油。

（3）德国。德国为了保护环境，提倡使用生物柴油，其最大的生物柴油提炼厂在德国东部勃兰登堡州的施瓦尔茨海德地区，年生产能力为100×10^4t生物柴油和30×10^4t甘油。另外萨利亚（Saria）公司在德国东部梅前州建立一座利用动物脂肪提炼生物柴油的工厂，它以屠宰动物的脂肪为原料，提炼车用发动机柴油，可年产1.3×10^7L生物柴油。

（4）美国。美国不仅对生物柴油生产技术的研究领先世界，而且在标准规范、减免税收、商品化生产等方面也走在世界前列。早在1983年美国科学家就将菜籽油甲酯用于发动机，燃烧了1000h。1999年，美国总统克林顿专门签署了开发生物燃料的法令，其中生物柴油被列为重点发展的清洁能源之一，主要用户是联邦政府和公用事业部门的车队以及具有集中加油站的大巴和卡车运输公司。

（5）日本。日本生物柴油的生产原料主要是回收的废食用油，生物柴油零售价格与普通柴油相同。日本生物柴油研制工作始于1992年底；1993年6月生物柴油研发部门研制出样品；1993年11月经陆运局认可使用于柴油机车辆；1999年建起259L/d以煎炸油为原料生产生物柴油的工业化装置。

（6）中国。1990年以前，国内由于原油能自给，对生物柴油的研究很少。随着经济的发展，原油由净出口变成净进口，石油产品价格也与国际接轨，飞快上涨，人们开始研究各种替代能源。目前国内已成功利用菜籽油、大豆油、米糠油、工业猪油、牛油及野生植物小桐籽油等作为原料，经过甲醇预酯化后再酯化，生产出的生物柴油不仅可作为代用燃料直接使用，而且可作为柴油清洁燃烧的添加剂。

（7）荷兰。2011年6月，荷兰皇家航空一架波音737生物燃料飞机（图2-28）搭乘着171名乘客，从阿姆斯特丹飞往巴黎，荷兰皇家航空成为全球首家使用生物燃料进行商业飞行的航空公司。

图2-28　荷兰皇家航空的生物燃料飞机

本章思考题

1. 查阅相关资料，了解硫酸和制碱的工业化进程，从化工单元操作角度阐述硫酸和制碱对化工学科的贡献。

2. 何谓合成气？生产合成气的原料有哪些？简述以煤为原料加工生产成合成气的过程。

3. 为何本章所讲的资源与能源化工都是用原料的处理量来确定装置的生产能力的？

4. 炼油装置得到的化学物质都有哪些？结合炼油过程找出哪种物质既是化工原料又是燃料。

第三章
产品化工

化学工业从它形成之时起，就为各工业部门提供必需的基础物质。据美国化学文摘登录，全世界已有的化学品多达 900 万种，其中已作为化工商品上市的有 10 万余种，经常使用的有 7 万多种，而且每年全世界新出现化学品 1000 多种。本章以产品为导向，介绍石油化工、合成气化工、高分子化工及精细化工等几大类化工产品的生产情况。

第一节　石　油　化　工

以石油为原料生产的化学品种类极多、范围极广。石油化工产品的生产主要是来自石油炼制过程产生的各种石油馏分和炼厂气。石油馏分（主要是轻质油）通过烃类裂解、裂解气分离可制取乙烯、丙烯、丁二烯等烯烃和苯、甲苯、二甲苯等芳烃（芳烃亦可来自石油轻馏分的催化重整）。石油轻馏分经蒸汽转化、重油经选择性氧化可制取合成气，进而生产合成氨、合成甲醇等。从烯烃出发，可生产各种醇、酮、醛、酸类及环氧化合物等。随着科学技术的发展，上述烯烃、芳烃经加工可生产包括合成树脂、合成橡胶、合成纤维等高分子产品及一系列制品，如表面活性剂等精细化学品，因此石油化工的范畴已扩大到高分子化工和精细化工的大部分领域。

石油化工的发展与石油炼制、煤化工和三大合成材料的发展有关。从 1920 年开始的以丙烯为原料生产异丙醇（被认为是第一个石油化工产品），到 20 世纪 50 年代，在裂化技术基础上开发了以制取乙烯为主要目的的烃类水蒸气高温裂解技术，原料、技术、应用三个因素的综合，推动了石油化工的快速发展，实现了化学工业发展史上的一次飞跃。目前，随着低碳技术的进步，石油化工向着采用新技术、节能、优化生产操作、综合利用原料、向下游产品延伸等方向发展。

一、烃类热裂解

烃类热裂解是指在高温和无催化剂存在的条件下发生分子分解反应而生成小分子烯烃和炔烃的过程，在此过程中伴随着许多其他反应，生成一些副产物。通常认为：（1）正构烷烃裂解最利于生成乙烯、丙烯；（2）异构烷烃裂解烯烃总收率低于同碳原子数的正构烷烃；（3）大分子烯烃裂解为乙烯和丙烯，也能脱氢生成炔烃、二烯烃，进而生成芳烃；（4）环烷烃裂解生成较多的丁二烯，芳烃收率较高，而乙烯收率较低；（5）不带烷基的芳烃不易裂解；（6）带烷基的芳烃裂解主要是烷基发生断键和脱氢反应。

目前世界上 90% 以上的乙烯来自石油烃类热裂解，约 70% 丙烯、90% 丁二烯、30% 芳烃均来自烃类热裂解装置的副产物，以"三烯"和"三苯"的总量计，65% 来自裂解装置。除此之外，乙烯还是石油化工中最重要的产品，它的发展也带动了其他有机化工产品的发展。因此，常常将乙烯生产能力的大小作为衡量一个地区石油化工发展水平的标志。

1. 烃类热裂解的反应机理

烃类热裂解反应的规律极其复杂，这主要是因为热裂解的原料是混合物，包括烷烃、环烷烃、烯烃和芳烃等，再加上各种物质间的相互作用，因此，描述烃类热裂解的反应机理主要从烃的键能反应规律以及工程设计角度进行。

原料烃在裂解过程中所发生的反应是相当复杂的，一种烃可以平行地发生很多种反应，还可以连串地发生许多后继反应，所以工程上将裂解反应看成是一个平行反应和连串反应交叉的反应系统。从整个反应的进程来看，裂解反应属于比较典型的连串反应。因为随着反应的进行，不断分解出气态烃（小分子烷烃、烯烃）和氢；而液体产物的氢含量则逐渐下降，分子量逐渐增大，以至结焦。对于这样一个复杂系统，现在国内外广泛应用一次反应和二次反应的概念来处理裂解过程的技术问题。

一次反应就是指原料烃分子在裂解过程中首先发生的反应，二次反应就是指一次反应的生成物继续发生的后继反应。那么，怎样来划分一次反应与二次反应呢？现在还没有一个严格的界线，而只是粗线条的，而且各研究工作者和生产设计人员在所提出的反应模型中对于一次反应和二次反应的分界也不完全一样。工程上比较认可的是日本学者平户瑞穗提出的轻柴油裂解时一次反应和二次反应的划分情况（图3-1）。

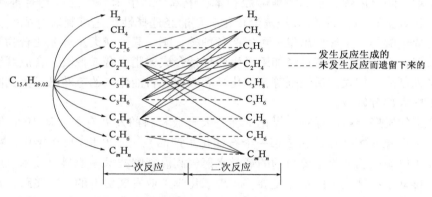

图3-1　轻柴油裂解时的一次反应和二次反应

平户瑞穗认为：（1）生成目的产物乙烯、丙烯的反应属于一次反应，这是希望发生的反应，在确定工艺条件、设计和生产操作中要千方百计设法促使一次反应的充分进行；（2）乙烯、丙烯消失，生成相对分子质量较大的液体产物以至结焦生炭的反应是二次反应，这是不希望发生的反应，这类反应的发生，不仅多消耗了原料，降低了主产物的产率，而且结焦生炭会恶化传热，堵塞设备，对裂解操作和稳定生产都带来极不利的影响，所以要千方百计设法抑制其进行；（3）对于乙炔、丁二烯、芳烃，随着生产要求的不同，具体情况具体分析。

对于乙炔的问题，如果我们的目的只是要求生产乙烯、丙烯，而不要求生产乙炔，则生产乙炔的反应要设法加以抑制；反之，如果我们也要求得到乙炔，则要依据生产的要求使这个反应也适当发生。对于丁二烯和芳烃的问题，由于生成乙烯、丙烯与生成丁二烯、芳烃的反应规律不同，所要求的反应条件也不同，在尽可能促进一次反应充分进行的条件下，为了获得乙烯、丙烯的高产率，生成丁二烯和芳烃的反应就不可能占主流，所以我们可以将丁二烯和芳烃作为副产物来回收。至于要更大量地获得丁二烯和芳烃，在石油化工中往往用专门的生产方法，例如丁二烯可用催化法进行脱氢或氧化脱氢来生产，芳烃可用催化重整的方法来生产，而不是要求裂解过程把丁二烯和芳烃作为主产物来考虑。

2. 烃类热裂解的反应装置

烃类热裂解反应的主要装置为管式裂解炉。

早期的管式裂解炉是沿用石油炼制工业的加热炉结构采用横置裂解炉管的方箱炉，采用长火焰烧嘴加热，炉管表面热强度低。20 世纪 50 年代，裂解炉结构有较大改进，炉管位置由墙壁处移至辐射室中央，并采用短焰侧壁烧嘴加热，提高了炉管表面热强度和受热均匀性。至 60 年代，反应管开始由横置式改为直立吊装式，这是管式炉的一次重大技术改进。它采用单排管双面辐射加热，进一步提高了炉管表面热强度，并采用多排短焰侧壁烧嘴，以提高反应的径向和轴向温度分布的均匀性。

美国鲁姆斯公司短停留时间裂解炉（简称 SRT 炉）是初期立管式裂解炉的典型装置。现在世界大型乙烯装置多采用立管式裂解炉（图 3 - 2）。

图 3 - 2　立管式裂解炉

3. 裂解气的分离

烃类热裂解反应的原料是混合物，得到的产物也是混合物，但产物中有我们需要的乙烯、丙烯、丁烯以及苯、甲苯、二甲苯等，又有副产物丁二烯、饱和烃类，还有一氧化碳、二氧化碳、炔烃、水和含硫化合物等杂质，因此，需将它们分离。工业上，主要采用深冷分离法和油吸收法。

（1）深冷分离法：将裂解气中除甲烷、氢以外的其他烃类全部冷凝为液体，然后根据各组分相对挥发度的不同，采用精馏操作逐一分离的方法。裂解气的深冷分离是裂解气分离的主要方法，其技术指标先进，产品质量好，收率高；但是分离流程复杂，动力设备多，需要大量的低温合金钢材，投资较高，适用于加工精度高的大工业生产。

（2）油吸收法：根据裂解气各组分在吸收剂中的溶解度不同，采用吸收剂吸收除氢和甲烷外的组分，然后用精馏的方式再把各组分从吸收剂中逐一分离的方法。该法工艺流程简单，动力设备少；但经济技术指标和产品纯度较差，适用于中、小型石油化工企业。

2017 年 12 月 Science 杂志上刊登了美国和西班牙学者共同研究的分离乙烯和乙烷的新技术，该技术的关键是用来吸附分离乙烯的新材料。该研究介绍了一种柔性纯硅沸石（ITQ - 55）的合成和结构情况（图 3 - 3）。该材料之所以可动态地从乙烷中分离乙烯，得益于其心型笼的独特拓扑结构和分子骨架灵活性，具有接近 100% 的选择性。这些性质的控制有望可扩大应用到裂解气中乙烷和乙烯的分离。

二、乙烯

乙烯是碳数最少的烯烃，天然乙烯存在于植物的某些组织、器官中，是由蛋氨酸在供氧充足的条件下转化而成的。乙烯的生理作用是促进果实成熟和叶片的衰老、诱导不定根和根毛发生、打破植物种子和芽的休眠、抑制植物开花以及改变花的性别分化方向等。因此，乙烯可用作水果和蔬菜的催熟剂，是一种植物激素。

工业乙烯是世界上产量最大的石油化工核心化学品，占石化产品产量的 75% 以上，在国民经济中占有重要的地位。乙烯是合成纤维、合成橡胶、合成塑料（聚乙烯及聚氯乙烯等）、合成乙醇（酒精）的基本化工原料，也用于制造氯乙烯、苯乙烯、环氧乙烷、醋酸、乙醛、乙醇和炸药等。

1. 发展状况

在中国，随着经济的快速发展，对乙烯衍生物市场终端产品的需求在不断上升。印度市场对乙烯的需求也在同步增长，但基数相对较小。东北亚地区已成为世界乙烯需求量最大的地区，乙烯市场需求比例不断增加。图 3-4 为现代大型乙烯装置。

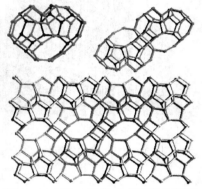

图 3-3　ITQ-55 的合成和结构情况

图 3-4　现代大型乙烯装置

虽然我国乙烯行业发展迅猛，在世界乙烯市场占有举足轻重的地位，但在市场上依然存在竞争风险。中东乙烯企业主要以乙烷为原料生产乙烯，该地区的乙烷成本很低，即使加上运费，也比美国、西欧和世界其他地区包括中国的成本低得多，具有相当强的竞争力。廉价的中东乙烯下游产品聚乙烯、乙二醇等大量涌入亚太和中国市场，必将对我国市场相关产品构成严重的威胁。

这种市场竞争的风险从 2017 年 11 月开始有好的迹象发生。2017 年 11 月 9 日，在国家主席习近平和美国总统特朗普的共同见证下，美国乙烷公司与南山集团签署 20 年每年向南山集团供应 200×10^4 t 乙烷的贸易合同，并参与投资南山集团规划的 200×10^4 t/a 乙烷制乙烯项目。目前中国包括已经布局和正在开展前期论证的轻烃综合利用项目达数十个。项目原料来源多元化，包括进口乙烷、丙烷，炼厂副产轻烃资源，国内油气田伴生乙烷/丙烷资源等。其中，新浦烯烃、华泰盛富、卫星石化、南山集团、聚能重工等都将采用部分进口或全部进口美国乙烷为原料，发展烯烃项目。

也许有人会问，美国为何有如此多的乙烷？这主要是因为美国页岩气富含乙烷。在页岩气工业革命后，乙烷的产量势将大幅增加，出口亚洲已成为必然趋势。与传统的石脑油制乙烯相比，乙烷制乙烯有着工艺流程短、占地面积小、装置区投资小、转化率高等优势。

另外，乙烯工业生产过程中存在一定程度的环境污染问题，乙烯的生产会对大气、水体造成一定程度的污染。随着新建项目的陆续投产以及中国政府在未来出台的更为严格的环保标准，将对乙烯企业产生一定投资和运作成本风险，使用乙烷为原料会使这一风险降低。

2．用途

乙烯是烯烃中最简单也是最重要的化合物，具有活泼的双键结构，反应活性高、成本低、纯度高且易于加工利用，所以是最重要的石油化工基础原料。1961年以后由于石油化工的高速发展，以乙炔为原料的大宗传统产品（如氯乙烯、醋酸乙烯、丙烯腈等）几乎都被廉价、易生产、易加工的乙烯（或丙烯）路线所取代。以乙烯为原料可生产很多重要的物质，如环氧乙烷、氯乙烯、乙醛、乙苯等。乙烯系列产品的生产构成了石油化工的基础（图3－5），可以说没有乙烯，石油化工就没有原料，更谈不上石油化工的发展。

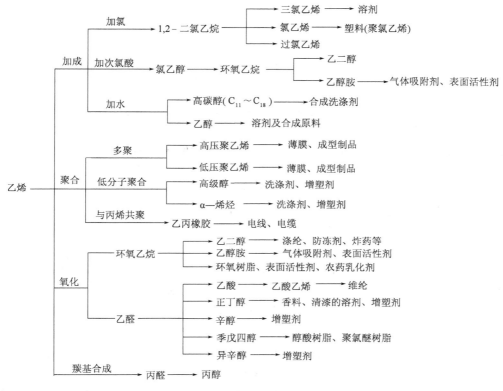

图3－5　乙烯系列产品及用途

三、丙烯

丙烯在常温常压下为无色可燃性气体，具有双键结构，因而具有烯烃的反应特性，如加成反应、氧化反应、羧基化、烷基化及其聚合反应等。丙烯主要用于制取聚丙烯、丙烯腈、环氧丙烷、异丙酮和异丙苯等产品（图3－6）。

丙烯的主要来源有两个，一是由炼油厂裂化装置的炼厂气回收；二是在石油烃裂解制乙烯时联产所得。近年来，由于裂解装置建设较快，丙烯产量相应提高较快。

四、丁二烯

丁二烯通常指1，3－丁二烯及其同分异构体1，2－丁二烯，至今尚未发现工业用途。丁二烯在常温常压下为无色而略带大蒜味的气体，微溶于水和醇，易溶于苯、甲苯、乙醚、氯仿、无水乙腈、二甲基甲酰胺、糠醛、二甲基亚砜等有机溶剂。丁二烯是一种非常活泼的

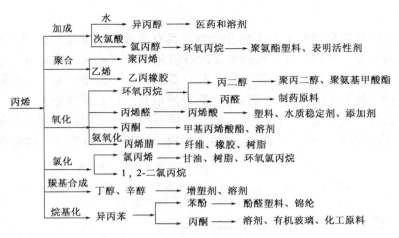

图 3-6 丙烯系列产品及用途

化合物,易挥发,易燃烧,与氧气接触易形成具有爆炸性的过氧化合物及聚合物。丁二烯分子具有共轭双键,易发生加成反应、聚合反应。

1863 年卡文托(E. Cawenton)首次从杂醇油热分解生成物中发现丁二烯;1866 年白塞罗(M. Berthelot)用乙炔和乙烯的加成反应,第一次在实验室成功制备出丁二烯,从此之后研发出各种制造丁二烯的方法。丁二烯的路线和生产方法经历了多次变革性改进。

丁二烯的最大用途是生产各种合成橡胶。聚丁二烯橡胶(简称 BR)是仅次于丁苯橡胶的世界第二大通用合成橡胶,具有弹性好、耐磨性强、耐低温性能好、抗龟裂性以及动态性能好等优点,可与天然橡胶、氯丁橡胶以及丁腈橡胶等并用,在轮胎、抗冲击改性、胶带、胶管以及胶鞋等橡胶制品的生产中具有广泛的应用。此外,丁二烯在合成树脂、合成纤维以及精细化工产品的合成方面也具有广泛的用途与较高的价值。

(1)丁腈橡胶:由丙烯腈与丁二烯乳液聚合得到的产品,通常按丙烯腈含量(一般15%~50%)来划分丁腈橡胶的品种。因为丁腈橡胶具有耐油性和耐老化性能,可用来制造油箱、耐油胶管、垫圈等工业产品。此外,将丁腈橡胶加入聚氯乙烯以及 ABS(丙烯腈—丁二烯—苯乙烯共聚物)树脂中,可以对其改性,达到不同客户的需求。

(2)丁苯橡胶:丁二烯与苯乙烯乳液聚合得到的橡胶或胶乳。丁苯橡胶是目前能够替代天然橡胶的合成橡胶中产量最大的一种通用橡胶,主要用来制造汽车轮胎(图 3-7)。

(3)聚丁二烯橡胶:又称顺丁橡胶(结构单体是顺式-1,4-丁二烯),经溶液聚合法

图 3-7 用丁苯橡胶制造的汽车轮胎

生产得到。聚丁二烯橡胶具有弹性大、耐磨性优良、耐老化性强和发热量小等优越性能,广泛被用于汽车轮胎制造。我国从 20 世纪 60 年代开始自行研发顺丁橡胶技术,经过多年的技术改进,产品质量达到了世界先进水平。

除此之外,随着塑料工业的迅猛发展,利用丁二烯、丙烯腈和苯乙烯三元共聚制得的 ABS 树脂,具有耐冲击、耐热、耐油、耐化学药品性、易于加工等优越性能,因而得到广泛应用。利用甲基丙烯酸甲酯代替丙烯腈,进行

改性可以得到 MBS（甲基丙烯酸甲酯—丁二烯—苯乙烯共聚物）树脂。丁二烯在不同条件下与苯乙烯聚合可以生产 BS（丁二烯—苯乙烯共聚物）和 SBS（苯乙烯—丁二烯—苯乙烯共聚物）等产品。

五、苯

苯是一种碳氢化合物，是最简单的芳烃。它难溶于水，易溶于有机溶剂，本身也可作为有机溶剂。苯是一种石油化工基本原料，其产量和生产技术水平是一个国家石油化工发展水平的标志之一。

1. 苯的发现

苯是 1825 年由英国科学家法拉第（Michael Faraday）首先发现的。19 世纪初，英国和其他欧洲国家一样，城市的照明已普遍使用煤气。从生产煤气的原料中制备出煤气之后，剩下一种油状的液体却长期无人问津。法拉第是第一位对这种油状液体感兴趣的科学家。他用蒸馏的方法将这种油状液体进行了分离，得到另一种液体，当时法拉第将这种液体称为"氢的重碳化合物"，后来命名为苯。

1834 年，德国科学家米希尔里希（E. E. Mitscherlich）通过蒸馏苯甲酸和石灰的混合物，得到了与法拉第所制液体相同的一种液体，并命名为苯。有机化学领域的分子概念和原子价概念建立之后，法国化学家日拉尔（C. F. Gerhard）等人又确定了苯的相对分子质量为 78，分子式为 C_6H_6。

苯分子中碳的相对含量如此之高，使化学家们感到惊讶。如何确定它的结构式呢？化学家们为难了：碳氢比值如此之大，表明苯是高度不饱和的化合物，但它又不具有典型的不饱和化合物应具有的易发生加成反应的性质。

图 3-8 凯库勒

奥地利化学家约瑟夫·洛希米特在 1861 年出版的《化学研究》一书中画出了 121 个苯及其他芳香化合物的环状化学结构。德国化学家凯库勒（F. Kekule）（图 3-8）也看过这本书，在 1862 年 1 月 4 日给其学生的信中提到洛希米特关于分子结构的描述，不过，洛希米特把苯环画成了圆形。

凯库勒是一位极富想象力的学者，他曾提出了"碳四价和碳原子之间可以连接成链"这一学说。对苯的结构，他在分析了大量的实验事实之后，认为这是一个很稳定的"核"，6 个碳原子之间的结合非常牢固，而且排列十分紧凑，它可以与其他碳原子相连形成芳香族化合物。于是，凯库勒集中精力研究这 6 个碳原子的"核"。提出了多种开链式结构但又因其与实验结果不符而一一否定了，1865 年他终于悟出了"闭合链"的形式，这是解决苯分子结构的关键。

关于凯库勒悟出苯分子的环状结构的经过，一直是化学史上的一个趣闻。1890 年，在柏林市政大厅举行的庆祝凯库勒发现苯环结构 25 周年的大会上，他自己说是来自一个梦。那是他在比利时的根特大学任教，一天夜晚，他在书房中打起了瞌睡，眼前又出现了旋转的碳原子。碳原子的长链像蛇一样盘绕卷曲，忽见一蛇抓住了自己的尾巴，并旋转不停。他像触电般地猛醒过来，开始整理苯环结构的假说，忙了一夜。对此，凯库勒说："我们应该会做梦！……那么我们就可以发现真理，……但不要在清醒的理智检验之前，就宣布我们的梦。"应该指出的是，凯库勒能够从梦中得到启发，成功地提出重要的结构学说，并不是偶然的。

但美国南伊利诺大学化学教授约翰·沃提兹对凯库勒的发现提出了异议。早在1854年，法国化学家奥古斯特·劳伦在《化学方法》一书中已将苯的分子结构画成六角形环状结构。沃提兹还在凯库勒的档案中找到了他在1854年7月4日写给德国出版商的一封信，在信中他提出由他把劳伦的这本书从法文翻译成德文，这就表明凯库勒读过而且熟悉劳伦的这本书。但是凯库勒在论文没有提及劳伦对苯环结构的研究，只提到劳伦的其他工作。

奥古斯特·劳伦如何在《化学方法》一书中描述苯的结构，描述到了什么程度？凯库勒又如何读到了这本书？以一个怎样的方式读了这本书？读了多少关于苯结构的信息？或许，今天的我们永远也找不到答案了，而这，正是科技发展过程中的深邃之处。

2. 苯的应用

苯在化学工业上的用途有：（1）通过苯乙烯中间体来生产聚苯乙烯塑料和合成橡胶等；（2）通过环己烷中间体进一步加工得到尼龙；（3）通过生产异丙苯制备苯酚和丙酮。上述三种用途在苯的原料使用中占到80%~90%。当然，苯的其他化工用途也很多（图3-9）。

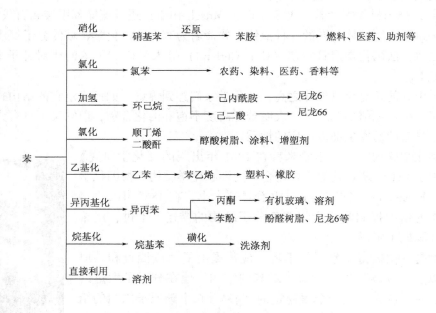

图3-9　苯的其他化工用途

六、甲苯

甲苯是芳香族化合物的重要成员，石油化工基本原料之一，相对分子质量为92.14，是一种无色液体，具有与苯相似的芳香味。1835年，Pelletier和Walter在研究天然妥卢香脂的热降解产品时首先发现了甲苯这种物质，妥卢香脂是在南美哥伦比亚的小城妥卢（Tolu）生产的，由此得名甲苯（Toluene）。第一次世界大战前，甲苯主要来源于煤焦化副产的煤焦油。在第二次世界大战开始时，美国出现了生产高辛烷值汽油的催化重整工艺，战时正好满足了生产TNT炸药的需要。重整技术不仅生产出了甲苯，而且也生产出了苯和二甲苯。

甲苯的化学性质与苯相类似，由于甲基存在，增加了反应性能。

甲苯大量用作溶剂和高辛烷值汽油添加剂，也是有机化工的重要原料，但与同时从煤和石油得到的苯和二甲苯相比，其产量相对过剩，因此相当数量的甲苯用于脱烷基制苯或歧化制二甲苯。由甲苯衍生的一系列中间体，广泛用于生产染料、医药、农药、火炸药等和香料等精细化学品，也用于合成材料工业。甲苯进行侧链氯化得到的一氯苄、二氯苄和三氯苄，包括它们的衍生物苯甲醇、苯甲醛和苯甲酰氯（一般也从苯甲酸光气化得到），在医药、农药、染料，特别是香料合成中应用广泛。甲苯的环氯化产物是农药、医药和染料的中间体。甲苯氧化得到苯甲酸，是重要的食品防腐剂（主要使用其钠盐），也用作有机合成的中间体。甲苯及苯衍生物经磺化制得的中间体，包括对甲苯磺酸及其钠盐、CLT酸、甲苯－2，4－二磺酸、苯甲醛－2，4－二磺酸及甲苯磺酰氯等，用于洗涤剂添加剂、化肥防结块添加剂、有机颜料、医药和染料的生产。甲苯硝化制得大量的中间体，可衍生得到很多最终产品，其中以聚氨酯制品、染料和有机颜料、橡胶助剂、医药及炸药等最为重要。

七、二甲苯

二甲苯为无色透明液体，是苯环上两个氢被甲基取代的产物，有邻、间、对三种异构体。在工业上，二甲苯指上述异构体的混合物。邻二甲苯是目前苯酐生产的主要原料；由于对二甲苯是生产聚酯纤维工程塑料不可缺少的原料，需求量最大；间二甲苯，至今未能找到理想的化工用途。为了解决二甲苯异构体的供需平衡，增产对二甲苯和邻二甲苯，最有效的方法是通过异构化反应，将间二甲苯转化为对和邻二甲苯。

1. 生产方法

（1）根据焦化装置粗苯物料各组分的沸点不同，用精馏的方法提取沸程135～145℃的馏分，得二甲苯。

（2）铂重整法：用常压蒸馏得到的轻汽油（初馏点约138℃），截取大于65℃的馏分，先经含钼催化剂，催化加氢脱出有害杂质，再经铂催化剂进行重整，用二乙二醇醚溶剂萃取，然后再逐塔精馏，得到苯、甲苯、二甲苯等产物。

（3）甲苯歧化法：在催化剂作用下，一个甲苯分子中的甲基转移到另一个甲苯分子上而生成一个苯分子和一个二甲苯分子。另外，一个甲苯与一个三甲苯也可发生歧化反应（亦称烷基转移反应）生成两个二甲苯分子。工业上用这个方法增产用途广泛的苯和二甲苯。

（4）将石油轻馏分混合苯经过加氢精制、催化重整、分离而得二甲苯。

2. 应用

二甲苯广泛用于涂料、树脂、染料、油墨等行业作溶剂；也用于医药、炸药、农药等行业作合成单体或溶剂；还可作为高辛烷值汽油组分，是有机化工的重要原料。

对二甲苯主要用于生产对苯二甲酸，进而生产对苯二甲酸乙二醇酯（PET）、丁二醇酯等聚酯树脂。PET作为原料其制品应用广泛，在我们日常生活中也随处可见（图3－10）。聚酯树脂是生产涤纶纤维、聚酯薄片及聚酯中空容器的原料。涤纶纤维是我国当下第一大合成纤维。对二甲苯也用于涂料、染料和农药等的生产。

PET原料

用于纺织衣物的PET纤维

用PET制备的饮水瓶

图 3 – 10　PET 原料及日常生活中的 PET 产品

第二节　合成气化工

合成气是由含碳矿物质如煤、石油、天然气以及焦炉煤气、炼厂气、污泥和生物质等转化而得，以氢气、一氧化碳为主要组分，可进一步用于化学合成。生物质和污泥在热解或者气化时也会产生大量的合成气。按合成气的不同来源、组成和用途，它们也可称为煤气、合成氨原料气、甲醇合成气等。

制造合成气因原料不同其氢碳摩尔比要求不同，对煤来说，约为 1:1；对石脑油来说，约为 2.4:1；而对天然气，最高为 4:1。由这些原料所制得的合成气产品，其组成和比例也各不相同，通常不能直接满足下游产品生产的需要。例如，作为合成氨的原料气，要求 $n_H/n_{N_2}=3$；生产甲醇的合成气要求 $n_{H_2}/n_{CO}\approx2$；用羰基合成法生产醇类产品时，则要求 $n_{H_2}/n_{CO}\approx1$；生产甲酸、草酸、醋酸和光气等则仅需要一氧化碳。为此，在制得合成气后，尚需调整其组成。调整的主要方法是利用水煤气反应（变换反应）：$CO + H_2O \rightleftharpoons CO_2 + H_2$，以降低一氧化碳含量，提高氢气含量。

合成气的原料范围极广，生产方法甚多，用途不一，组成（体积分数）有很大差别：H_2 占 32% ~ 67%、CO 占 10% ~ 57%、CO_2 占 2% ~ 28%、CH_4 占 0.1% ~ 14%、N_2 占 0.6% ~ 23%。图 3 – 11 为天然气、石油和煤作原料生产合成气及其下游产品的生产。

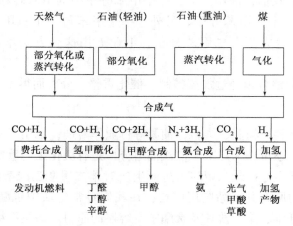

图 3 – 11　合成气的制取和利用

一、历史沿革

早在 1913 年人们已开始用合成气生产氨，现在，氨已成为大吨位的化工产品之一。从合成气生产的甲醇，也是一个重要的大吨位有机化工产品。第二次世界大战期间，德国和日本曾建立了十多座以煤为原料用费托合成法由合成气生产液体燃料的工厂。

1945 年，德国鲁尔化学公司采用羰基合成（即氢甲酰化）法成功地开发了生产高级脂肪醛和醇的工艺路线，此项技术发展很快。20 世纪 60 年代，在传统费托合成法的基础上，南非开发了 Sasol 工艺，生产液体燃料并联产乙烯等化工产品，以适应当地的特殊情况。

1960 年，甲醇羰基化生产醋酸工艺在联邦德国巴登苯胺纯碱公司实现工业化；1970 年，美国孟山都公司对此法作了重大改进，使之成为生产醋酸的主要方法，进而带动了有关领域的许多研究；20 世纪 70 年代因石油价格上涨，又提出了碳一化学的概念。对合成气应用的研究，也引起了各国极大的重视。

二、生产方法

第二次世界大战前，合成气主要是以煤为原料来生产的；战后，则主要采用含氢更高的液态烃（石油加工馏分）或气态烃（天然气）作原料；20 世纪 70 年代以来，煤气化法又受到重视，新技术及各种新的大型装置相继出现，显示出煤在合成气原料中的重要性。但目前主要还是以烃类为原料生产合成气，所用的方法主要有蒸汽转化和部分氧化两种。

1. 蒸汽转化

此法以天然气或轻质油为原料，与水蒸气反应制取合成气。1915 年，A. 米塔斯和 C. 施奈德用蒸汽和以甲烷为主的天然气，在镍催化剂上反应获得了氢。1928 年，美国标准石油公司首先设计了一台小型蒸汽转化炉生产出氢气。第二次世界大战期间，开始用此法生产合成氨原料气。

1）天然气蒸汽转化

天然气蒸汽转化过程的主要反应为：

$$CH_4 + H_2O \rightleftharpoons CO + 3H_2$$

主要工艺参数是温度、压力和水蒸气配比。由于此反应是较强的吸热反应，故提高温度可使平衡常数增大，反应趋于完全。压力升高会降低平衡转化率，但由于天然气本身带压，合成气在后处理及合成反应中也需要一定压力，在转化以前将天然气加压又比转化后加压经济上有利，因此普遍采用加压操作。同时增加水蒸气用量可以提高甲烷转化率，高水蒸气用量也可防止催化剂积炭。

除上述主要反应外，还有下列反应发生：

$$C_nH_{2n+2} + (n-1)H_2 \longrightarrow nCH_4$$
$$CO + H_2O \rightleftharpoons CO_2 + H_2$$

这两个反应均为放热反应。

在温度 800 ~ 820℃、压力 2.5 ~ 3.5MPa、$n_{H_2O}/n_C = 3.5$ 时，转化气组成（体积分数）是：CH_4 为 10%、CO 为 10%、CO_2 为 10%、H_2 为 69%、N_2 为 1%。

为在工业上实现天然气蒸汽转化反应，可采用连续蒸汽转化和间歇蒸汽转化两种方法。

（1）连续蒸汽转化流程：现有合成气的主要生产方法。在天然气中配以 0.25% ~ 0.5% 的氢气，加热到 380 ~ 400℃时，进入装填有钴钼加氢催化剂和氧化锌脱硫剂的脱硫罐，脱除硫化氢及有机硫。原料气配入水蒸气后于 400℃下进入转化炉对流段，进一步预热到 500 ~ 520℃，然后自上而下进入装有镍催化剂的转化管，在管内继续被加热，进行转化反应，生成合成气。转化管置于转化炉中，由炉顶或侧壁所装的烧嘴燃烧天然气供热。转化管要承受高温和高压，因此需采用离心浇铸的含 25% 铬和 20% 镍的高合金不锈钢管。连续蒸汽转化法虽需采用这种昂贵的转化管，但总能耗较低，是技术经济上较优越的生产合成气的方法。

（2）间歇蒸汽转化流程：亦称蓄热式蒸汽转化，采用周期性间断加热来补充天然气转化过程所需的反应热。首先将一部分天然气作为燃料与过量空气在燃烧炉内进行完全氧化反应，产生高温烟气，再经蓄热炉进入转化炉的催化剂层，使催化剂吸收一部分热量。同时，烟气中的残余氧与催化剂中的金属镍发生氧化反应放出大量的热，进一步提高床层温度。烟气从转化炉底部出来时经回收热量后放空。然后是制气阶段，作为原料的天然气与水蒸气经蓄热炉预热后进入催化剂床层进行蒸汽转化反应。从催化剂床层出来的气体，同样经回收热量后，存入合成气气柜。间歇蒸汽转化法的缺点是常压操作，设备庞大，占地多，操作费用较高，但国际上还有用此法生产城市煤气的。

2）轻质油蒸汽转化

该法是 20 世纪 50 年代英国卜内门化学工业公司开发的，1959 年建成第一座工厂。此法主要反应为：

$$C_nH_{2n+2} + H_2O \longrightarrow nCO + (2n+1)H_2$$

该法碳氢摩尔比较高，更因其中除烷烃外，还有芳烃甚至少量烯烃，易生成炭而析出，因此必须采用抗析炭的催化剂。一般仍采用镍催化剂，而以氧化钾为助催化剂，氧化镁为载体。轻质油中含硫量一般较天然气中含硫量高，而此催化剂对硫又很敏感，因此在蒸汽转化前，需先严格脱硫，并同时加氢。由于裂化轻油脱硫比较困难，因此只有在缺少天然气供应的地区，才发展以轻油为原料生产合成气工艺。

2. 部分氧化

天然气或轻质油蒸汽转化的主要反应为强吸热反应，反应所需热量由反应管外燃烧天然气或其他燃料供给；而部分氧化则是把管内外反应合为一体，可不预脱硫，反应器结构材料比蒸汽转化法便宜。此外，部分氧化更主要的优点是不限原料，几乎从天然气到渣油的任何液态或气态烃都适用。

1）天然气部分氧化

天然气部分氧化指加入不足量的氧气，使部分甲烷燃烧为二氧化碳和水，该反应为强放热反应。在高温及水蒸气存在下，二氧化碳及水蒸气可与其他未燃烧甲烷发生吸热反应：

$$CH_4 + CO_2 \rightleftharpoons 2CO + 2H_2$$

$$CH_4 + H_2O \rightleftharpoons CO + 3H_2$$

所以主要产物为一氧化碳和氢气，而燃烧最终产物中二氧化碳不多。反应过程中为防止炭析出，需补加一定量的水蒸气，这样做同时也加强了水蒸气与甲烷的反应。

天然气部分氧化可以在催化剂的存在下进行，也可以不用催化剂。

（1）非催化部分氧化：天然气、氧气、水蒸气在 3.0MPa 或更高的压力下，进入衬有耐火材料的转化炉内进行部分燃烧，温度高达 1300 ~ 1400℃，出炉气体组成（体积百分数）约为：CO_2 为 5%、CO 为 42%、H_2 为 52%、CH_4 为 0.5%。反应器用自热绝热式。

（2）催化部分氧化：使用脱硫后的天然气与一定量的氧气或富氧空气以及水蒸气在镍催化剂下进行反应。当催化床层温度 900 ~ 1000℃、操作压力 3.0MPa 时，出转化炉气体组成（体积百分数）约为：CO_2 为 7.5%、CO 为 25.5%、H_2 为 66.5%、$CH_4 < 0.5\%$。反应器也采用自热绝热式，热效率较高。反应温度较非催化部分氧化低。

2）重油部分氧化

各种重油，包括常压渣油、减压渣油及石油深度加工所得燃料油，都是部分氧化中常用的原料，其代表性反应为：

$$C_mH_n + \left(m + \frac{n}{4}\right)O_2 \longrightarrow mCO_2 + \frac{n}{2}H_2O$$

$$C_mH_n + \left(\frac{m}{2} + \frac{n}{4}\right)O_2 \longrightarrow mCO + \frac{n}{2}H_2O$$

$$C_mH_n + \frac{m}{2}O_2 \longrightarrow mCO + \frac{n}{2}H_2$$

反应产物主要也是一氧化碳和氢气。反应条件为：温度 1200 ~ 1370℃，压力 3.2 ~ 8.37MPa，不用催化剂，每吨原料加入水蒸气 400 ~ 500kg。水蒸气起气化剂作用，同时可以缓冲炉温及抑制炭的生成。这种反应器的出口气体用水直接急冷。

该法的缺点是：（1）需要氧气或富氧空气，即需另设空气分离装置；（2）生成的气体比蒸汽转化法有更高的碳氢摩尔比；（3）使用重油部分氧化时有炭黑生成，这不但增加了消耗，还将影响合成气下一步处理和使用。重油部分氧化工艺框图如图 3 - 12 所示。

图 3 - 12　重油部分氧化工艺框图

三、合成气化学品

合成气是重要的工业原料，由合成气可以生产很多化工产品，如图 3 - 13 所示。

1. 氨及其产品

氨最主要的合成气化学品，是用合成气中的氢气和空气中的氮在催化剂作用下加压反应制得。

1）合成氨发现过程

德国化学家哈伯（F. Haber）从 1902 年开始研究由氮气和氢气直接合成氨，并于 1908 年申请专利，即循环法。1909 年改进了合成过程，氨的含量达到 6% 以上。这是工业普遍采用的直接合成法。

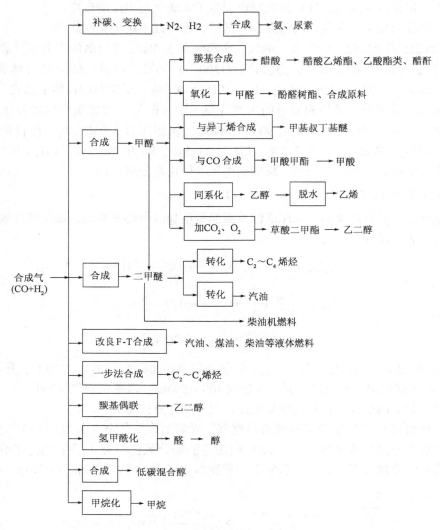

图 3 – 13　合成气的利用

2） 合成氨工业历程

虽然哈伯在实验室实现了氨的合成，但是，在高压、高温及催化剂存在的条件下，氮氢混合气每次通过反应器仅有一小部分转化为氨。为此，哈伯又提出将未参与反应的气体返回反应器的循环方法，这一工艺被德国巴登苯胺纯碱公司所接受和采用。由于催化剂用的金属锇稀少、价格昂贵，问题又转向寻找合适的催化剂上来。该公司在德国化学家 A. 米塔斯提议下，于 1912 年用 2500 种不同的催化剂进行了 6500 次试验，并终于研制成功含有钾、铝氧化物作助催化剂的价廉易得的铁催化剂。

在合成氨工业化过程中又碰到了一些难题，如高温下氢气对钢材的腐蚀、碳钢制的氨合成反应器寿命仅有 80h 等。可喜的是，这些问题都被该公司的工程师 C. 博施（C. Bosch）所解决。此时，德国国王威廉二世准备发动战争，急需大量炸药，而由氨制得的硝酸是生产炸药的理想原料，于是巴登苯胺纯碱公司于 1912 年在德国奥堡建成世界上第一座日产 30t 合成氨的装置，1913 年 9 月 9 日开始运转，氨产量很快达到了设计能力。人们称这种合成氨法为哈伯—博施法，它是工业上实现高压催化反应的第一个里程碑。

由于哈伯和博施的突出贡献，他们分别获得 1918 年度、1931 年度诺贝尔化学奖。其他国家根据他们发表的论文也进行了研究，并在哈伯—博施法的基础上作了一些改进，先后开发了合成压力从低压到高压的很多其他方法。除了哈伯和博施，2007 年，埃特尔（G. Ertl）因他在合成氨"固体表面化学过程"研究中作出了突出贡献，再获诺贝尔化学奖。三位合成氨诺贝尔化学奖获得者如图 3 – 14 所示。

(a)哈伯

(b)博施

(c)埃特尔

图 3 – 14　三位合成氨诺贝尔化学奖获得者

埃特尔对人工固氮技术的原理提供了详细的解释：首先是氮分子在铁催化剂金属表面上进行化学吸附，使氮原子间的化学键减弱进而解离；接着是化学吸附的氢原子不断地跟表面上解离的氮原子作用，在催化剂表面上逐步生成—NH—、—NH$_2$ 和 NH$_3$；最后氨分子在表面上脱吸而生成气态的氨。埃特尔还确定了原有方法中化学反应中最慢的步骤——N$_2$ 在金属表面的解离，这一突破有利于更有效地计算和控制人工固氮技术。

3）合成氨生产

（1）原料气制备：将煤和天然气等原料制成含氢气和氮气的粗原料气。对于固体原料煤和焦炭，通常采用气化的方法制取合成气；渣油可采用非催化部分氧化的方法获得合成气；对气态烃类和石脑油，工业中利用二段蒸汽转化法制取合成气。

（2）净化：对粗原料气进行净化处理，除去氢气和氮气以外的杂质。主要包括变换过程、脱硫脱碳过程以及气体精制过程。

（3）氨合成：将纯净的氢气、氮气混合气压缩到高压，在催化剂的作用下合成氨。氨的合成是提供液氨产品的工序，是整个合成氨生产过程的核心部分。氨合成反应在较高压力和催化剂存在的条件下进行，由于反应后气体中氨含量不高，一般只有 10% ~ 20%，故采用未反应氢氮气循环的流程。

合成氨的下游产品有尿素、各种铵盐（如氮肥和复合肥料）、硝酸、乌洛托品、三聚氰胺等，它们都是重要的化工原料，图 3 – 15 是合成氨厂区全景。

2. 甲醇及其产品

甲醇又名木醇或木精，无色，是略带醇香气味的挥发性液体。沸点为 64.7℃，能溶于水，在汽油中有较大的溶解度。有毒、易燃，其蒸气在空气中能形成爆炸性混合物。甲醇是由合成气生产的重要化学品之一。

图 3 – 15　合成氨厂区全景

1) 沿革

1661 年英国 R. 波义耳首先在木材干馏的液态产品中发现了甲醇,这是工业上获得甲醇最古老的方法。1857 年,法国 M. 贝特洛用一氯甲烷水解得到甲醇。

工业上合成甲醇始于 1923 年,德国巴登苯胺纯碱公司首先建成以合成气为原料、年生产 300t 甲醇的高压装置。至 60 年代中期,所有甲醇生产装置均采用高压法。1966 年英国卜内门化学工业公司研制成功铜系催化剂并开发了低压工艺,简称 ICI 低压法。1971 年,联邦德国鲁奇公司开发了另一种低压甲醇合成工艺。1973 年意大利一座氨和甲醇联合装置开工,标志着碳一化学的工业化开始。

2) 合成气生产甲醇工艺

ICI 低压法具有能耗低、生产成本低等优点,其工艺流程包含原料天然气脱硫、蒸汽转化、补碳及合成气压缩、甲醇合成和甲醇精制等主要工序。

(1) 天然气脱硫:当天然气中硫化物含量(通常 ≤200mg/m³)不能够满足要求时,需采用氧化锌脱硫剂进一步精脱。

(2) 蒸汽转化:蒸汽和天然气混合进入转化炉,他们之间发生的吸热反应在由外部供热的直立管子中进行,这些管子放置于内衬有耐火材料的转化炉中,并添加镍催化剂。转化反应器的出口温度为 850 ~ 890℃,出口压力为 1.5 ~ 2.0MPa,在此条件下,合成气中甲烷含量为 2.5% ~ 4.0%。反应所需的热量由转化炉内燃烧器焚烧燃料来提供。设计的燃烧器可燃烧天然气以及由天然气、甲醇合成弛放气和蒸汽部分产生的燃烧气组成的混合气体,所需空气的预热通过与转化炉烟气进行热交换完成。

(3) 补碳及合成气压缩:从甲醇生成的反应式来看,采用天然气作为原料,经过用蒸汽转化获得的合成气的碳含量不足。可用 CO_2 进行补碳,通常是在合成气加压之前脱除。

(4) 甲醇合成:ICI 低压法甲醇合成工艺流程如图 3 – 16 所示。混合气经热交换器预热,至 230 ~ 245℃进入合成塔,一小部分混合气作为合成塔冷激气,控制床层反应温度。含有甲醇的气体在 270℃下离开反应器,通过与原料气进行热交换被冷却到 175℃,并用锅炉进料水进一步冷却。合成反应生成的甲醇和水被冷凝下来,并冷却到 45℃,进入粗甲醇分离塔,在分离塔中粗甲醇从未冷凝气体中分离出来,未冷凝气体返回循环压缩机入口。该气体离开分离塔在进入循环压缩机之前,弛放部分气体以调节合成回路中的惰性气体含量。分出的液体产物为粗甲醇,将压力降至 350kPa 后进入闪蒸槽,分出低沸点物质后送入粗甲醇储罐。由粗甲醇储罐来的粗甲醇,首先送入轻馏分塔,将其中的低沸点杂质(二甲醚胺类、醛酮及不易溶解的一氧化碳、二氧化碳、甲烷、氢等)由塔顶分出。塔釜物质送入精馏塔,由塔顶分出精甲醇,塔釜为废水与高级醇。

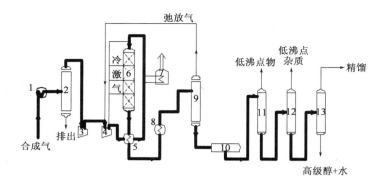

图 3 - 16　ICI 低压法甲醇合成工艺流程图

1、5、8—热交换器；2—分离器；3、4—压缩机；6—合成塔；7—加热炉；9—粗甲醇分离塔；
10—粗甲醇储罐；11—闪蒸塔；12—轻馏分塔；13—精馏塔

（5）甲醇精制：除水外，在反应生成甲醇的同时也生成了许多微量有机杂质，如乙醇及高碳醇、各种酮、脂肪酸甲基酯、低相对分子质量直链烷烃、苯、二甲醚及其他化合物等几十种，并和甲醇一起被冷凝下来，它们需要通过蒸馏进行分离脱除。

甲醇是合成气化学品中第二大产品，是一氧化碳和氢气在催化剂作用下反应制得的，其用途和加工产品十分广泛。甲醇羰基化制得醋酸，是生产醋酸的主要方法；甲醇经氧化脱氢可得甲醛，进一步可制得乌洛托品，后两者都是高分子化工的重要原料。由醋酸甲酯羰基化生产醋酐，被认为是当前生产醋酐最经济的方法，1983 年，美国田纳西伊斯曼公司建立了一个年产醋酐 226.8×10^3 t 的工厂。此外，正在开发的尚有通过二醋酸乙二醇酯制醋酸乙烯，由甲醇生产低碳烯烃，由甲醇同系化生产乙醇，由甲醇通过草酸酯合成乙二醇等工艺。

第三节　高分子化工

高分子化工产品，就是以烃类热裂解得到的乙烯、丙烯、丁二烯以及苯、甲苯、二甲苯等为原料，经共聚、缩聚等化学反应得到高分子化合物（简称高分子）及以高分子为基础的复合或共混材料。把生产高分子化工产品的装置或生产单元称为高分子化工。

高分子化工产品按材料和产品用途分类，可分为塑料、合成橡胶、化学纤维，也包括涂料和胶黏剂等。由于原料来源丰富、制造方便、加工简单、品种多样，并具有较天然产物或其他材料更为卓越的性能，高分子化工已成为国民经济中不可缺少的新兴的材料化学工业。

一、概述

1. 沿革

高分子化工的发展主要经历了四个阶段：（1）对天然高分子的利用和加工；（2）对天然高分子的改性；（3）以煤化工为基础生产基本有机原料（通过煤焦油和电石乙炔）；（4）以大规模的石油化工为基础生产烯烃和双烯烃为原料来合成高分子。早在公元前人们就已经开始应用木材、棉麻、羊毛、蚕丝、淀粉等天然高分子化合物。硫化天然橡胶、赛璐珞（一种由硝酸纤维素进一步加工的合成树脂）的生产迄今已有 100 余年之久，但有关高分子的含义、链式结构、相对分子质量和形成高分子化合物的缩合聚合、加成聚合反应等方面的基本概念，则要迟至 20 世纪 30 年代才被明确。

世界上最早的合成树脂——酚醛树脂由美国 L. H. 贝克兰于 1907 年研制成功。

20 世纪初期，出现了甲基橡胶（聚 2，3 - 二甲基丁二烯）、聚异戊二烯和丁钠橡胶；30 年代末，实现了第一个合成纤维——尼龙 66 的工业化。从此，高分子合成工业蓬勃发展，为工农业生产、尖端技术以及人们的衣食住行等，不断地提供许多不可缺少的、日新月异的新产品和材料。

2. 成型加工

高分子化工是新兴的合成材料工业。与高分子产品的合成相比，高分子产品的加工制造比较分散，但制品种类繁多，花色品种不胜枚举。因为多数聚合物需要经过成型加工的过程才能成为制品，有些在加工时，尚需加入各种助剂或填料。

热塑性树脂的加工成型方法有挤出、注射、压延、吹塑和热成型等；热固性树脂的加工一般采用模压或传递模塑，也用注射成型。将橡胶制成橡胶制品需要经过塑炼、混炼、压延或挤出成型和硫化等基本工序。化学纤维的纺丝包括纺丝熔体或溶液的制备、纤维成形和卷绕、后处理、初生纤维的拉伸和热定型等。

3. 产品分类

高分子化工产品分类主要有按主链元素结构分类、按形成高分子的反应历程分类等。

按主链元素结构可分为碳链、杂链和元素高分子。碳链高分子是指主链全由碳原子构成；杂链高分子是指主链除碳原子外尚有氧、氮、硫等；元素高分子是指主链主要由硅、氮、氧、硼、铝、硫、磷等元素构成。

按形成高分子的反应历程可分为加聚物和缩聚物。加聚物由低分子化合物通过连锁加成聚合生成高分子；缩聚物由两个或两个以上反应官能团的低分子化合物相互缩合聚合生成高分子。

按功能可分为通用高分子和特种高分子。通用高分子是产量大、应用面广的高分子，主要有聚乙烯、聚丙烯、聚氯乙烯和聚苯乙烯、涤纶、锦纶、腈纶、维纶和丁苯橡胶、顺丁橡胶、异戊橡胶和乙丙橡胶；特种高分子包括工程塑料（能耐高温和在较为苛刻的环境中作为结构材料使用的塑料，如聚碳酸酯、聚甲醛、聚砜、聚芳醚、聚芳酰胺、聚酰亚胺、有机硅树脂和氟树脂等）、功能高分子（具有光、电、磁等物理功能的高分子材料）、高分子试剂、高分子催化剂、仿生高分子、医用高分子和高分子药物等。

4. 发展趋势

高分子化工的原料，在今后相当长的时期内，仍将以石油为主。过去对高分子的研究，着重于全新品种的发掘、单体的新合成路线和新聚合技术的探索；目前，则以节能为目标，采用高效催化剂开发新工艺，同时从生产过程中工程因素考虑，围绕生产工艺的强化（装置的大型化，工序的高速化、连续化）、产品的薄型化和轻型化以及对成型加工技术的革新等方面进行。值得注意的是，利用现有原料单体或聚合物，通过复合或共混，可以制取一系列具有不同特点的高性能产品。近年来，从事这一方面的开发研究日益增多，新的复合或共混产品不断涌现。军事技术、电子信息技术、医疗卫生以及国民经济各个领域迫切需要具有高功能、新功能的材料。在功能高分子材料方面，特别是在高分子分离膜、感光高分子材料、光导纤维、变色高分子材料（光致变色、电致变色、热致变色等）、高分子液晶、超电导高分子材料、光电导高分子材料、压电高分子材料、热电高分子材料、高分子磁体、医用高分子材料、高分子医药以及仿生高分子材料等方面的应用和研究工作十分活跃。

二、合成塑料

塑料是合成树脂中的一种，形状跟天然树脂中的松树脂相似，经过化学手段进行人工合成，而被称之为塑料。

塑料的主要成分是树脂。树脂这一名词最初是由动植物分泌出的脂质而得名，如松香、虫胶等，是指尚未和各种添加剂混合的高分子化合物。树脂占塑料总重量的40%～100%。塑料的基本性能主要决定于树脂的本性，但添加剂也起着重要作用。有些塑料基本上是由合成树脂所组成，不含或少含添加剂，如有机玻璃、聚苯乙烯等。常用塑料及用途见表3-1。

表3-1 常用塑料及用途

中 文 学 名	简　　　称	回 收 标 识	用　　　途
聚丙烯	PP	5	微波炉餐盒
高密度聚乙烯	HDPE	2	清洁用品、沐浴产品
低密度聚乙烯	LDPE	4	保鲜膜、塑料膜等
聚氯乙烯	PVC	3	很少用于食品包装
聚对苯二甲酸乙二醇酯	PET	1	矿泉水瓶、碳酸饮料瓶
聚碳酸树脂	PC	7	水壶、水杯、奶瓶
聚苯乙烯	PS	6	碗装泡面盒、快餐盒

塑料是重要的有机合成高分子材料，应用非常广泛，但是废弃塑料带来的"白色污染"也越来越严重。如果我们能详细了解塑料的组成及分类回收标志（图3-17），不仅能帮助我们科学地使用塑料制品，也有利于塑料的分类回收，并有效控制和减少"白色污染"。

图3-17 塑料分类回收标志

1. 塑料工业发展之源

从第一个塑料产品赛璐珞的诞生算起，塑料工业截止到2018年已经走过了172个年头。在这一百多年里，塑料在推动社会发展的同时，也为我们的生活提供了诸多便利，但同时也带来了环境污染等负面问题的思考。

赛璐珞是塑料之源，是英文"celluloid"的音译，它有两个意思，一是假象牙；二是电影胶片。你也许会奇怪，赛璐珞和这两种东西有什么关系？19世纪的美国，有钱阶层非常盛行台球活动，但那时的台球是用象牙做的，显得很高雅也很高贵，由于价格太高，台球老板悬赏一万美元寻找这种替代材料。

1868年，在美国的阿尔邦尼有一位叫J. W. 海厄特的人，他本是一位印刷工人，但对台球感兴趣，于是他决定寻找出一种代替象牙制作台球的材料。他夜以继日地冥思苦想。开始他在木屑里加上天然树脂虫胶，使木屑结成块并搓成球，样子极像象牙台球，但一碰就碎。以后又不知试了多少东西，但都没有找到一种又硬又不易碎的材料。

功夫不负有心人。一天，他发现做火药的原料硝化纤维在酒精中溶解后，再将其涂在物体上，干燥后能形成透明而结实的膜。他就想把这种膜凝结起来做成球，但在试验时一次又一次地失败了。海厄特是个不屈不挠的人，仍然一如既往地进行探索，终于在1869年发现，当在硝化纤维中加入樟脑时，硝化纤维竟变成了一种柔韧性相当好的又硬又不脆的材料，且在热压下又可成为各种形状的制品，当真可以用来做台球。他将它命名为"赛璐珞"。据说，台球老板赖账，没有给海厄特那一万美元奖金。

历史又开始迷离扑朔起来，还有一个关于海厄特发现赛璐珞的故事。海厄特在印染厂上班时，手被划伤了，就随手用棉花包了下，下班时发现包手的棉花形成了一层膜。这个偶然的现象激起了他的兴趣，最后赢得了台球老板的那一万美元的奖金。

图 3 - 18　塑料的奠基人——
J. W. 海厄特

有人说海厄特不算是化学家，也有人说是。不管是与不是，但有一点可以肯定的，他是塑料的奠基人（图 3 - 18）。

1872年，海厄特在美国纽瓦克建立了一个生产赛璐珞的工厂，除用来生产台球外，还用来做马车和汽车的风挡及电影胶片，从此开创了塑料工业的先河。1877年，英国也开始用赛璐珞生产假象牙和台球等塑料制品。后来海厄特又用赛璐珞制造箱子、纽扣、直尺、乒乓球和眼镜架。从此，各种不同类型的塑料层出不穷，已经工业化的塑料就有300多种，常用的有60多种，至于用这些塑料生产出的形形色色的产品，那就数不胜数了，遍及国民经济的所有部门。

2. 塑料的分类

塑料分类方法有很多，常用的主要有三种分类，即按用途、理化性能和加工方法分类。

1）按用途分类

根据各种塑料不同的使用特性，通常将塑料分为通用塑料、工程塑料和特种塑料三类型。

（1）通用塑料。

通用塑料一般是指产量大、用途广、成型性好、价格便宜的塑料。通用塑料有五大种类，即聚乙烯（PE）、聚丙烯（PP）、聚氯乙烯（PVC）、聚苯乙烯（PS）及丙烯腈—丁二烯—苯乙烯共聚合物（ABS）。这五大类塑料主要应用在工程产业、国防科技等高端的领域，如汽车、航天、建筑、通信等领域。

①聚乙烯：常用聚乙烯可分为低密度聚乙烯（LDPE）、高密度聚乙烯（HDPE）和线性低密度聚乙烯（LLDPE）。三者当中，HDPE有较好的热性能、电性能和机械性能，而LDPE和LLDPE有较好的柔韧性、冲击性能、成膜性等。LDPE和LLDPE主要用于包装用薄膜、农用薄膜等，相比之下HDPE的用途比较广泛，涉及薄膜、管材、注射日用品等多个领域。

②聚丙烯：相对来说，聚丙烯的种类更多，用途也比较复杂，领域繁多，种类主要有均聚聚丙烯（HOMOPP）、共聚聚丙烯（COPP）和无规聚丙烯（RAPP）。根据用途的不同，

均聚聚丙烯主要用在拉丝、纤维、注射、BOPP膜等领域，共聚聚丙烯主要应用于家用电器注射件、日用注射产品、管材等，无规聚丙烯主要用于透明制品、高性能产品、高性能管材等。

③聚氯乙烯：由于其成本低廉，产品具有自阻燃的特性，故在建筑领域里用途广泛，尤其是下水道管材、塑钢门窗、板材、人造皮革等。

④聚苯乙烯：作为一种透明的原材料，在有透明需求的情况下，用途广泛，如汽车灯罩、日用透明件、透明杯、罐等。

⑤ABS：一种用途广泛的工程塑料，具有杰出的物理机械和热性能，广泛应用于家用电器、面板、面罩、组合件、配件等，尤其是家用电器，如洗衣机、空调、冰箱、电扇等，用量十分庞大。

（2）工程塑料。

工程塑料一般指能承受一定外力作用，具有良好的机械性能和耐高、低温性能，尺寸稳定性较好，可以用作工程结构的塑料，如聚酰胺、聚砜等。在工程塑料中又将其分为通用工程塑料和特种工程塑料两大类。工程塑料在机械性能、耐久性、耐腐蚀性、耐热性等方面能达到更高的要求，而且加工更方便并可替代金属材料。工程塑料被广泛应用于电子电气、汽车、建筑、办公设备、机械、航空航天等行业，以塑代钢、以塑代木已成为国际流行趋势。

①通用工程塑料：包括聚酰胺、聚甲醛、聚碳酸酯、改性聚苯醚、热塑性聚酯、超高分子量聚乙烯、甲基戊烯聚合物、乙烯醇共聚物等。

②特种工程塑料：又有交联型和非交联型之分。交联型的有聚氨基双马来酰胺、聚三嗪、交联聚酰亚胺、耐热环氧树脂等；非交联型的有聚砜、聚醚砜、聚苯硫醚、聚酰亚胺、聚醚醚酮（PEEK）等。

（3）特种塑料。

特种塑料一般是指具有特种功能，可用于航空、航天等特殊应用领域的塑料。增强塑料和泡沫塑料具有高强度、高缓冲性等特殊性能，都属于特种塑料的范畴。

①增强塑料：在外形上可分为粒状（如钙塑增强塑料）、纤维状（如玻璃纤维或玻璃布增强塑料）、片状（如云母增强塑料）三种。按材质可分为布基增强塑料（如碎布增强或石棉增强塑料）、无机矿物填充塑料（如石英或云母填充塑料）、纤维增强塑料（如碳纤维增强塑料）三种。

②泡沫塑料：可以分为硬质、半硬质和软质泡沫塑料三种。硬质泡沫塑料没有柔韧性，压缩硬度很大，只有达到一定应力值才产生变形，应力解除后不能恢复原状；软质泡沫塑料富有柔韧性，压缩硬度很小，很容易变形，应力解除后能恢复原状，残余变形较小；半硬质泡沫塑料的柔韧性和其他性能介于硬质与软质泡沫塑料之间。

2）按理化性能分类

根据各种塑料不同的理化性能，可以把塑料分为热固性塑料和热塑性塑料两种类型。

（1）热塑性塑料。

热塑性塑料是指加热后会熔化，可流动至模具，冷却后成型，再加热后又会熔化的塑料，能够运用加热及冷却，使其在固态和液态之间发生可逆变化。通用的热塑性塑料其连续的使用温度在100℃以下，聚乙烯、聚氯乙烯、聚丙烯、聚苯乙烯并称为四大通用塑料。热塑性塑料具有优良的电绝缘性，特别是聚四氟乙烯（PTFE）、聚苯乙烯（PS）、聚乙烯（PE）、聚丙烯（PP）都具有极低的介电常数和介质损耗，宜于作高频和高电压绝缘材料。

热塑性塑料易于成型加工，但耐热性较低，易于蠕变，其蠕变程度随承受负荷、环境温度、溶剂、湿度而变化。为了克服热塑性塑料的这些缺点，满足在空间技术、新能源开发等领域应用的需要，各国都在开发可熔融成型的耐热性树脂，如聚醚醚酮（PEEK）、聚醚砜（PES）、聚芳砜（PASU）、聚苯硫醚（PPS）等。

（2）热固性塑料。

热固性塑料是指在受热或其他条件下能固化或具有不溶（熔）特性的塑料，如酚醛塑料、环氧塑料等。热固性塑料又分甲醛交联型和其他交联型两种类型。加固性塑料热加工成型后形成具有不溶的固化物，其树脂分子由线型结构交联成网状结构。典型的热固性塑料有酚醛、环氧、氨基、不饱和聚酯、呋喃、聚硅醚等，还有较新的聚苯二甲酸二丙烯酯塑料等，它们具有耐热性高、受热不易变形等优点，缺点是机械强度不高，但可以通过添加填料、制成层压材料或模压材料来提高其机械强度。

以酚醛树脂为主要原料制成的热固性塑料，如酚醛模压塑料（俗称电木），具有坚固耐用、尺寸稳定、除强碱外抗其他化学物质作用等特点。可根据不同用途和需求，加入各种填料和添加剂。如要求高绝缘性能的品种，可采用云母或玻璃纤维为填料；如要求耐热的品种，可采用石棉或其他耐热填料；如要求抗震的品种，可采用适当的纤维或橡胶为填料及一些增韧剂以制成高韧性材料；此外还可以采用苯胺、环氧、聚氯乙烯、聚酰胺、聚乙烯醇缩醛等改性的酚醛树脂以满足不同用途的要求。用酚醛树脂还可以制成酚醛层压板，其特点是机械强度高，电性能良好，耐腐蚀，易于加工，广泛应用于低压电工设备。

以环氧树脂为主要原料制成的热固性塑料品种很多，其中以双酚 A 型环氧树脂为基材的约占 90%，它既具有优良的黏接性、电绝缘性、耐热性和化学稳定性，又具有低收缩率和吸水率，高机械强度等特点。

3）按加工方法分类

根据各种塑料不同的加工方法，可以分为膜压塑料、层压塑料、注射、挤出、吹塑、浇铸塑料和反应注射塑料等多种类型。

膜压塑料多为物性和加工性能与一般固性塑料相类似的塑料；层压塑料是指浸有树脂的纤维织物，经叠合、热压而结合成为整体的材料；注射、挤出和吹塑多为物性和加工性能与一般热塑性塑料相类似的塑料；浇铸塑料是指在无压或稍加压力的情况下，倾注于模具中能硬化成一定形状制品的液态树脂混合料，如 MC 尼龙等；反应注射塑料是用液态原材料，加压注入膜腔内，使其反应固化成一定形状制品的塑料，如聚氨酯等。

3. 塑料的新用途

塑料在我们的生活中已经无处不在了，各种塑料瓶、塑料盒、塑料盆、塑料桶、塑料袋等随处可见，但你知道吗，塑料还有一些你想不到的新用途。

（1）新型高热传导率生物塑料。日本电气公司新研发出以植物为原料的生物塑料，其热传导率与不锈钢不相上下。该公司在以玉米为原料的聚乳酸树脂中混入直径 0.01mm 的碳纤维和特殊的黏合剂，制得新型高热传导率生物塑料。如果混入 10% 的碳纤维，生物塑料的热传导率与不锈钢不相上下；加入 30% 的碳纤维时，生物塑料的热传导率为不锈钢的 2 倍，密度只有不锈钢的 1/5。这种生物塑料除导热性能好外，还具有质量轻、易成型、对环境污染小等优点，可用于生产轻薄型的电脑、手机等电子产品的外框。

（2）可变色塑料薄膜。英国南安普敦大学和德国达姆施塔特塑料研究所共同研发出一种可变色塑料薄膜。这种薄膜把天然光学效果和人造光学效果结合在一起，实际上是让物体精确改变颜色的一种新途径。这种可变色塑料薄膜为塑料蛋白石薄膜，是由在三维空间叠起来的塑料小球组成的，在塑料小球中间还包含微小的碳纳米粒子，从而使光不只是在塑料小球和周围物质之间的边缘区反射，而且也在这些填充于塑料小球之间的碳纳米粒子表面反射。这就大大加深了薄膜的颜色。只要控制塑料小球的体积，就能产生只散射某些光谱频率的光物质。

（3）塑料血液。英国谢菲尔德大学的研究人员开发出一种塑料血液（人造血），外形就像浓稠的糊糊，只要将其溶于水后就可以给病人输血，可作为急救过程中的血液替代品。该新型人造血由塑料分子构成，一块人造血中有数百万个塑料分子，这些分子的大小和形状都与血红蛋白分子类似，还可携带铁原子，像血红蛋白那样把氧输送到全身。由于制造原料是塑料，因此这种人造血轻便易带，不需要冷藏保存，使用有效期长，工作效率比真正的血还高，且造价较低。

（4）新型防弹塑料。墨西哥的一个科研小组 2013 年研制出一种新型防弹塑料，它可用来制作防弹玻璃和防弹服，质量只有传统材料的 1/5 ~ 1/7。这是一种经过特殊加工的塑料物质，与正常结构的塑料相比，具有超强的防弹性。试验表明，这种新型塑料可以抵御直径 22mm 的子弹。通常的防弹材料在被子弹击中后会出现受损变形，无法继续使用，这种新型材料受到子弹冲击后，虽然暂时也会变形，但很快就会恢复原状并可继续使用。此外，这种新材料可以将子弹的冲击力平均分配，从而减少对人体的伤害。

（5）可降低汽车噪声的塑料。美国聚合物集团公司（PGI）采用可再生的聚丙烯和聚对苯二甲酸乙二醇酯制造一种新型基础材料，应用于可模塑汽车零部件，可降低噪声。该种材料主要应用于车身和轮舱衬垫，产生一个屏障层，吸收汽车车厢内的声音并且减小噪声，减小幅度为 25% ~ 30%。PGI 公司开发了一种特殊的一步法生产工艺，将再生材料和没有经过处理的材料有机结合在一起，通过层叠法和针刺法使得两种材料成为一个整体。

三、合成橡胶

橡胶是制造飞机、军舰、挖掘机、汽车、收割机、拖拉机、水利排灌机械、医疗器械等所必需的材料。根据来源不同，橡胶可以分为天然橡胶和合成橡胶。

广义上将用化学方法合成制得的高弹性聚合物，称为合成橡胶（也称合成弹性体），以区别于从橡胶树生产的天然橡胶。在三大合成材料中合成橡胶的产量低于合成树脂（塑料）、合成纤维。合成橡胶的性能因单体不同而异，少数品种的性能与天然橡胶相似，大多数与天然橡胶不同。不论是天然橡胶还是合成橡胶，一般均需经过硫化和加工之后，才具有使用价值。合成橡胶从 20 世纪初开始生产，20 世纪 40 年代得到了迅速发展。合成橡胶一般在性能上不如天然橡胶全面，但它具有高弹性、绝缘性、气密性、耐油、耐高温或低温等性能，因而广泛应用于工农业、国防、交通及日常生活中。

1. 合成橡胶工业发展史

哥伦布在新大陆的航行中发现，南美洲土著人在玩一种有弹性的球，经了解知道这种神奇的球竟然是用硬化了的植物汁液做成的。这是个怎样的植物呢？它就是我们现在所说的橡胶树（图 3 - 19）。哥伦布及探险家们不仅把这个被视为珍品的弹性球带回了欧洲，还带回了一些橡胶树的种子。在哥伦布回到欧洲不久，人们就发现这种弹性球还能够擦掉铅笔的痕迹，因此给它起了一个我们今天最熟悉的名字——擦子（Rubber）。当然，从高分子学科和化学工业生产的角度讲，这种物质就是橡胶（Rubber）。

从哥伦布弹性球的故事可以看出，合成橡胶的思路源于人们对天然橡胶的剖析和仿制，那么，合成橡胶工业的诞生和发展就必然与单体种类以及催化剂和聚合方法紧密相关。

1）天然橡胶的剖析与仿制

1826 年，M. 法拉第首先对天然橡胶进行化学分析，确定了天然橡胶的分子式为 C_5H_8。

1839 年，美国人 C. 古德伊尔（Charles Goodyear，图 3-20）将橡胶与硫磺一起加热进行硫化，实现了橡胶分子链的交联，使橡胶具备了良好的弹性，橡胶才成为有使用价值的材料。

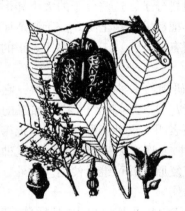

图 3-19　橡胶树❶　　　　　　图 3-20　美国橡胶硫化过程的发明者 C. 古德伊尔❷

为什么橡胶会有弹性呢？让我们分析一下橡胶的分子结构。天然橡胶分子的链节单体为异戊二烯。我们知道高分子中链与链之间的分子间力决定了其物理性质。在橡胶中，分子间的作用力很弱，这是因为链节异戊二烯不易再与其他链节相互作用。好比两个朋友想握手，但每个人手上都拿着很多东西，因此握手就很困难了。橡胶分子之间的作用力状况决定了橡胶的柔软性。橡胶的分子比较容易转动，也拥有充裕的运动空间，分子的排列呈现出一种不规则的随意的自然状态。在受到弯曲、拉长等外界影响时，分子被迫显出一定的规则性；当外界强制作用消除时，橡胶分子又回到原来的不规则状态。这就是橡胶有弹性的原因。由于分子间作用力弱，分子可以自由转动，分子链间缺乏足够的联结力，因此，分子之间会发生相互滑动，弹性也就表现不出来了。这种滑动会因分子间相互缠绕而减弱。可是，分子间的缠绕是不稳定的，随着温度的升高或时间的推移缠绕会逐渐松开，因此有必要使分子链间建立较强固的连接。这就是古德伊尔发明的硫化方法。

硫化过程一般在 140～150℃ 的温度下进行。当时古德伊尔的小火炉正好起了加热的作用。硫化的主要作用，简单地说，就是在分子链与分子链之间形成交联，从而使分子链间作用力增强，如图 3-21 所示。

---

❶　橡胶树，大戟科橡胶树属植物，原产于亚马孙森林。在橡胶的史前时期，只有南美的印第安人对其进行简单的开采和利用。南美印第安人称橡胶树为"会哭泣的树"，切开树皮，乳白色的胶汁就会缓缓流出。通常我们所说的天然橡胶，是指从橡胶树上采集的天然胶乳，经过凝固、干燥等工序而制成的弹性物。天然橡胶是一种以顺—1，4—聚异戊二烯为主要成分的天然高分子化合物。

❷　虽然古德伊尔的青年时代一直在其父的铁器店工作，从未上过正规技术学校，但古德伊尔最先打开了大规模开发和使用弹性高分子材料的大门，对橡胶工业乃至高分子材料工业具有划时代的意义。美国化学学会建立了古德伊尔奖章，每年授予国际上对橡胶科学技术作出重大贡献的科技工作者。

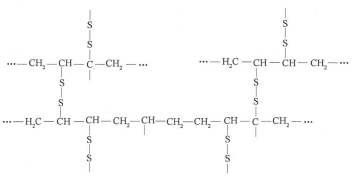

图 3 - 21　硫化后单体的分子链之间形成交联

在遥远的过去，人们所坐的车子一直使用木制的轮子，高级一点的是在轮子周围加上金属轮辋。在古德伊尔发明了硫化橡胶之后的 1845 年，英国工程师 R. W. 汤姆森奇思妙想地在车轮周围套上一个合适的充气橡胶管，显然，这样车子跑得更快了。

到了 1860 年，C. G. 威廉斯从天然橡胶的热裂解产物中分离出 C_5H_8，定名为异戊二烯，并指出 C_5H_8 在空气中会氧化成白色的弹性体。沿着这一科学的指引，19 年后，G. 布查德用热裂解法制得了异戊二烯，并把异戊二烯重新制成了弹性体。至此，合成橡胶在理论上获得了突破。

2）合成橡胶的诞生

1900 年 И. Л. 孔达科夫用 2，3—二甲基—1，3—丁二烯聚合成弹性体。第一次世界大战期间，由于德国的海上运输封锁，切断了天然橡胶的输入，1917 年，以 2，3—二甲基—1，3—丁二烯为原料首次生产了合成橡胶，取名为甲基橡胶 W 和甲基橡胶 H。甲基橡胶 W 是 2，3—二甲基—1，3—丁二烯在 70℃ 热聚历经 5 个月后制得的，而甲基橡胶 H 是上述单体在 30 ~ 35℃ 聚合历经 3 ~ 4 个月后制成的。

3）合成橡胶工业的建立

1927 ~ 1928 年，美国的 J. C. 帕特里克首先合成了聚硫橡胶（聚四硫化乙烯）；W. H. 卡罗瑟斯利用 J. A. 纽兰德的方法合成了 2—氯—1，3—丁二烯，制得了氯丁橡胶。1931 年杜邦公司进行了少量生产。苏联利用 C. B. 列别捷夫的方法从酒精合成了丁二烯，并用金属钠作催化剂进行液相本体聚合，制得了丁钠橡胶，1931 年建成了万吨级生产装置。30 年代初期，德国 H·施陶丁格的大分子长链结构理论的确立（1932 年）和苏联 H. H. 谢苗诺夫的链式聚合理论（1934 年）的指引，为聚合物学科奠定了基础，同时，聚合工艺和橡胶质量也有了显著的改进，在此期间出现的代表性橡胶品种有丁二烯与苯乙烯共聚制得的丁苯橡胶、丁二烯与丙烯腈共聚制得的丁腈橡胶。1935 年德国首先生产丁腈橡胶，两年后又在布纳化工厂建成了苯橡胶工业生产装置。丁苯橡胶由于综合性能优良，至今仍是合成橡胶的最大品种，而丁腈橡胶是一种耐油橡胶，目前仍是特种橡胶的主要品种。20 世纪 40 年代初，由于战争的急需，促进了丁基橡胶技术的开发和投产。丁基橡胶是一种气密性很好的合成橡胶，最适于作轮胎内胎。后来不久还出现了很多特种橡胶的新品种，如硅橡胶、聚氨酯橡胶等。

4）合成像胶的发展新阶段

20 世纪 50 年代中期，由于齐格勒—纳塔和锂系等新型催化剂的发现，加之石油工业为合成橡胶提供了大量高品级的单体，此外，人们也逐渐认识了橡胶分子的微观结构对橡胶性能的重要性，再配合新型催化剂而开发的溶液聚合技术，使有效地控制橡胶分子的立构规整性成为可能。这些因素使合成橡胶工业进入生产立构规整橡胶的崭新阶段。代表性的产品有60年代初投产的高顺式—1，4—聚异戊二烯橡胶，简称异戊橡胶，又称合成天然橡胶；高反式—1，4—聚异戊二烯，又称合成杜仲胶；高顺式、中顺式和低顺式—1，4—聚丁二烯橡胶，简称顺丁橡胶。此外，尚有溶液丁苯和乙烯、丙烯共聚制得的乙丙橡胶等。在此期间，特别橡胶也获得了相应的发展，合成了耐更高温度、耐多种介质和溶剂或兼具耐高温、耐油的橡胶品种，其代表性品种有氟橡胶和新型丙烯酸酯橡胶等。

2. 合成橡胶分类

合成橡胶的生产不受地理条件限制，从传统观念上看，又根据合成橡胶的使用性能、范围和数量，分为通用合成橡胶和特种合成橡胶两大类别，经硫化加工可制成各种橡胶制品。根据化学结构可分烯烃类、二烯烃类和元素有机类等。

合成橡胶的分类方法主要有以下几种。

（1）按成品状态：分为液体橡胶（如端羟基聚丁二烯）、固体橡胶、乳胶和粉末橡胶等。

（2）按橡胶制品形成过程：分为热塑性橡胶（如可反复加工成型的三嵌段热塑性丁苯橡胶）、硫化型橡胶（需经硫化才能制得成品，大多数合成橡胶属此类）。

（3）按生胶充填的其他非橡胶成分：分为充油母胶、充炭黑母胶和充木质素母胶。

（4）按使用特性：分为通用型橡胶和特种橡胶两大类。通用型橡胶指可以部分或全部代替天然橡胶使用的橡胶，如丁苯橡胶、异戊橡胶、顺丁橡胶等，主要用于制造各种轮胎及一般工业橡胶制品。通用橡胶的需求量大，是合成橡胶的主要品种。特种橡胶是指具有耐高温、耐油、耐臭氧、耐老化和高气密性等特点的橡胶，常用的有硅橡胶、各种氟橡胶、聚硫橡胶、氯醇橡胶、丁腈橡胶、聚丙烯酸酯橡胶、聚氨酯橡胶和丁基橡胶等，主要用于要求某种特性的特殊场合。

重要的合成像胶品种有丁苯橡胶、丁腈橡胶、丁基橡胶、氯丁橡胶、聚硫橡胶、聚氨酯橡胶、聚丙烯酸酯橡胶、氯磺化聚乙烯橡胶、硅橡胶、氟橡胶、顺丁橡胶、异戊橡胶和乙丙橡胶等。

3. 合成像胶生产工艺

合成橡胶的生产工艺大致可分为单体的合成和精制、聚合过程以及后处理三部分。

（1）单体的生产和精制：合成橡胶的基本原料是单体，精制常用精馏、洗涤、干燥等方法。

（2）聚合过程：聚合过程是单体在引发剂和催化剂作用下进行聚合反应生成聚合物的过程。可以用一个聚合设备，也可用多个聚合设备串联使用。合成橡胶的聚合工艺主要应用乳液聚合和溶液聚合两种。采用乳液聚合的有丁苯橡胶、异戊橡胶、丁丙橡胶、丁基橡胶等。

（3）后处理：后处理是使聚合反应后的物料（胶乳或胶液），经脱除未反应单体、凝聚、脱水、干燥和包装等步骤，最后制得成品橡胶的过程。乳液聚合的凝聚工艺主要采用加电解质或高分子凝聚剂，破坏乳液使胶粒析出；溶液聚合的凝聚工艺以热水凝析为主。凝聚后析出的胶粒，含有大量的水，需脱水、干燥。

4．几种合成橡胶介绍

（1）丁苯橡胶：又称聚苯乙烯丁二烯共聚物，其物理机械性能、加工性能及制品的使用性能接近于天然橡胶，有些性能如耐磨、耐热、耐老化及硫化速度较天然橡胶更为优良。可与天然橡胶及多种合成橡胶并用，广泛用于轮胎、胶带、胶管、电线电缆、医疗器具及各种橡胶制品的生产等领域，是最大的通用合成橡胶品种，也是最早实现工业化生产的橡胶品种之一。

（2）顺丁橡胶：由丁二烯经溶液聚合制得，具有特别优异的耐寒性、耐磨性和弹性，还具有较好的耐老化性能。顺丁橡胶绝大部分用于生产轮胎，少部分用于制造耐寒制品、缓冲材料以及胶带、胶鞋等。顺丁橡胶的缺点是抗撕裂性能较差，抗湿滑性能不好。

（3）异戊橡胶：聚异戊二烯橡胶的简称，采用溶液聚合法生产。异戊橡胶与天然橡胶一样，具有良好的弹性和耐磨性，优良的耐热性和较好的化学稳定性。异戊橡胶生胶（未加工前）强度显著低于天然橡胶，但质量均一性、加工性能等优于天然橡胶。异戊橡胶可以代替天然橡胶制造载重轮胎和越野轮胎，还可以用于生产各种橡胶制品。图3-22为异戊二烯单体生产装置。

图3-22　异戊二烯单体生产装置

（4）乙丙橡胶：以乙烯和丙烯为主要原料合成，其耐老化、电绝缘性能和耐臭氧性能突出。乙丙橡胶可大量充油和填充炭黑，制品价格较低，化学稳定性好，耐磨性、弹性、耐油性和丁苯橡胶接近。乙丙橡胶的用途十分广泛，可以作为轮胎胎侧、胶条和内胎以及汽车的零部件，还可以作电线、电缆包皮及高压、超高压绝缘材料，还可制造胶鞋、卫生用品等浅色制品。

（5）氯丁橡胶：以氯丁二烯为主要原料，通过均聚或与少量其他单体共聚而成。氯丁橡胶抗张强度高，耐热、耐光、耐老化性能优良，耐油性能优于天然橡胶、丁苯橡胶、顺丁橡胶，具有较强的耐燃性和化学稳定性，耐水性良好。氯丁橡胶的缺点是电绝缘性能、耐寒性能较差，生胶在储存时不稳定。氯丁橡胶用途广泛，如用来制造运输皮带和传动带，制造电线、电缆的包皮材料，制造耐油胶管、垫圈以及耐化学腐蚀的设备衬里。

（6）丁腈橡胶：由丁二烯和丙烯腈经乳液聚合法制得，主要采用低温乳液聚合法生产。丁腈橡胶的优点是：耐油性极好，耐磨性较高，耐热性较好，黏接力强；缺点是耐低温性差，耐臭氧性差，电性能低劣，弹性稍低。丁腈橡胶主要用于制造耐油橡胶制品。

（7）丁基橡胶：由异丁烯和少量异戊二烯共聚而成，主要采用淤浆法生产。优点是透气率低，气密性优异，耐热、耐臭氧、耐老化性能良好，化学稳定性、电绝缘性也很好；缺点是硫化速度慢，弹性、强度、黏着性较差。丁基橡胶的主要用途是制造各种车辆内胎、电线和电缆包皮、耐热传送带、蒸汽胶管等。

（8）氟橡胶：含有氟原子的合成橡胶，具有优异的耐热性、耐氧化性、耐油性和耐药品性，它主要用于航空、化工、石油、汽车等工业部门，作为密封材料、耐介质材料以及绝缘材料。

（9）硅橡胶：由硅、氧原子形成主链，侧链为含碳基团，用量最大的是侧链为乙烯基的硅橡胶。硅橡胶的优点是既耐热，又耐寒，使用温度为 -100~300℃，具有优异的耐气候性、耐臭氧性以及良好的绝缘性；缺点是强度低，抗撕裂性能差，耐磨性能也差。硅橡胶主要用于航空工业、电气工业、食品工业及医疗工业等方面。

（10）聚氨酯：由聚酯（或聚醚）与二异腈酸酯类化合物聚合而成。聚氨酯的优点是耐磨性能好，弹性好，硬度高，耐油、耐溶剂；缺点是耐热老化性能差。聚氨酯橡胶在汽车、制鞋、机械工业中的应用最多。

四、合成纤维

化学纤维常见于纺织品，如黏胶布、涤纶卡其、锦纶丝袜、腈纶毛线以及丙纶地毯等。根据原料来源的不同，化学纤维可以分为人造纤维、合成纤维和无机纤维，无机纤维就是以无机物为原料的一种纤维，例如玻璃纤维、玄武岩纤维等。自从 18 世纪抽出第一根人工丝以来，化学纤维品种、成纤方法和纺丝工艺技术都有了很大的进展。

1. 合成纤维的分类

合成纤维是以小分子的有机化合物为原料，经加聚反应或缩聚反应合成的线型有机高分子化合物，常用的合成纤维有涤纶、锦纶、腈纶、维纶、氯纶、氨纶等。

（1）涤纶：学名为聚对苯二甲酸乙二醇酯（PET），简称聚酯（polyeste）纤维，又称特丽纶，美国人又称它为"达克纶"。当它在香港市场上出现时，人们根据广东话把它译为"的确凉"或"的确良"。涤纶由于原料易得、性能优异、用途广泛、发展非常迅速，产量已居化学纤维的首位。涤纶的优点是质量稳定、强度和耐磨性较好，由它制造的面料挺括、不易变形，除此之外，涤纶的耐热性也是较强的。其缺点是吸湿性极差；另外，由于纤维表面光滑，纤维之间的抱合力差，容易在摩擦处起毛、结球。

（2）锦纶：锦纶是中国的商品名称，它的学名叫聚酰胺纤维，在国外又称"尼龙"。有锦纶 -66、锦纶 -1010 及锦纶 -6 等不同品种。锦纶是世界上最早的合成纤维品种，由于性能优良、原料资源丰富，因此一度成为合成纤维中产量最高的品种。直到 1970 年以后，由于涤纶的迅速发展，才退居合成纤维的第二位。锦纶的优点是强度高、耐磨性好。其缺点与涤纶一样，吸湿性和通透性都较差；在干燥环境下，锦纶易产生静电，短纤维织物也易起毛、起球；锦纶的耐热、耐光性都不够好，熨烫承受温度应控制在 140℃ 以下；此外，锦纶的保形性差，用其做成的衣服不如涤纶挺括，易变形，但它可以随身附体，是制作各种体形衫的好材料。图 3 -23 为尼龙的发明者 W. 卡罗瑟斯。

（3）腈纶：腈纶是国内的商品名称，其学名为聚丙烯腈纤维，国外又称"奥纶"等。腈纶的外观呈白色、卷曲、蓬松，手感柔软，酷似羊毛，多用来和羊毛混纺或作为羊毛的代用品，故又被称为"合成羊毛"。腈纶的吸湿性不够好，但润湿性却比羊毛、丝纤维好。它的耐磨性是合成纤维中较差的，熨烫承受温度在 130℃ 以下。

（4）维纶：学名为聚乙烯醇缩甲醛纤维，国外又称"维尼纶"。维纶洁白如雪，柔软似棉，因而常被用作天然棉花的代用品，人称"合成棉花"。维纶的吸湿性能是合成纤维中吸湿性能最好的。另外，维纶的耐磨性、耐光性、耐腐蚀性都较好。

（5）氯纶：学名为聚氯乙烯纤维，国外有"天美龙"之称。氯纶的优点较多，主要是耐化学腐蚀性强；导热性能比羊毛还差，因此，保温性强；电绝缘性较高，难燃。氯纶的缺点也比较突出，即耐热性极差。

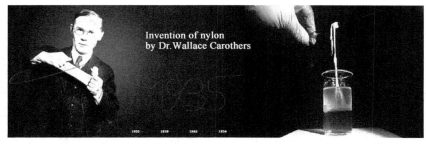

图 3 – 23 尼龙的发明者 W. 卡罗瑟斯（Wallace Carothers）❶

（6）氨纶：学名为聚氨酯弹性纤维，国外又称"莱克拉"等。它是一种具有特别弹性性能的化学纤维，已工业化生产，并成为发展最快的一种弹性纤维。氨纶弹性优异，强度比乳胶丝高 2～3 倍，线密度也更细，并且更耐化学降解。氨纶的耐酸碱性、耐汗、耐海水性、耐干洗性、耐磨性均较好。氨纶一般不单独使用，而是少量地掺入织物中，如与其他纤维合股或制成包芯纱，用于织制弹力织物。

2. 合成纤维的发展史

用来生产纺织品的原料中，棉、麻、丝、毛的历史最悠久。但是天然资源毕竟有限，棉花的产量约有 50kg/ha，养蚕吐丝也要种桑树，增产羊毛则要发展畜牧业。因此，化学家开始研究，利用价格更便宜、来源更丰富的原料来纺纱织布，它们便是合成纤维。

1664 年，英国人 R. 胡克在他所著的《微晶图案》一书中，首次提到人类可以模仿食桑蚕（图 3 – 24）吐的丝而用人工方法生产纺织纤维。人造纤维的工业化开始于 1884 年，法国 H. B. 夏尔多内将硝酸纤维素溶解在乙醇或乙醚中制成黏稠液，再通过细管吹到空气中凝固而成细丝，这是最早的人造纤维——硝酸酯纤维，并于 1891 年在法国贝桑松建厂进行工业生产。由于硝酸酯纤维易燃，生产中使用的溶剂易爆，纤维质量差，未能大量发展。

1899 年，由纤维素的铜氨溶液为纺丝液，经化学处理和机械加工制得的铜氨纤维实现工业生产，1905 年黏胶纤维问世，因纤维素原料来源充分、辅助材料价廉、穿着性能优良，因而发展成为人造纤维的最主要品种。其间，1900 年英国托珀姆还开发了金属喷丝头、离心式纺丝罐、纺丝泵等，从而完善了黏胶纤维的加工设备。继黏胶纤维之后，又实现了醋酯纤维（1916 年）、再生蛋白质纤维（1933 年）等人造纤维的工业生产。1922 年，人造纤维产量超过了真丝产量，成为重要的纺织原料。1940 年黏胶纤维的世界产量超过 1×10^6 t。20 世纪 40 年代以来，人造纤维的发展速度相对减慢，人们主要致力于提高现有纤维的质量。20 世纪 50 年代，出现了各种黏胶纤维强力丝。20 世纪 60 年代，石油蛋白质纤维有所发展。

由于人造纤维原料受自然条件的限制，人们试图以合成聚合物为原料，经过化学和机械加工，制得性能更好的纤维。1939 年杜邦公司首先在美国特拉华州的锡福德实现了聚酰胺 66 纤维的工业化生产（图 3 – 25）。随后德国于 1941 年、1946 年分别进行了聚酰胺 6 纤维、

---

❶ W. 卡罗瑟斯，美国有机化学家。1928 年应聘在美国杜邦公司设于威尔明顿的实验室中进行有机化学研究。1935 年以己二酸与己二胺为原料制得聚合物，该聚合物在张力下可拉伸为纤维（后来也称尼龙），1938 年开始规模化生产。这种叫"尼龙"的合成纤维的耐磨性是棉花的 10 倍、羊毛的 20 倍，它还有真丝一般的外观和光泽，强度远超当时的纤维。在尼龙发明的第二年，随着制袜工艺的逐渐成熟，加上尼龙富有弹性还耐磨的特性，正是制作袜子的好材料，于是，杜邦竟然以一个化工企业的身份，生产起了丝袜。当年在杜邦总部发售的尼龙丝袜，一天就售出 7.8 万双，这不由得让人误会杜邦是个会抓潮流的时尚服装企业。

图 3-24　食桑蚕❶

图 3-25　生产聚酰胺 66 纤维的杜邦工厂❷

聚氯乙烯纤维的工业化生产。20 世纪 50 年代以后，聚乙烯醇缩甲醛纤维、聚丙烯腈纤维、聚酯纤维等合成纤维品种相继工业化。1953 年由英国卜内门化学工业公司 R. 希尔博士主编的《合成纤维》一书出版，总结了合成纤维工业发展初期的研究成果和生产实践，对合成、加工工艺和理论作了全面的阐述，并对以后的发展作了预测。

3. 合成纤维的制备

合成纤维的制备通常是先把天然的或合成的高分子物质或无机物制成纺丝熔体或溶液，然后经过过滤、计量，由喷丝头（板）挤出成为液态细流，接着凝固而成纤维。此时的纤维称为初生纤维，它的力学性能很差，必须经过一系列后加工工序才能符合纺织加工和使用要求。后加工主要针对纤维进行拉伸和热定形，以提高纤维的力学性能和尺寸稳定性。

拉伸是使初生纤维中大分子或结构单元沿着纤维轴取向；热定形主要是使纤维中内应力松弛。湿纺纤维的后加工还包括水洗、上油、干燥等工序。纺制长丝时，经上述工序即可卷绕成筒；纺制短纤维时还须增加卷曲、切断和打包等工序。图 3-26 为合成纤维的纺丝生产线。

图 3-26　纺丝生产线

---

❶ 蚕丝是熟蚕结茧时所分泌丝液凝固而成的连续长纤维，也称天然丝，是一种天然纤维，丝纤蛋白约占 70%，丝胶蛋白约占 22%，是人类利用最早的动物纤维之一。蚕丝是古代中国文明产物之一。

❷ 在 20 世纪 30 年代到 60 年代，杜邦简直就是世界的发明工厂，不仅凭着在高分子材料纤维方面的积累，改良发明了莱卡、涤纶、腈纶，还有抗拉强度是钢材 5 倍可防弹的特种纤维——凯夫拉。美国宇航员登上月球时所穿的 25 层材料制成的太空服中，有 23 层都是来自杜邦的合成纤维面料。

第四节　精　细　化　工

精细化工产品是指一些具有特定的应用性能、合成步骤多、反应复杂及产品量少而产值高的化工产品，例如医药、农药、化学试剂、黏合剂、涂料、表面活性剂、食品添加剂、香料、各种助剂、染料、催化剂等等。

一、精细化工概述

精细化工是当今化学工业中最具活力的一个分支，是新材料的重要组成部分。精细化工产品种类多、附加值高、用途广、产业关联度大，直接服务于国民经济的诸多行业和高新技术产业的各个领域。大力发展精细化工已成为世界各国调整化学工业结构、提升化学工业产业能级和扩大经济效益的战略重点。精细化工率（精细化工产值占化工总产值的比例）已经成为衡量一个国家或地区化学工业发达程度和化工科技水平的重要标志。

1. 精细化学品与专用化学品

精细化工产品又称精细化学品，大体可归纳为：医药、农药、合成染料、有机颜料、涂料、香料与香精、化妆品与盥洗卫生品、肥皂与合成洗涤剂、表面活性剂、印刷油墨及其助剂、黏合剂、感光材料、磁性材料、催化剂、试剂、水处理剂与高分子絮凝剂、造纸助剂、皮革助剂、合成材料助剂、纺织印染剂及整理剂、食品添加剂、饲料添加剂、动物用药、油田化学品、石油添加剂及炼制助剂、水泥添加剂、矿物浮选剂、铸造用化学品、金属表面处理剂、合成润滑油与润滑油添加剂、汽车用化学品、芳香除臭剂、工业防菌防霉剂、电子化学品及材料、功能性高分子材料、生物化工制品等 40 多个行业和门类。随着国民经济的发展，精细化学品的开发和应用还将不断扩大。

近年来，欧美一些国家把产量小、按不同化学结构进行生产和销售的化学物质，称为精细化学品（Fine Chemicals）；而把产量小、经过加工配制、具有专门功能或最终使用性能的产品，称为专用化学品（Specialty Chemicals）。中国、日本等则把这两类产品统称为精细化学品。

2. 发展精细化工的意义

精细化工与工农业、国防、人民生活和尖端科学都有着极为密切的关系，是化学工业发展的战略重点之一。20 世纪 70 年代两次世界石油危机，迫使各国制定化学工业精细化的战略决策。这说明发展精细化工是关系国计民生的战略举措。

农业是国民经济的命脉，高效农业成为当今世界各国农业发展的大方向。高效农业中需要高效的农药、兽药、饲料添加剂、肥料及微量元素等。单就农药而言，它包括各种各样的杀虫剂、杀菌剂、杀鼠剂、除草剂、植物生长调节剂及生物农药等。全世界每年因病虫害造成的粮食损失占可能收获量的三分之一以上，使用农药后所获效益是农药费用的 5 倍以上，使用除草剂的效益可达物理除草的 10 倍。兽药和饲料添加剂可使牲畜生病少、生长快、产值高、经济效益大。

当今社会人们的生活水平越来越高，对生活质量的要求也与日俱增，由原先的生活必需品增加到现在许多的高档消费品。单就化妆品一项，其品种数量已是琳琅满目、百花争艳，美容、护肤、染发、祛臭、防晒、生发、面膜、霜剂、粉剂、膏剂、面油、手油、早用品、晚用品、日用品等不胜枚举。家用化学品也是争奇斗艳，如家用清洗剂中有餐具洗洁净、油烟机及厨具清洗剂、玻璃擦净剂、地毯清洗剂等等，还有冰箱用、卫生间用、鞋用等除臭剂，家用空气清新剂等。各种用途的表面活性剂更是精细化工行业最重要、最广泛的物质。各种香料、香精、食品添加剂、皮革工业、造纸工业、纺织印染工业的各种助剂就更是不胜枚举。总之，轻工业和人们的生活用品就是精细化工的重要市场。

在军事工程、高空、水下、特殊环境等条件下需要各种不同性质和功能的材料，如宇宙火箭、航空与航天飞机、原子反应堆、高温与高压下的作业、能源开发等不同环境下需要的高温高强度结构料。从功能角度来说，各种热学、机械、磁学、电子与电学、光学、化学与生物等功能材料，这些无一不与精细化学品有关。

如在航空工业中，巨型火箭所用的液态氧、液态氢储箱是用多层保温材料制造，这些材料难于用机械方法连接，而采用聚氨酯型和环氧—尼龙型超低温胶黏剂进行黏接。大型波音型客机所用的蜂窝结构以及玻璃钢和金属蒙面结构也都离不开胶黏剂。

材料的复合化可以集合各自的优点，从而满足许多特殊用途的要求。继玻璃纤维增强塑料以后，又研究开发出碳纤维、硼纤维和聚芳酰胺纤维等增强轻塑料复合材料，在宇航和航空中，特别需要这种轻质高强度耐高温材料。过去，火箭喷管的喉部是用石墨制造的，但随着火箭的大型化，用石墨制造就困难了，于是出现了密度更小的耐热复合材料，如以碳纤维或高硅氧纤维增强酚醛树脂做喉衬，以玻璃纤维增强塑料做结构部分。美国的阿波罗宇宙飞船着陆用发动机的燃烧室就是采用这些复合材料。

二、精细化工产品的分类

1986 年，为了统一精细化工产品的口径，加快调整产品结构，发展精细化工，我国把精细化工产品分成农药、染料、涂料（包括油漆和油墨）、颜料、试剂和高纯物、信息用化学品（包括感光材料、磁性材料等能接受电磁波的化学品）、食品和饲料添加剂、黏合剂、催化剂和各种助剂、化工系统生产的化学药品（原料药）和日用化学品、高分子聚合物中的功能高分子材料（包括功能膜、偏光材料等）11 个产品类别。其中，催化剂和各种助剂包括以下内容。

（1）催化剂：炼油用催化剂、石油化工用催化剂、有机化工用催化剂、合成氨用催化剂、硫酸用催化剂、环保用催化剂、其他催化剂。

（2）印染助剂：柔软剂、匀染剂、分散剂、抗静电剂、纤维用阻燃剂等。

（3）塑料助剂：增塑剂、稳定剂、发泡剂、塑料用阻燃剂等。

（4）橡胶助剂：促进剂、防老剂、塑解剂、再生胶活化剂等。

（5）水处理剂：水质稳定剂、缓蚀剂、软水剂、杀菌灭藻剂、絮凝剂等。

（6）纤维抽丝用油剂：涤纶长丝用油剂、涤纶短丝用油剂、锦纶用油剂、腈纶用油剂、丙纶用油剂、维纶用油剂、玻璃丝用油剂等。

（7）有机抽提剂：吡咯烷酮系列、脂肪烃系列、乙腈系列、糠醛系列等。

（8）高分子聚合物添加剂：引发剂、阻聚剂、终止剂、调节剂、活化剂等。

（9）表面活性剂：除家用洗涤剂以外的阳性、阴性、中性和非离子型表面活性剂。

（10）皮革助剂：合成鞣剂、涂饰剂、加脂剂、光亮剂、软皮油等。

（11）农药用助剂：乳化剂、增效剂等。

（12）油田用化学品：油田用破乳剂、钻井防塌剂、钻井液用助剂、防蜡的降黏剂等。

（13）混凝土用添加剂：减水剂、防水剂、脱模剂、泡沫剂（加气混凝土用）、嵌缝油膏等。

（14）机械、冶金用助剂：防锈剂、清洗剂、电镀用助剂、各种焊接用助剂、渗碳剂、渗氮剂、汽车等机动车用防冻剂等。

（15）油品添加剂：防水、增黏、耐高湿等各类添加剂、汽油抗震添加剂、液力传动添加剂、液压传动添加剂、变压器油添加剂、刹车油添加剂等等。

（16）炭黑（橡胶制品的补强剂）：高耐磨、半补强、色素炭黑、乙炔炭黑等。

（17）吸附剂：稀土分子筛系列、氮化铝系列、天然沸石系列、二氧化硅系列、活性白土系列等。

（18）电子工业专用化学品（不包括光刻胶、掺杂物、MOS 试剂等高纯物和高纯气体）：显像管用碳酸钾、氟化物、助焊剂、石墨乳等。

（19）纸张用添加剂：增白剂、补强剂、防水剂、填充剂等。

（20）其他助剂：玻璃防霉剂、乳胶凝固剂等。

三、精细化工特点

虽然精细化工产品的种类繁多，包括无机化合物、有机化合物、聚合物以及它们的复合物等，但它们生产技术上具有共同的特点。

（1）品种多、更新快，需要不断进行产品的技术开发和应用开发，所以研究开发费用很大，如医药的研究经费常占药品销售额的 8%～10%。这就导致技术垄断性强、销售利润率高。

（2）产品质量稳定，对原产品要求纯度高，复配以后不仅要保证物化指标，而且更应注意使用性能，经常需要配备多种检测手段进行各种使用试验。这些试验的周期长，装备复杂，不少试验项目涉及人体安全和环境影响。因此，对精细化工产品管理的法规、标准较多。如药典、农药管理法规等。对于不符合规定的产品，往往国家限令其改进，以达到规定指标或禁止生产。

（3）精细化工生产过程与一般化工生产不同，它的生产全过程不仅包括化学合成（或从天然物质中分离、提取），而且还包括剂型加工和商品化。其中化学合成过程，多从基本化工原料出发，制成中间体，再制成医药、染料、农药、有机颜料、表面活性剂、香料等各种精细化学品。剂型加工和商品化过程对于各种产品来说是配方和制成商品的工艺，它们的加工技术均属于大体类似的单元操作。

（4）大多以间歇方式小批量生产。虽然生产流程较长，但规模小，单元设备投资费用低，需要精密的工程技术。

（5）产品的商品性强，用户竞争激烈，研究和生产单位要具有全面的应用技术，为用户提供技术服务。

世界精细化工最发达的要推美国、联邦德国和日本，其产品产量分别居于世界第一、第二、第三位。

我国自从 20 世纪 90 年代后期以来，加大了在能源、信息、生物、材料等高新技术领域的投资力度。由于精细化工在国民经济中的特殊地位，又由于它和能源、信息、生物化工以及材料学科之间的紧密联系，它在我国现代化建设中的作用将越来越重要，而成为不可替代、不可或缺的关键一环。

四、精细化工过程开发和典型产品生产工艺介绍

精细化工产品虽然种类繁多，但它们生产上大多是关键产品通过反应釜等生产，再经过复配，最后得到目的产品。

1. 精细化工过程开发

精细化工过程开发的一般步骤：从一个新的技术思想的提出，通过实验室试验、中间试验到实现工业化生产取得经济实效并形成一整套技术资料这一全过程，或者说是把设想变成现实的全过程。由于化工生产的多样性与复杂性，化工过程开发的目标和内容有所不同，如新产品开发，新技术开发，新设备开发，老技术、旧设备的革新等等。但综合起来看，一个新的过程开发可分为三大阶段：

（1）实验室研究阶段。它包括根据物理的化学的基本理论、或从实验现象的启发与推演、或从情报资料的分析等出发，提出一个新的技术思路，然后在实验室进行实验探索，明确过程的可能性和合理性，测定基础数据，摸索工艺条件等。这一步是带战略性和方向性的，它要求研究人员要有扎实的基础知识和技巧，又要求思想敏锐与视野开阔，善于去伪存真，把握过程的内在规律，从而做出正确的判断。

（2）中间试验阶段。由于化工过程的极端复杂性，不能把实验室的研究成果直接用于工业生产中，而必须经过中间规模的试验考察（有时还要辅以大型冷模试验）。这一步是从实验室过渡到生产的关键阶段。在此阶段中，化学工程知识和手段是十分重要的。中间试验的时间往往对一个过程的开发有着决定性的影响。中间试验要求研究人员具有丰富的工程知识，掌握先进的测试手段，能够取得用于装置工业化设计足够的工程数据，进行数据处理从而修正为放大及设计所需的数学模型。此外，对于新过程的经济评价也是中间试验阶段的重要组成部分。

（3）工业化阶段。开发研究人员主要的任务是根据前两个阶段的研究结果做出工业装置的基础设计，然后由工程设计部门进行工程和施工设计。但研究人员应在装置建成后取足必要的现场数据，以最后完善开发研究的各项成果，并形成一整套技术资料，作为专利或推广之用。

当然，上述的过程开发步骤仅是一般的规律，而且几个步骤之间也不是截然分开的，有时有交叉。

就精细化工过程开发而论，不论是实验室研究还是中间试验，都要做大量的实验工作，如何科学地组织实验以求得能用最少的人力和物力、花费最少的时间、取得尽可能多的结果，这对于精细化工过程开发的成败是关键性的。

用电子计算机进行精细化工过程的数学模拟放大，是近 20 年来发展的一种方法。通过在实验室获得的结果，辅助于物理化学规律的理解，就可提出一个描述过程的初级模型，然后通过计算机解算、对模型的不断纠正，使其符合于试验结果，就可以用于放大设计。当然，目前还不能说所有精细化工过程都可以用数学模拟放大方法，也不是说每个精细化工过程的开发都必须建立数学模型，而应视具体情况来定。此外，有些过程的数学模型，往往要经过中间试验，甚至工业装置的检验后才能成立。

数学模型法已不断用于过程的控制和最优化，也开始应用于精细化工生产过程的设计与优化，如精细化工生产中常用到的间歇操作，一直是建模、设计和优化的研究课

题之一。

间歇过程有很大的自由度，手算方法只可以得到可行解，但很难找到最优设计，间歇过程的寻优设计必须借助于计算机才能完成。

搅拌混合在间歇操作的精细化工厂中应用极为广泛。搅拌混合是传质、传热和物理、化学过程的核心。混合与加工时间、温度、压力和催化剂活性一样，对控制产品的收率和质量起着重要的作用。目前对该过程人们正进行优化设计的研究，并已初步掌握间歇过程优化设计的规律。

2. 生产工艺举例——醇酸树脂涂料

醇酸树脂涂料具有耐候性、附着力好、光亮等特点，且施工方便；但涂膜较软，耐水、耐碱性欠佳。醇酸树脂可与其他树脂配成多种不同性能的自干或烘干磁漆、底漆、面漆和清漆，广泛用于桥梁等建筑物以及机械、车辆、船舶、飞机、仪表等表面的涂装。

19 世纪中期德国合成了醇酸树脂。1912 年美国通用电气公司用邻苯二甲酸酐和甘油经缩合制成醇酸树脂，代替电绝缘材料——虫胶。1927 年美国 R. H. 基恩尔利用树脂性质依多元酸而异的特点，开发出适于各种用途的醇酸树脂的制造方法，特别是用苯酐或顺酐制造涂料用树脂，同年由通用电气公司进行工业化生产。醇酸树脂涂料产量很大，占涂料工业总量的 20% ~ 25%。

醇酸树脂涂料是以醇酸树脂为主要成膜物质的合成树脂涂料。醇酸树脂是由脂肪酸（或其相应的植物油）、二元酸与多元醇反应而成的树脂。生产醇酸树脂常用的二元酸有邻苯二甲酸酐（苯酐）、间苯二甲酸等，常用的多元醇有甘油、季戊四醇、三羟甲基丙烷等。

醇酸树脂的生产工艺流程如图 3-27 所示。首先在催化剂存在及 220 ~ 240℃温度下，将油与多元醇送入反应釜进行醇解。需要强调的是，在合成醇酸树脂时，醇解是否完全，对产品的分子大小和结构有很大的影响。醇解完成后加入苯酐，生成均相树脂。醇酸反应与酯交换反应类似，在均相之中形成一个平衡状态的混合物，包括甘油一酸酯、甘油二酸酯、未醇解的甘油三酸酯和游离的甘油。醇解程度的检测是检测醇解物在乙醇中的溶解性。常用的醇解催化剂主要为氧化物，催化剂的加入对醇解的程度无影响，对醇解的速率有很大的提高。甘油一酸酯在醇解平衡体系中的含量标志醇解反应的程度，甘油一酸酯含量高，不仅醇酸树脂透明性好，而且相对分子质量分布窄，涂膜有较好的耐水性和较理想的硬度。含 25% 左右的甘油一酸酯可以得到透明均一的醇酸树脂溶液。

醇解法的优点是生产成本较低，对原料的腐蚀性小，且生产工艺的操作容易控制；缺点是酸值不易下降，树脂干性不好，涂膜的硬度不高。

五、精细化工新技术

1. 新催化技术

合成反应是精细化工产品生产的基础，化工生产工艺与新催化技术密切相关。新催化技术的重点是开发能促进石油化工发展的膜催化剂、稀土络合催化剂、沸石择型催化剂、固体超强酸催化剂等，发展与精细化工新产品开发密切相关的相转移催化技术、立体定向合成技术、固定化酶发酵技术等；加强工业规模的研究和应用，加强与新型催化剂相适应的反应器放大、制造等技术开发；能设计和开发出若干具有高活性、高选择性、立体定向、稳定性好、寿命长的高效催化剂和相应的催化技术，以满足精细化工发展的国内外市场的需要。

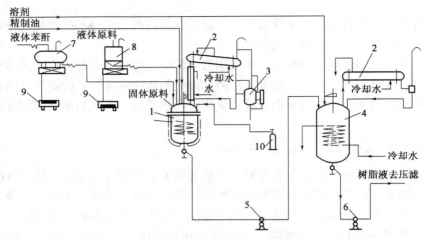

图 3-27 醇酸树脂生产工艺流程图

1—反应釜；2—冷凝器；3—回流罐；4—稀释釜；5—酯化釜扬液泵；
6—稀释釜扬液泵；7，8—计量罐，9—计量器

2. 新分离技术

开发工业规模的多组分分离，特别是不稳定化合物及功能性物质的高效精密分离技术的研究，对精细化工产品的开发与生产至关重要。

新分离技术的重点是开发超临界萃取分离技术，研究用超临界萃取分离技术制取出口创汇率极高的天然植物提取物（如天然色素、天然香油、中草药有效成分等），为超临界萃取分离技术的实用化、国产化提供理论和技术依据。它在精细化工、食品、香料、医药以及石油的深度加工等领域内正在开发应用，发展前景广泛。

另外，着重开展无机膜分离技术在超纯气体、饮用水、制药、石油化工等领域的应用开发；努力突破无机膜催化反应器的开发工作；积极开展精细蒸馏、催促精馏技术的研究以及在香精行业、混合二甲苯高效分离的应用开发。

3. 增效复配技术

发达国家化工产品数量与商品数量之比为 1:20，我国目前仅为 1:1.5，不仅品种数量少，而且质量差，关键的原因之一是增效复配技术落后。

所以加强这方面的应用基础研究及应用技术研究是当务之急，如专门研究表面活性剂的分离方法、洗涤作用、表面改性、微胶囊化、薄膜化及超微粒化技术等。由于应用对象的特殊性，很难采用单一的化合物来满足用户的要求，于是配方以及复配技术的研究就成为产品好坏的决定性因素，因而需要大力加强这方面的研究。

4. 超细粉体技术

超细粉体技术是 20 世纪 70 年代兴起的一门固体材料加工技术，可用于精细化学品的后加工。在超细状态下，粉体的物性及化学性质会发生明显的变化。

超细粉体技术可使药品的生化作用更趋有效；使油漆、油墨的色彩艳美而光亮；使涂料黏合得更为牢固；作为橡胶与塑料的填充物时，可以改善两者的物化性质，使其更好地满足技术要求等。

5. 氟氯烃（CFC）无污染替代技术

臭氧层破坏这一全球性的环境问题，自 20 世纪 70 年代以来就引起世界各国的极大关注，由于受控制物质的禁用时间表不断提前，所以研究其替代物质就更为迫切。

在空调制冷、塑料发泡、高效杀虫气雾剂等方面氟氯烃（CFC）无污染替代物及替代技术方面，研究可工业化的合成路线及其实用化技术具有重要意义。

6. 纳米技术

所谓纳米技术，是指研究由尺寸 0.1～100nm 的物质构成的体系内的运动规律和相互作用，以及解决应用中技术问题的科学技术。纳米技术是 21 世纪科技产业革命的重要内容之一，它是与物理学、化学、生物学、材料科学和电子学等学科高度交叉的综合性学科，包括以观测、分析和研究为主线的基础科学，和以纳米工程与加工学为主线的技术科学。纳米科学与技术是一个融科学前沿和高科技于一体的完整体系。纳米技术主要包括纳米电子、纳米机械和纳米材料等技术领域。正如 20 世纪的微电子技术和计算机技术那样，纳米技术将是 21 世纪的崭新技术之一，对它的研究与应用必将再次带来一场技术革命。

纳米材料具有量子尺寸效应、小尺寸效应、表面效应和宏观量子隧道效应等特性，这使纳米微粒的热磁光敏感特性、表面稳定性、扩散和烧结性能，以及力学性能明显优于普通微粒，所以在精细化工上纳米材料有着极其广泛的应用。

纳米材料的用途主要有以下几种：

（1）纳米聚合物。纳米聚合物用于制造高强度重量比的泡沫材料、透明绝缘材料、激光掺杂的透明泡沫材料、高强纤维（图 3-28）、高表面吸附剂、离子交换树脂、过滤器、凝胶和多孔电极等。

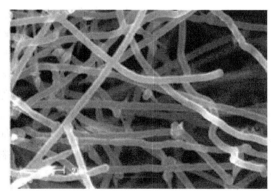

图 3-28　高强纤维

（2）纳米日用化工。纳米日用化工和化妆品、纳米色素、纳米感光胶片、纳米精细化工材料等将把我们带到五彩缤纷的世界。美国柯达公司研究部成功地研究了一种既具有颜料又具有分子染料功能的新型纳米粉体，预计将给彩色影像带来革命性的变化。

（3）黏合剂和密封胶。国外已将纳米 SiO_2 作为添加剂加入黏合剂和密封胶中，使黏合剂的黏结效果和密封胶的密封性都大大提高。其作用机理是在纳米 SiO_2 的表面包覆一层有机材料，使之具有亲水性，将它添加到密封胶中很快形成一种硅石结构，即纳米 SiO_2 形成网络结构，限制胶体流动，固体化速度加快，提高黏接效果，由于颗粒尺寸小，更增加了胶的密封性。

（4）涂料。在各类涂料中添加纳米颗粒可使其抗老化性能、光洁度及强度、疏水等性能得到改善（图3-29），涂料的质量和档次自然升级。因纳米颗粒的比表面积大，能在涂料干燥时很快形成网络结构，同时增加涂料的强度和光洁度。

（5）高效助燃剂。将纳米镍粉添加到火箭的固体燃料推进剂中可大幅度提高燃料的燃烧热、燃烧效率，改善燃烧的稳定性。此外，纳米炸药将使炸药威力提高千百倍。

（6）催化剂。在催化剂材料中，反应的活性位置可以是表面上的团簇原子，或是表面上吸附的另一种物质，这些位置与表面结构、晶格缺陷和晶体的边角密切相关。由于纳米晶材料可以提供大量催化活性位置，因此很适宜作催化材料。事实上，早在术语"纳米材料"出现前几十年，已经出现许多纳米结构的催化材料，典型的如 Rh/Al_2O_3、Pt/C 之类金属纳米颗粒负载在惰性物质上的催化剂，已在石油化工、精细化工、汽车尾气许多场合应用。在化学工业中，将纳米微粒用作催化剂，是纳米材料大显身手的又一方面，如超细硼粉、高铬酸铵粉可以作为炸药的有效催化剂；超细的铂粉、碳化钨粉是高效的氢化催化剂；超细银粉可以为乙烯氧化的催化剂；铜及其合金纳米粉体用作催化剂，效率高、选择性强，可用于二氧化碳和氢合成甲醇等反应过程中的催化剂；纳米镍粉具有极强的催化效果，可用于有机物氢化反应、汽车尾气处理等。两种以上的金属超微粒子或合金作催化剂也可获得较高的催化活性和选择性。例如用于催化环戊二烯常压液相加氢过程的化学还原法制备的非晶态 Ni-B 纳米催化剂，和催化乙烯加氢的 $Co-Mn/SiO_2$ 纳米合金催化剂都具有良好的催化性能。用 Ni、Co、Fe 等金属纳米粒子与 $TiO_2-\gamma-Al_2O_3$ 混合、成型、焙烧，用于汽车尾气的净化，起活性与三元 Pt 族催化剂相似，$600℃$ 工作 100 小时活性不下降。

（7）储氢材料。FeTi 和 Mg_2Ni 是储氢材料的重要合金，吸氢很慢，必须活化处理，即需多次进行吸氢—脱氢过程。Zaluski 等用球磨 Mg 和 Ni 粉末直接形成 Mg_2Ni，晶粒平均尺寸为 $20\sim30nm$，吸氢性能比普通多晶材料好得多。普通多晶 Mg_2Ni 的吸氢只能在高温下进行（当 $pH=2$，$p\leqslant20Pa$，则 $T\geqslant250℃$），低温吸氢则需要长时间和高的氢压力。纳米晶 Mg_2Ni 在 $200℃$ 以下即可吸氢，无需活化处理；$300℃$ 第一次氢化循环后，含氢可达 3.4%；在后续的循环过程中，吸氢比普通多晶 Mg_2Ni 快 4 倍。纳米晶 FeTi 的吸氢活化性能明显优于普通多晶 FeTi。普通多晶 FeTi 的活化过程是在真空中加热到 $400\sim450℃$，随后在约 7Pa 的氢气中退火、冷却至室温，再暴露于 $35\sim65Pa$ 的氢气中，激活过程需重复几次；而球磨形成的纳米晶 FeTi 只需在 $400℃$ 真空中退火 0.5h，便足以完成全部的氢吸收循环。纳米晶 FeTi 合金由纳米晶粒和高度无序的晶界区域（占材料的 $20\%\sim30\%$）构成。图3-30 为使用储氢材料的氢燃料汽车。

图3-29　纳米防水涂料

图3-30　使用储氢材料的氢燃料汽车

 **本章思考题**

1. 烃类热裂解又称烃类蒸汽裂解，主要是以石脑油为原料发生的大分子变成乙烯、丙烯等小分子的过程，请思考：可不可以直接采用轻质原油作为原料呢？如果可以，对裂解炉又有哪些要求？

2. 不管是合成塑料、合成橡胶还是合成纤维这些高分子，都与人们对天然高分子的认识过程有关。请思考：组分和结构最接近天然高分子的合成高分子都有哪些？其性能与天然高分子相比，又有哪些不同？

3. 化学家们总是在实验室里完成他们的研究工作，当欲使其研究成果走向工厂形成大规模工业化产品时，工厂装置的设备与实验室有哪些不同？操作方面又有哪些区别？

4. 纳米技术正在渗透到传统化工的各个领域，通过思考纳米材料的性质，阐述一下你了解的应用领域。

第四章
化工过程基本理论

第一节　化工过程研究方法

　　化工过程的研究通常是从实验室开始的。当实验室里取得的成果经过技术经济评价确定可行后，便进入化工过程研究阶段。化工过程研究的目的，就是确定生产装置中化工过程的工艺参数、设备参数和物性参数三者之间的依存关系，用以指导装置的设计和生产过程操作。为了达到这一目的，通常需要经过小型试验和中间（工厂）试验等若干步骤，其中多层次的中间试验往往是一项耗资耗时的工作。因此，采用科学的研究方法，减少中间试验环节，缩小中间试验的规模，是化学工程师的一项重要任务。

　　与其他工程学科相比，化学工程所面对的实际问题往往更为复杂，主要表现在：（1）化工过程涉及的物料种类众多，物性千变万化；（2）过程进行的几何边界（如设备壁面、催化剂填充层中的孔道）十分复杂；（3）动量传递、热量传递、质量传递和化学反应以多种形式同时存在，且互相影响。

　　本节介绍实验室研究方法和数学模型方法两种最基本的化工过程研究方法。

一、实验室研究方法及其应用

　　虽然计算机模拟技术发展迅猛，但是，一直到现在，化学工程还是无法摆脱对实验室研究的依赖。然而实验室研究的结果往往只包含一些个别数据和个别规律，主要反映的是在实验室条件下各种现象所独有的特点。如欲将个别数据整理概括再加以推广应用，以达到由此及彼、以小见大的目的，就需要有一套完整的理论和方法，包括在实验时就应为后续过程开发、设计甚至生产操作而多方位考虑，例如：（1）在实验中要测量哪些物理量；（2）如何整理实验数据以导出结果；（3）实验结果的推广应用限于什么条件和范围等。

　　在化学工程领域里，用于达到上述目的的实验室研究方法主要有因次分析法和相似论方法。

1. 因次分析法

　　因次分析法又称量纲分析法，是对过程物理量的因次（即量纲）进行分析，得到为数较少的无因次数（即无量纲参数）群间关系的方法。

　　我们知道很多物理量都是有因次的，如速度的因次为：长度/时间，写作 L/t；密度的因次为：质量/长度^3，写作 M/L^3 等。若干物理量总能以适当的幂次组合构成无因次的数群，比如在研究管内流体流动时，就可将速度 u、管径 d、流体密度 ρ、流体黏度 μ 四个量组成 $ud\rho/\mu$，即为一个无因次数群，这一思路是英国科学家雷诺（O. Reynolds）提出的，故称为雷诺数，并用 Re 表示。

任何物理方程总是齐因次的，即相加或相减的各项都有相同的因次。因此，只要经过适当的变换，物理方程总可以改写为无因次数群间关系的形式。基于任何物理方程都是齐因次的这一事实可以推出 π 定理。

π 定理：对一特定的物理现象，由因次分析得到无因次数群的数目，必等于该现象所涉及的物理量数目与该学科领域中基本因次数之差。例如，研究流体在光滑水平直管中作定态流动的流动阻力时，根据对这一物理现象的了解，知道压力损失 Δp 与管径 d、管长 l、流速 u、流体密度 ρ、流体黏度 μ 有关，这种关系可用如下函数表示：

$$\Delta p = f(d, u, l, \rho, \mu) \tag{4-1}$$

该物理现象共涉及六个物理量。在力学中基本因次通常为长度、时间和质量，因而根据 π 定理可将式（4-1）变成三个无因次数群间的关系：

$$\frac{\Delta p}{\rho u^2} = \varphi \left(\frac{du\rho}{\mu}, \frac{l}{d} \right) \tag{4-2}$$

式中　　$\Delta p / (\rho u^2)$ ——欧拉数；

l/d——简单几何数群。

这样在实验研究中便无需测定各个物理量之间的定量关系，而只需测定上述无因次数群间的函数关系即可。

因次分析法有两个优点：（1）变量数减少了，从而实验的工作量减少了；（2）由于只需逐次改变无因次数群的值，而不必逐个改变各物理量的值，因此实验工作可大大简化。例如，在上述关于流动阻力的研究中，为改变雷诺数（$du\rho/\mu$）的值，原则上只需改变流速 u，既不需改变管径 d，也不需更换流体以改变流体性质 ρ 和 μ，所得实验结果可同样有效地用于其他管径和其他流体。

因次分析法不需要先列出描述过程的微分方程式，只需事先确定有关物理量。但因次分析法并不能指出哪些物理量是有关的和必要的，若过多地引入了一些关系不大的物理量，常常会增加分析上的复杂性；若遗漏了实际上有关的物理量（特别是过程涉及的无因次物理量），则可能导致严重的失误。

2. 相似论方法

相似论方法，即将描述物理现象的微分方程进行相似变换，得到无因次数群之间的关系式的方法。它是一种指导实验研究的方法，广泛用于航空、航海、水利、建筑等工程学科的实验研究。在化学工程领域里，主要用于传递过程和单元操作的实验研究。

1）由来

早在 1686 年牛顿就在《自然哲学的数学原理》一书中讨论了流体运动相似的条件，这为后来相似论这一学科的创立提供了借鉴。1822 年，法国物理学家傅里叶在研究热传导时提出了热相似的概念，但当时提出的流体运动相似和热相似，都还只是就个别情况而言的。直到 1848 年法国贝特朗以力学方程式的分析为基础，明确阐述了相似现象的基本性质，提出了相似第一定理，即所有相似的现象，其相似准数的数值相等。

此后，有许多学者将它应用于声学、流体力学、航空动力学的研究，以相似准数的形式来处理实验数据，前述提到的雷诺数作为确定流动状态为层流还是湍流的判据就是其中的一例。后来俄国学者费捷尔曼和美国学者白金汉分别导出了相似第二定理，该定理指出：可以用相似准数与同类量比值的函数关系来表示微分方程的积分结果。

1930 年苏联科学家基尔皮契夫和古赫曼提出相似第三定理：现象相似的充分必要条件是单值条件相似及由单值条件组成的相似准数相等。至此，比较完整的相似论学科体系宣告形成。

2）研究方法

在研究比较复杂的物理现象和工程问题时，人们往往通过建立微分方程和单值条件来描述各参数与变量之间的关系。微分方程反映了一类过程的普遍规律，单值条件则规定了过程进行的具体条件，主要是过程进行的空间范围、参与过程物系的物理性质、过程在边界上和时间上的特点等。相似论方法通过对微分方程和单值条件进行相似变换，得到若干与过程有关的物理量按不同组合构成的无因次数群，即为相似准数。在进行实验研究时，应按相似准数的形式来测定和整理实验数据。

例如，研究流体在光滑水平直管中作定态流动的流动阻力时，单值条件为流体物性参数密度 ρ、黏度 μ 以及几何特征参数管径 d，流速 u，描述这一流动问题的方程为：

$$Re = \frac{du\rho}{\mu} \tag{4-3}$$

3）特点

相似的概念源于几何学，例如两个三角形的对应角相等，则其对应边长度之比必相等，这两个三角形称为几何相似。在几何相似的系统中，若各对应点或对应部位上各相应物理量之比相等，则这些系统为物理相似。与因次分析法相比，相似论方法的结果更加可靠，因为它是通过微分方程的相似变换来求得相似准数的。但是当研究对象十分复杂，难以确定微分方程和单值条件时，其应用就受到了限制。此外，对化学反应和物理变化共存的系统，因为不能同时满足化学相似和物理相似的条件，相似论也不能奏效，这种情况可采用数学模型方法。

4）应用

一般说来，相似论方法的应用主要是：（1）在物理实验中用相似准数的形式来处理实验结果；（2）在工程试验中按现象相似的条件，确定模型试验的几何条件和物理条件。

在化学工程领域里，相似论有广泛应用。微分方程可以用来描述动量传递、热量传递、质量传递，如纳维—斯托克斯方程、能量方程、对流扩散方程等，这些方程虽然建立很早，但迄今为止，除某些比较简单的情况外，这些方程一般无法求得解析解，甚至也不能得到数值解。化工过程研究者正是借助于相似论的指导，对这些方程进行相似变换，得到与过程有关的相似准数，然后通过实验研究确定相似准数间的函数关系，来探索这些传递过程的规律。如黏性流体的流动阻力，可用欧拉数与雷诺数的关系描述；强制对流传热系数，可用努塞尔数与雷诺数、普朗特数的关系描述；对流传质的传质分系数，可用舍伍德数与雷诺数、施密特数的关系描述。

对于一些比较复杂的化工问题，如在流态化研究中，可将弗劳德数作为区分散式流态化和聚式流态化的判据；在关于流化床的流体力学、传热、传质研究中，也广泛利用相似准数来处理实验数据；在填料塔操作性能的研究中，相似准数的关系式被用于液泛速度的计算。

因次分析法和相似论方法可有效地用于传递过程和单元操作的实验研究，它们都以无因次数（无量纲）群的形式来表达实验结果，使实验工作大为简化，曾对化学工程学科的形成和发展起过重大作用，至今仍有应用价值。

二、数学模型方法及其应用

通常认为，只要人们对过程的机理有所了解，就可以结合物理和化学原理用数学方法进行描述了，再根据具体条件求解方程，以预测过程的结果。但是，绝大多数化工过程是无法列出数学方程式的，因而这种做法在化工过程研究中的应用是很有限的。马克思说："一门科学，只有当它成功地运用了数学，才能达到真正完善的地步。"

那么，对于化学反应和传递过程同时存在的复杂过程体系，我们是否可先对实际过程做出合理的简化，然后进行数学描述，再通过实验求取模型参数，最后对模型的适用性再进行验证呢？当然这一思路是完全可行的，在化工领域将这种研究方法称为数学模型方法。图4-1是一种数学模型的图形结构。

实际上，数学模型方法在单元操作的研究中早已应用，但系统地、自觉地应用则始于化学反应工程，目前已用于化工分离工程等领域。

数学模型方法用于过程的开发和放大时，其步骤通常为：（1）将过程分解成若干个子过程，一般分解为化学反应和各种传递过程；（2）分别研究各子过程的规律并建立数学模型，如反应动力学模型、流动模型、传热模型、传质模型等；（3）计算机模拟，即通过数值计算联立求解各子过程的数学模型，以预测不同条件下工业化装置的性能，目的是优化设计和优化操作。

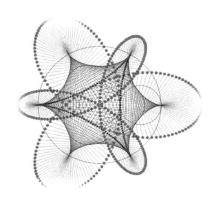

图4-1　一种数学模型的图形结构**❶**

进行过程分解的目的是：（1）减少各子过程数学模型所包含的待定模型参数以减少确定模型参数所需的实验工作量，从而提高模型参数的可靠性；（2）不同的子过程可以在不同类型的实验装置中进行研究。

通常情况下，化学反应的规律不因设备尺寸而异，完全可以在小型装置中进行研究。而物料流动、热量传递和质量传递规律一般都与设备尺寸有关，因此必须在大型装置中进行试验，可以不考虑化学反应。这类为反应过程开发所进行的不涉及化学反应的大型实验，统称为冷模实验，以区别于存在反应过程的热模实验。

在进行数学模拟放大时，通常也需进行中间试验，以综合检验模型的可靠性。

对某些复杂的化工过程（如反应过程），既不能利用因次分析法和相似论方法来安排实验，也不能通过对过程的合理简化建立数学模型，只能通过规模逐次放大的实验来搜索过程的规律，这种研究方法称为经验放大。在采用逐级的经验放大来开发化工过程时，通常先进行小型的工艺试验，以确定优选的工艺条件；然后进行规模稍大的模型试验，以验证小型试验的结果；再建立规模更大（如中间工厂规模）的装置，进行逐级搜索；最后设计工业规模的大型生产装置。这种放大规律的搜索方法，通常需要经过多层次的中间试验，每次放大倍数很低，耗时耗资，但目前这种方法还不能完全排除。

---

❶ 数学模型是运用数理逻辑方法和数学语言构建的科学或工程模型。具体来说，数学模型就是为了某种目的，用字母、数字及其他数学符号建立起来的等式或不等式以及图表、图像、框图等，用以描述客观事物的特征及其内在联系的数学结构表达式。

第二节　化工计算

利用物理和化学的基本定律，对参与单元操作或反应过程的物料的质量、组成和状态等过程参数，进行定量的计算，这个过程称为化工计算。化工计算最开始仅限于反应物与生成物之间物质的量的关系计算，即倍比定律和定比定律。20世纪初，化工计算在反应过程及单元操作中被推广应用，主要包括物料衡算和热量衡算。

化工计算的目的是：（1）得到设备设计相关数据；（2）为操作的调节和生产过程的控制提供依据；（3）掌握原材料的消耗量，中间产品和产品的生成量，估计能量以及水、电、蒸汽等动力消耗以及对生产操作进行经济分析。化工计算不仅是工厂或车间设计由定性规划转入定量计算的第一步，而且对现有生产流程的经济性和存在问题进行评价也是必不可少的。

一、化学计量学

化学计量学的英文是"stoichiometry"，源于希腊语 stoicheion（元素）和 metrein（计量），化学计量学又称化学统计学，是数学、统计学、计算机科学与化学结合而形成的化学分支学科。国际化学计量学学会给化学计量学做出了如下的定义：化学计量学是一门通过统计学或数学方法对化学体系的测量值与体系的状态之间建立联系的学科。

运用化学计量学方法可选择最优试验设计方案和测量手段，并通过对测量数据的处理和解析，最大限度地获取有关物质系统的成分、结构及其他相关信息，以作为反应过程进行物料衡算和热量衡算的依据。

1. 提出

化学计量学是瑞典 Umea 大学 G. 沃尔德（G. Wold，图 4-2）在 1971 年提出的。1974 年美国 B. R. 科瓦斯基和沃尔德共同倡议成立化学计量学学会。80 年代，化学计量学算法在基础及应用方面的研究取得了长足的进展，成为化学与分析化学发展的重要前沿领域。

2. 研究对象和任务

化学计量学的研究对象是有关化学测量的基础理论和方法学，它所研究的内容包括：统计学和统计方法、分析信息理论、采样、试验优化与设计、分析校正理论、分析信号检测和分析信号处理、化学模式识别、图像分析、构效关系、人工智能和专家系统、人工神经元网络、自适应化学模式识别及库检索等。

图 4-2　G. 沃尔德[1]

化学计量学的任务是借助有关化学测量的理论与方法学、应用数学、统计学与信息理论、计算机科学的方法和手段，科学地设计化学实验，选择最优的测量方法，最有效地获取体系有用的特征数据，并通过解析测量数据，最大限度地从中提取物质的定性、定量、形态、结构等信息。

---

[1] G. 沃尔德，化学家，先后在瑞士苏黎世的卡勒手下、芝加哥大学和哈佛大学任教，主要兴趣在视觉机能的化学过程方面，以其在生物化学方面的卓越发现和天才阐释，为人类对于生命的理解作出了突出贡献，1967 年获得了诺贝尔医学和生理学奖。

3. 化学计量方程

1）计算的基础方程

设反应组分（反应物及反应产物）A_1，A_2，$\cdots$，A_n 间进行一个化学反应，根据反应前后反应物系的质量保持不变(核反应除外)，即反应物减少的质量恒等于反应产物生成的质量，其化学计量方程可以表示成：

$$\nu_1 A_1 + \nu_2 A_2 + \cdots + \nu_n A_n = 0 \tag{4-4}$$

式中　ν_i——反应组分 A_i 的化学计量系数。

当 A_i 为反应物时，$\nu_i < 0$；当 A_i 为反应产物时，$\nu_i > 0$；当 A_i 为惰性组分时，$\nu_i = 0$。如将反应物集中在左端，而反应产物全部移至右端，即成为通常的化学方程式。化学计量方程仅表示反应过程中反应组分摩尔质量变化的比例关系，而不体现化学反应的机理。

2）独立反应与独立反应数

同时进行的若干个反应，如果其中任何一个反应均不可能由其他反应线性组合得到，此即为独立反应。当反应物系中存在多个反应时，设反应组分 A_1，A_2，$\cdots$，A_n 是由 p 个元素 E_1，E_2，$\cdots$，E_p 组成，反应组分 A_i 中含元素 E_k 的原子数为 a_{ik}，则按反应组分及组成元素可写出下列矩阵：

$$\begin{pmatrix} a_{11} & \cdots & a_{n1} \\ \vdots & \ddots & \vdots \\ a_{1p} & \cdots & a_{np} \end{pmatrix}$$

若上列矩阵的秩为 R，则独立反应数 $m = n - R$。计算各反应组分量的变化时，只需考虑独立反应，无需考虑非独立反应。注意，此法不适用于含有同分异构化合物的物系。

3）反应进程变量

若物系中只含一个反应，则用一个变量即可描述反应进行的程度；若含有多个反应，则反应进程变量数目应等于独立反应数。常用的反应进程变量有以下几个。

（1）反应进度。反应组分的变化量与其化学计量系数之比，是一个广度变量，单位为 mol。反应进度是对一个反应而言的，若有 m 个独立反应，相应的有 m 个反应进度。根据反应进度可以计算任何反应组分的变化量。

（2）转化率。某一反应物的反应量与其初始量之比。转化率为一强度因素，其值小于或等于 1。除非初始反应物系中各反应物的比例符合化学计量系数比，否则按不同反应物计算的转化率的数值是不同的。

（3）收率：生成某一反应产物时所消耗某一反应物的摩尔量与该反应物的初始摩尔量之比。收率亦为强度因素，其值小于或等于 1。若按重量来计算收率，称为重量收率。当产物的相对分子质量大于反应物的相对分子质量时，则其值可能大于 1。

（4）选择率：生成某一反应产物时所消耗某一反应物的摩尔量与该反应物转化的摩尔量之比。选择率也是强度因素，其值小于或等于 1。

根据转化率、收率和选择率的定义可知，收率等于转化率与选择率的乘积。

具有循环过程的反应系统，从反应器流出的物料经分离操作分出大部分产品后，剩余部分又回到反应器进口处。所以，进入反应器的物料组成将不同于进入反应系统的原料组成，反应器出口的物料组成也不同于离开反应系统的物料组成。以反应器进出口为基准计算的收率和转化率，分别称为单程收率和单程转化率；如以进出反应系统的物料来计算转化率和收率，则分别称为全程转化率和全程收率。反应进度是根据反应来定义的，而转化率、收率和选择率则是按反应组分来定义的，因此两类反应进程变量不应混用。

二、物料衡算

物料衡算是以质量守恒定律为基础对物料平衡进行的计算。物料平衡是指在单位时间内进入系统(体系)的全部物料质量必定等于离开该系统的全部物料质量加上损失掉的或积累起来的物料质量。工艺设计中，物料衡算是在工艺流程确定后进行的。

质量守恒定律是建立过程数学模型的一个重要手段，是化工计算的重要组成部分。物料衡算可以按需要，围绕整个生产过程、生产过程的某一部分、某一单元操作、某一反应过程、设备的某一部分或设备的微分单元来进行。为了进行物料衡算，要先确定控制体，即生产过程中的某一空间范围。根据质量守恒定律，通过物料衡算，可以得知进入控制体的物料质量和组成与离开控制体的物料质量和组成之间的关系。

1. 物料衡算方程

为了进行物料衡算，首先按需要划定控制体，再选定物料衡算的基准。对于间歇操作常取一批物料或1kg原料，对于连续操作通常以单位时间内处理的物料量为基准。根据质量守恒定律，对其中的任何组分可以得到如下关系式：

$$\begin{array}{c}进入控制体的\\某种组分质量\end{array} + \begin{array}{c}该组分在控制体的\\生成(或消失)质量\end{array} = \begin{array}{c}该组分离开\\控制体质量\end{array} + \begin{array}{c}该组分在控制\\体内积累质量\end{array}$$

对于连续生产的定态化工过程，因控制体内的一切状态参数、物料的物理性质等均不随时间而改变，故其中不会有物料量的积累。控制体内产生（或消失）的物料质量，由化学反应计量方程给出。因此，对于不发生化学反应的连续定态过程，物料衡算式可以简化为：

$$进入控制体的物料质量 = 离开控制体的物料质量$$

2. 独立方程数

进行物料衡算，可以建立三类方程，即物料衡算方程、同一物流各组分之间的含量关系方程(如摩尔分数之和为1)和控制体的约束条件方程。

物料衡算方程可以按物料中所含各组分写出，也可按物料总量写出，但只有 N_c（独立组分数）个方程是独立的。控制体的约束条件视具体对象而定，例如，两物流以一定比例进入混合器混合，对混合器进行物料衡算时，给定两物流的比例即为一个约束条件。因此，独立方程数目将等于 $N_c + N_s$（物流数目）$+ N_e$（控制体的约束条件数目）。物料衡算可以求解与独立方程数目相同的未知量。

3. 物料衡算的步骤

（1）确定控制体。根据所讨论的问题（或欲求的未知量）确定待研究的控制体。确定控制体、环境与边界是建立物料平衡方程式的基础。

（2）识别类型。确定控制体后，根据控制体所包含的过程，识别问题的类型：连续过程还是间歇过程，稳定状态还是非稳定状态，有化学反应还是无化学反应等等。这是进行数据处理和建立平衡方程的基础。

（3）收集数据。物料衡算必须在计算前拥有足够的、尽量准确、合乎实际而正确的数据，通常称为初始（或原始）数据，这些数据是整个计算的基本。原始数据的来源可以根据计算的性质而不同：如果进行设计计算，则依据是设定值；如果是对生产过程进行测定性计算，则要严格依据现场实际数据。当某些数据不能精确测定或欠缺时，可在工程设计计算所允许的范围内借用、推算或假定。对于现场数据的收集要注意有无遗漏或矛盾，不仅要合乎实际而且要经过分析决定取舍，必须使数据准确无误。

（4）画出流程示意图。把要衡算的过程画出流程示意图。在流程图中用方框表示过程的每个单元（如反应器、混合器等），用带有箭头的线条表示物料输送的途径和方向。将所有原始数据标注在图的相应部位，未知量也同时标明。如果该过程不太复杂，则整个系统可用一个方块和几条进、出物流线表示即可。

（5）选择计算基准。所谓的基准就是计算的范围，根据问题的性质及采用的计算方法，选择合适的计算基准。如有特殊情况或要求，需在计算过程中变换基准。但是不管什么基准，最终都要满足题目要求的结果。

（6）建立输入输出物料表格。用表格来描述和识别所有进入体系和离开体系的物料。这一步骤是仔细计算的开始，也是指导整个控制体进行物料衡算十分关键的一步。

（7）列平衡方程式。平衡方程式就是用代数式表示物料关系的平衡式。对于无化学反应体系能列出独立物料平衡方程式的最多数目应等于输入和输出物流的组分数。例如，当给定苯和甲苯两种组分构成的输入和输出物流时，可以写出苯和甲苯的质量平衡式、总物料的质量平衡式（或组分的质量平衡式或总质量平衡式）。这三个平衡式中只有两个是独立的，而另一个是派生出来的。在写平衡方程式时，要尽量使方程所包含的未知数最少。列平衡方程时，只要列出一个总物料平衡式、一个组分平衡式，就可以求解。如果列出的是苯和甲苯两个组分的平衡式，则需用同时包含两个未知数的方程式求解。

（8）在求解物料平衡方程式的基础上，按题意进行其他方面的计算。

（9）完成物料质量平衡表并进行审核。

（10）根据题意做出结论。

关于物料衡算问题不必局限于某种特定的形式和步骤，可以结合要解决的实际问题的难易程度和具体情况灵活应用。目前，随着 ASPEN 等计算软件的开发成功，物料衡算只要输入基础进料数据便可通过计算机得到更精确的解。

三、热量衡算

当物料经过设备时，如果其动能、位能或对外界所做的功带给设备总能量的变化很小或者可以忽略时，能量守恒定律可以简化为热量衡算。热量衡算是建立过程数学模型的一个重要手段，是化工计算的重要组成部分。进行热量衡算，先确定设备传入或从设备传出的热量；再根据热量衡算确定加热剂或冷却剂的用量以及设备的换热面积，或建立进入和离开设备的物料的热状态（包括温度、压力、组成和相态）之间的关系。对于复杂过程，热量衡算往往必须与物料衡算联立求解。

与物料衡算类似，进行热量衡算时也先划定一个控制体（衡算的空间范围）。控制体可以是整个生产过程、生产过程的某一部分、某单元操作、某反应过程、设备的某一部分或设备的微分单元。根据能量守恒定律，在忽略动能、位能和对外做功的条件下，出入控制体的热量之间存在如下关系：

$$物料带入控 \atop 制体的热量 + 控制体内产 \atop 生的热量 = 物料带出控 \atop 制体的热量 + 控制体内热 \atop 量的积累 + 由控制体边界 \atop 传出的热量$$

对于连续定态过程，控制体内没有热量的积累。如果在控制体内又不发生化学反应，以及没有采用电加热等热源，则控制体内产生的热量为零，此时，热量衡算式可以简化为：

物料带入控制体的热量 − 物料带出控制体的热量 = 由控制体边界传出的热量

对于间歇过程，热量采用 J 作为计算单位；对于连续过程，热流量则采用 J/s 作为计算单位。

需要注意的是，物质所具有的热能是对照某一基准状态给出的，相当于物质从基准状态加热到所处状态需要的热量。当物质发生相态变化时，必须计入相变时的潜热，如汽化热（或冷凝热）、熔融热（或凝固热）等。不同液体混合时，必须计入由于浓度变化而产生的混合热（或溶解热）。工程上常用热力学参数"焓"来表示单位质量物质所具有的热量。单位质量物料状态变化所需的热量，等于两种状态下焓值的差。总之，热量衡算的步骤，与物料衡算大致相同。

第三节　化工热力学

化工热力学是热力学基本定律应用于化学工程领域中而形成的一门学科，主要研究化工过程中不同形式的能量之间相互转化的规律及过程趋近平衡的极限条件，为有效利用能量和改进实际过程提供理论依据。

一、化工热力学的形成与发展

热力学是物理学的一个组成部分，它是在蒸汽机发展的推动下，于 19 世纪中叶形成的。最初只涉及热能与机械能之间的转换，之后逐渐扩展到研究与热现象有关的各种状态变化和能量转换的规律。在热力学的基本定律中，热力学第一定律表述能量守恒关系，热力学第二定律从能量转换的角度论证过程进行的方向。这两个定律具有普遍性，在化学、生物学、机械工程、化学工程等领域得到了广泛的应用。热力学基本定律应用于化学领域，形成了化学热力学，其主要内容有热化学、相平衡和化学平衡的理论；热力学基本定律应用于热能动力装置，如蒸汽动力装置、内燃机、燃气轮机、冷冻机等，形成了工程热力学，其主要内容是研究工质的基本热力学性质以及各种装置的工作过程，探讨提高能量转换效率的途径。

化工热力学是以化学热力学和工程热力学为基础，在化学工业的发展中逐步形成的。化工生产的发展，出现了蒸馏、吸收、萃取、结晶、蒸发、干燥等许多单元操作，以及各种不同类型的化学反应过程，生产的规模也越来越大，由此提出了一系列的研究课题。例如在传质分离设备的设计中，要求提供多组分系统的温度、压力和各相组成间的相互关系的数学模型。一般化学热力学很少涉及多组分系统，它不仅需要热力学，还需要应用一些统计力学和经验方法。在能量的有效利用方面，化工生产所涉及的工作介质比工程热力学研究的工作介质（空气、蒸汽、燃料气等）要复杂得多，且能量的消耗常在生产费用中占有很高比例，因此更需要研究能量的合理利用和低温位能量的利用，并建立适合于化工过程的热力学分析方法。1939 年，美国麻省理工学院教授 H. C. 韦伯写出了《化学工程师用热力学》一书；1944 年，美国耶鲁大学教授 B. F. 道奇写出了教科书《化工热力学》。这样，化工热力学就逐步形成为一门学科。随着化学工业规模的扩大、新过程的开发，以及大型电子计算机的应用，化工热力学的研究有了较大的发展。世界各国化工热力学专家在 1977 年举行了首届流体性质和相平衡的国际会议，1980 年和 1983 年分别举行了第二届和第三届会议，还出版了期刊《流体相平衡》。化工热力学已列为大学化学工程专业的必修课程。

二、化工热力学的内容

化工热力学的内容是应用热力学基本定律研究化工过程中能量的有效利用、各种热力学过程、相平衡和化学平衡，以及与上述内容有关的基础数据，如物质的 PVT 关系和热化学数据。

1. 热力学第一定律及应用

进行各种化工过程的能量衡算，并从压缩机、鼓风机、冷冻机、喷管、喷射器以及各种热能动力装置中抽象出各种热力学过程，进行热和功的计算。

对于与环境间只有能量传递而没有物质传递的封闭系统，热力学第一定律可表达为：

$$\Delta U = U_2 - U_1 = Q - W \tag{4-5}$$

式中　ΔU——系统从状态 1 变到状态 2 时系统内能的变化；

U——系统的内能，指系统内部一切形式的能量（系统的动能和位能除外）的总和；

Q——热量，系统吸热为正，放热为负；

W——功，做功为正，得功为负。

热力学第一定律的关系式表明以热和功的形式传递能量的净值，必等于系统内能的变化。

对于与环境间既有能量传递又有物质传递的敞开系统，在计算进出系统前后物料的内能所发生的变化时，除了考虑热和功外，还必须计入相应的动能和位能的变化，以及能量在系统中的积累。对于化工生产上经常遇到的定态流动过程（单位时间内出入系统的物料量相同，且不随时间变化，系统中没有物质或能量的积累），热力学第一定律可表达为：

$$\Delta U + \Delta E_K + \Delta E_P = Q - W \tag{4-6}$$

或

$$\Delta H + \Delta E_K + \Delta E_P = Q - W_S \tag{4-7}$$

其中

$$H = U + pV$$

式中　ΔU——物料进出系统前后内能变化；

ΔE_K——动能的变化；

ΔE_P——位能的变化；

W_S——轴功，指膨胀功以外的功，主要是与动力装置有关的功；

H——焓；

p——系统压力；

V——系统体积。

2. 热力学第二定律及应用

热力学第二定律主要是用来研究以下内容：

（1）相平衡：在相平衡准则的基础上建立数学模型，将平衡时的温度、压力和各相组成关联起来，用于传质分离过程的计算；

（2）化学平衡：在化学平衡准则的基础上研究各种工艺条件（温度、压力、配料比等）对平衡转化率的影响。另外，还应用于反应过程的工艺计算，选择最佳工艺条件；

（3）能量的有效利用：功可以完全转变为热，但热转变为功则要受到一定的限制。为了节约能量，尽可能减少功的消耗。对化工过程所用的热能动力装置、传质设备和反应器等，都应该进行过程的热力学分析，从而采取措施以节约能耗，提高经济效益。

热力学第二定律的建立是从研究蒸汽机效率开始的。研究表明：在高温 T_1 与低温 T_2 两个热源间工作的任何热机（将热转变为功的机器，如蒸汽机）的热机效率 η（从高温热源吸收的热转变为功的分率），以工作过程为可逆过程的热机（即可逆热机）的效率 η_r 最高，且 $\eta_r = (T_1 - T_2)/T_1$，这种可逆热机的工作过程称为卡诺循环，这个规律称为卡诺定律，它是有效利用能量的依据。

热力学第二定律的数学表达式为：

$$\Delta S = S_2 - S_1 \geqslant \int \frac{\mathrm{d}Q}{T_{su}} \qquad (4-8)$$

式中　S——熵，是系统结构微观多样性的度量（一种说法是混乱度）；

　　　T_s——环境温度；

　　　Q/T_{su}——热温商，熵与热温商仅在可逆过程时两者相等。

上面的卡诺定律可以由式（4-8）导出。由于可逆过程是在平衡条件下进行的，因而热力学第二定律提供了一个判断是否达到平衡的普遍准则。应用于相变化和化学变化时，可导出更具体的相平衡准则和化学平衡准则。

化学热力学的主要奠基者和重要贡献者吉布斯（图4-3）曾说："理解熵和温度，是理解整个与热现象相关学科的关键。"

3. 研究方法

热力学的研究方法有以下两种：

（1）经典热力学方法。热力学是一种宏观理论，不考虑物质微观结构。由热力学定律导出的结果，都是一些宏观性质间的关系，具有充分的可靠性和普遍性。例如由 PVT 关系计算热力学性质（如内能、焓、熵及逸度）的公式，原则上适用于计算处于任何状态下的任何物质，进而用于计算热力学过程、相平衡和化学平衡。但经典热力学方法不能揭示由微观结构所决定的物质特性。

（2）分子热力学方法。统计力学结合半经验模型的方法，在化工热力学的发展过程中正起着越来越重要的作用。它是在热力学基本定律之上建立的化工热力学，没有受到经典热力学方法的

图4-3　吉布斯❶

限制。统计力学是从物质的微观模型出发，运用统计的方法，导出微观结构与宏观性质之间的关系，例如从分子间相互作用的位能函数和径向分布函数，导出 PVT 关系。但由于分子结

---

❶ 吉布斯，1839 年 2 月生于纽黑文，1863 年取得美国首批博士学位，8 年后一直在耶鲁大学执教。他一生过着平凡清苦的生活，除在欧洲游学 3 年外，他很少离开耶鲁大学。由于对热现象的深刻认识，吉布斯的成就是跨学科的。他不仅是化学热力学的主要奠基者，也是统计热力学、结晶学、表面科学、相变等学科的重要贡献者，是人类历史上迄今为止最伟大的物理化学家。他的思想和理论，当时多数学者不能理解。吉布斯终身未婚，和姐姐、姐夫住在一起。人们在社交场合见不到他。按照世人的标准，他是孤独和荒谬的，但是，他的伟大心灵一定在多数时候沉静在一份超常的精彩灿烂、平和宁静中。

构十分复杂，统计力学目前还只能处理比较简单的情况。对于比较复杂的实际系统，必须先作简化，建立一些半经验的数学模型，利用实验数据，回归模型参数。这种方法，在研究状态方程和活度系数方程中已被使用。

4. 现状和发展方向

在基础数据方面，目前已积累大量的热化学数据、PVT 关系数据以及相平衡和化学平衡的数据，并编制成许多精确的普遍化计算图表（如普遍化压缩因子图），已发展出几百种状态方程，少数状态方程还能兼用于气液两相。在活度系数方程和状态方程的基础上，进行相平衡关联方面的研究，取得较显著的进展。对于许多常见系统，已经能用二元系的实验数据预测多元系的汽液平衡和气液平衡；已有几种基团贡献法，可用基团参数估算许多系统的汽液平衡和液液平衡。这种方法对新过程开发有很大的作用。复杂系统化学平衡的计算也有明显进展，化工过程的热力学分析方法已初步形成。在近期的研究工作中，除了继续进行基础数据的测定外，还需建立具有可靠理论基础的状态方程，要求方程适用于极性物质、含氢键物质和高分子化合物，并能同时用于气相、液相和临界区域。非常见物质的汽液平衡、液液平衡和液固平衡，以及与超临界流体萃取新技术有关的气液平衡和气固平衡，与气体吸收、湿法冶金和海洋能源开发有关的电解质溶液的研究，吸引了许多人的兴趣。化工热力学在生物化学工程中的应用也令人注目。还必须指出，非平衡态热力学理论的发展，开始打破经典热力学不涉及过程速率的局限性。由于节约能源的重要性，化工过程的热力学分析的研究也方兴未艾。

第四节　熵

熵（Entropy）这一中文名是意译而来的。1923 年，德国物理学家普朗克来中国讲学，物理学家胡刚复做翻译，苦于无法将 Entropy 这一概念译成中文。他根据 Entropy 为热量与温度之商，而且这个概念与能量有关，就在商字左边加了火（能量）旁，构成一个新字"熵"，用字母 S 表示。很多中国学生在学习熵这个函数时，总以为是汉语拼音的开头，其实，在英文教科书里基本也都是用 S，这或许是中西文化交融的另一种自然巧合吧。

化学及热力学中所指的熵，是一种在动力学方面不能做功的能量总数，但是经常用熵的参考值和变化量进行分析比较。

一、熵在不同学科的含义

熵的英文释义：*The degree of randomness or disorder in a thermodynamic system.* 直译为热力学体系的随意性和无序性的度量。

熵的定义：$dS = dQ_R/T$，dS 是熵变，dQ_R 是可逆过程的热量变化，T 是温度。因此计算不可逆过程的熵变时，必须用与这个过程的始态和终态相同的可逆过程的热效应 dQ_R 来计算。

需强调的是：（1）熵是体系的状态函数，其值与达到状态的过程无关；（2）TdS 的量纲是能量，而 T 是强度性质，因此 S 是广度性质，计算时，必须考虑体系的质量；（3）同状态函数 U 和 H 一样，一般只计算熵的变化。

熵在物理学上指热能除以温度所得的商，标志热量转化为功的程度。

熵在科学技术上用来描述、表征系统不确定程度，也被社会科学用以借喻人类社会某些状态的程度。

熵在传播学中表示一种情境的不确定性和无组织性。

二、熵的由来

图 4-4　鲁道夫·克劳修斯❶

1850 年，德国物理学家鲁道夫·克劳修斯（图 4-4）首次提出熵的概念，用来表示任何一种能量在空间中分布的均匀程度，能量分布得越细微均匀，熵就越大。一个体系的能量完全均匀分布时，这个系统的熵就达到最大值。在克劳修斯看来，在一个系统中，如果任它自然发展，那么，能量差总是倾向于消除的。让一个热物体同一个冷物体相接触，热就会以下面所说的方式流动：热物体将冷却，冷物体将变热，直到两个物体达到相同的温度为止。

克劳修斯在研究卡诺热机时，根据卡诺定理得出了对任意可逆循环过程都适用的一个公式：

$$dS = dQ/T \qquad\qquad (4-9)$$

对于绝热过程 $Q=0$，故 $S \geqslant 0$，即系统的熵在可逆绝热过程中不变，在不可逆绝热过程中单调增大。这就是熵增加原理。由于孤立系统内部的一切变化与外界无关，必然是绝热过程，所以熵增加原理也可表达为：一个孤立系统的熵永远不会减少。它表明随着孤立系统由非平衡态趋于平衡态，其熵单调增大，当系统达到平衡态时，熵达到最大值。熵的变化和最大值确定了孤立系统过程进行的方向和限度，熵增加原理就是热力学第二定律。

克劳修斯一生研究广泛，但最著名的成就是提出了热力学第二定律，成为热力学理论的奠基人之一。1850 年，克劳修斯发表了首篇论文：《论热的动力以及由此推出关于热本身的定律》。他首先以当时焦耳用实验方法所确立的热功当量为基础，第一次明确提出了热力学第一定律，内能 U 是克劳修斯第一次引入热力学的一个新函数。1854 年他发表《力学的热理论的第二定律的另一种形式》，给出了可逆循环过程中热力学第二定律的数学表示形式，引入了一个新的后来定名为熵的状态参量。1865 年他发表《力学的热理论的主要方程之便于应用的形式》，把这一新的状态参量正式定名为熵。利用熵这个新函数，克劳修斯证明了：任何孤立系统中，系统的熵的总和永远不会减少，或者说自然界的自发过程是朝着熵增加的方向进行的。这就是熵增加原理，它是利用熵的概念所表述的热力学第二定律。

作为热力学理论的奠基人，克劳修斯一生的成就远不止于此，他在许多方面都取得了令人瞩目的研究成果，尤其在气体分子运动论方面，人们也习惯性地把他和麦克斯韦、玻耳兹曼一起称为分子运动论的奠基人。

---

❶ 鲁道夫·克劳修斯，1822 年 1 月 2 日生于普鲁士克斯林（今波兰科沙林）的一个知识分子家庭。1840 年进入柏林大学。1847 年在哈雷大学主修数学和物理学的哲学博士学位。从 1850 年起，曾先后任柏林炮兵工程学院、苏黎世工业大学、维尔茨堡大学、波恩大学物理学教授。1870 年在普法战争中组织了一支救护队，且自己也在战争中受伤，成了持久伤残，被授予铁十字勋章。

三、玻耳兹曼与熵

玻耳兹曼（图4-5）在研究分子运动统计现象的基础上提出了熵的计算公式（图4-6）：

$$S = k \times \ln\Omega \qquad\qquad (4-10)$$
或
$$S = k \times \log W \qquad\qquad (4-11)$$

式中　Ω、W——系统分子的状态数；

　　　k——玻耳兹曼常数，$k = 1.38 \times 10^{-23}$ J/K。

这个公式反映了熵函数的统计学意义，它将系统的宏观物理量 S 与微观物理量 Ω 联系起来，成为联系宏观与微观的重要桥梁之一。

图4-5　玻耳兹曼　　　　　图4-6　刻有玻耳兹曼公式的墓碑

基于上述熵与热力学概率之间的关系，可以得出结论：系统的熵值直接反映了它所处状态的有序程度，越有序，系统的熵值越小；越混乱，系统的熵值越大，它所处的状态越是无序。系统总是自发地从熵值较小的状态向熵值较大（即从有序走向无序）的状态转变，这就是隔离系统熵增加原理的微观物理意义。

玻耳兹曼的一生颇富戏剧性，他独特的个性也一直吸引着人们的关注。有人说他终其一生都是一个"乡巴佬"，他自己要为一生的不断搬迁和无间断的矛盾冲突负责，甚至他以自杀来结束自己辉煌一生的方式也是其价值观冲突的必然结果。也有人说，玻耳兹曼是当时的费曼。他讲课极为风趣，妙语连篇，课堂上经常出现诸如"非常大的小"之类的话语。幽默是他的天性，但他性格中的另一面，自视甚高与极端不自信的奇妙结合，对这位天才的心灵损害极大。这位天才的科学家总是与众不同，就连他的墓碑，人们对他的描述也是与众不

---

❶ 1844 年玻耳兹曼出生于维也纳，在维也纳和林茨接受教育，1866 年获维也纳大学博士学位，之后有好几个大学向他提供职位。他曾先后在格拉茨大学、维也纳大学、慕尼黑大学以及莱比锡大学等地任教。其中曾两度分别在格拉茨大学和维也纳大学任教。1877 年，玻耳兹曼提出，用熵来度量一个系统中分子的无序程度，并给出熵 S 与无序度 W 之间的关系，即著名的玻耳兹曼公式。他还注重自然科学哲学问题的研究，著有《物质的动理论》等。作为哲学家，他反对实证论和现象论，并在原子论遭到严重攻击的时刻坚决捍卫它。玻耳兹曼后期在与马赫的经验主义和奥斯特瓦尔德的唯能论论战中身心俱疲，于 1906 年 9 月 5 日自杀身亡。他死后被葬在维也纳中央公墓。

❷ 意大利理论力学教授卡罗·切尔奇纳尼基于他对玻耳兹曼方程数学理论的广博研究，使他对玻耳兹曼的生平和工作产生了浓厚的兴趣，撰写了《玻耳兹曼：笃信原子的人》一书，记录了这位伟大的科学家的生平、个性及其科学和哲学成就，详尽描述了他丰富而极具悲剧性的生活(他于 62 岁时自杀身亡)。该书主要在 19 世纪下半叶的背景中讨论他的科学和哲学思想。他是宏观物体存在一个微观的、原子的结构基础这一学说的主要创立者，该学说深深影响了普朗克的光量子假说和爱因斯坦关于布朗运动的研究，对现代物理学的诞生产生了极大的影响。

同（图4-6）。

在玻耳兹曼时代，虽然热力学理论并没有得到广泛的传播，但他在使科学界接受热力学理论，尤其是热力学第二定律方面立下了汗马功劳，人们认为他和麦克斯韦发现了气体动力学理论，也被公认为统计力学的奠基者。

四、熵的其他应用

虽然熵的概念最早来源于化学，但它的应用已经远远不限于此，熵的概念和理论也被用于计算一个系统中的失序现象。它是一个描述系统状态的函数，可应用到社会学、地质学、农学、生物学等不同的学科。

1. 信息论中的应用

熵的原始意义是指体系的混乱程度，它在控制论、概率论、数论、天体物理、生命科学等领域都有重要应用，在不同的学科中也有引申出的更为具体的定义，是各领域十分重要的参量。C. E. 香农（Claude Elwood Shannon，图4-7）第一次将熵的概念引入到信息论中。

图4-7　C. E. 香农[❶]

在信息论中，熵表示的是不确定性的量度。信息论的创始人香农在其著作《通信的数学理论》中提出了建立在概率统计模型上的信息度量，他把信息定义为"用来消除不确定性的东西"。

熵曾经是玻耳兹曼在热力学第二定律引入的概念，我们可以把它理解为分子运动的混乱度，信息熵也有类似意义。例如在中文信息处理时，汉字的静态平均信息熵比较大，中文是9.65比特，英文是4.03比特。这表明中文的复杂程度高于英文，反映了中文词义丰富、行文简练，但处理难度也大。信息熵大，意味着不确定性也大。我们总是认为汉字是世界上最优美的文字，然而，从信息熵角度，不能说汉字是最容易处理的错误结论。

众所周知，质量、能量和信息量是三个非常重要的量。

人们很早就知道用秤或者天平计量物质的质量，而热量和功的关系则是到了19世纪中叶，随着热功当量的明确和能量守恒定律的建立才逐渐明了，能量一词就是它们的总称，而能量的计量则通过"卡、焦耳"等新单位的出现而得到解决。

然而，关于文字、数字、图画、声音的知识已有几千年的历史了。但是它们的总称是什么？它们如何统一地计量？直到19世纪末还没有被正确地提出来，更谈不上如何去解决了。20世纪初期，随着电报、电话、照片、电视、无线电、雷达等的发展，如何计量信号中信息量的问题被隐约地提上日程。

1928年哈特利（R. V. H. Harley）考虑到从 D 个彼此不同的符号中取出 N 个符号并且组成一个"词"的问题。如果各个符号出现的概率相同，而且是完全随机选取的，就可以得到 DN 个不同的词。如果从这些词里取出特定的一个，肯定就有一个信息量 I 与之对应。哈

---

❶ 香农于1916年4月出生于美国密歇根州。1936年毕业于密歇根大学并获得数学和电子工程学士学位。1940年获得麻省理工学院（MIT）数学博士学位和电子工程硕士学位。香农一生大多时间都是在贝尔实验室和麻省理工学院度过的。香农于2001年2月去世。

特利建议用 $N\log D$ 这个量表示信息量，即 $I = N\log D$。

我们无法知道当时哈特利想的是什么，但 $I = N\log D$ 这个公式似曾相识。

但就信息传输给出基本数学模型来说，其核心人物还是香农。1948 年香农长达数十页的论文《通信的数学理论》成了信息论正式诞生的里程碑。在他的通信数学模型中，清楚地提出了信息的度量问题，他把哈特利的公式扩大到概率 p_i 不同的情况，得到了著名的计算信息熵 H 的公式：

$$H = \sum - p_i \log p_i \qquad\qquad (4-12)$$

如果计算中的对数 $\log$ 是以 2 为底的，那么计算出来的信息熵就以比特（bit）为单位。今天在计算机和通信中广泛使用的字节（Byte）、KB、MB、GB 等词都是从比特演化而来。比特的出现标志着人类知道了如何计量信息量。香农的信息论为明确信息量概念做出了决定性的贡献。

香农在进行信息的定量计算的时候，明确地把信息量定义为随机不定性程度的减少。这就表明了他对信息的理解：信息是用来减少随机不定性的东西，或香农逆定义：信息是确定性的增加。

虽然香农的信息概念比以往的认识有了巨大的进步，但仍存在局限性。这一概念同样没有包含信息的内容和价值，只考虑了随机过程的不定性，没有从根本上回答"信息是什么"的问题。

事实上，香农最初的动机是把电话中的噪声除掉，他给出通信速率的上限，这个结论首先用在电话上，后来用到光纤，截至 2013 年又用在无线通信上。我们能够清晰地打越洋电话或卫星电话，都与通信信道质量的改善密切相关。

香农在公众中并不特别知名，但他是使我们的世界能进行即时通信的少数科学家和思想家之一。今天，我们的生活在通信上的便利，都是基于他的两大贡献：一是信息理论、信息熵的概念；二是符号逻辑和开关理论。

2. 生命科学中的应用

1）生物熵

生命体是一开放的系统，总是在与外界进行着物质、能量、信息的交换，总是通过耗散物质和能量来维持生命活动，被认为是一个远离平衡态的开放体系，属于"耗散结构"，因此，可以用熵来分析一个生命体生长、衰老、病死的全过程，形成独立的生物熵定义。

生物熵的内容包含生命现象的时间序、空间结构序与功能序，生物熵变是这三个序的程度变化之和。

一方面，一个无序的世界是不可能产生生命的；另一方面，有生命的世界一定是有序的。生物进化是由单细胞向多细胞、从简单到复杂、从低级向高级的进化，也就是说向着更为有序、更为精确的方向进化，这是一个熵减的方向，与孤立系统向熵增大的方向恰好相反。可以说生物进化是熵变为负的过程，即负熵是在生命过程中产生的。

一个系统由无序变为有序的自然现象称为自组织现象。自组织现象可以通过以下过程说明：

（1）蛋白质大分子链由几十种类型的成千上万个氨基酸分子按一定的规律排列而成。这种有组织的排列绝不是随机形成的，而是生命的自组织过程，该过程的形成与物质、能量和信息进入生物体而引起的负熵有关。大的负熵状态必然有利于有序自组织的形成。而自组织有序度的提高也必然会导致生物熵的进一步减少。

（2）生命的成长过程是生命系统的熵变由负逐渐变化趋于零的过程，可以说随着生命的成长，生物熵是由快速减少到逐渐减少的过程，这个过程中生物组织的总量增加，有序度增加，生物熵总量减少，所以熵增为负。

（3）衰老是生命系统熵的一种长期的缓慢的增加，也就是说随着生命的衰老，生命系统的混乱度增大，原因应该是生命自组织能力的下降造成负熵流的下降，生命系统的生物熵增加，直至极值而死亡，这是一个不可抗拒的自然规律。

生命过程是一个开放的热力学系统，熵变可以用一个耗散型结果进行描述。

2）环境、疾病、死亡与生物熵

负熵是人体生命过程中产生的，正常情况下有较高的负熵流，当生理功能由于某种原因失常，生命过程的负熵流将下降，生物熵的上升必然造成生命体许多不适与损害。通常而言，低熵态对应着比较有序的状态，即体内有效能高转化状态。

（1）天气变化与生物熵：正常情况下，由于生命已经适应了正常的气候变化，所以正常的天气变化对生命过程的负熵没有影响。只有发生突变时，人体的正常生理调节功能无法适应变化造成负熵下降，生物熵上升，人容易生病或感到不适。

（2）环境污染与负熵：环境污染必定造成生命组织的损害，结果使人体正常生理功能失常，负熵流下降，生物熵上升，人容易生病或感到不适。

（3）一般疾病与生物熵：当生物体患病的时候，输入生物体内的各种无序的物质在细胞和机体中堆积起来，细胞和肌体的新陈代谢能力减弱，不能将它们分解消除掉。随着时间的推移，负熵流下降，生物熵上升，若得不到很好的改善，无序物的堆积就会越积越多，生物熵增大，生命就越来越弱。

（4）肿瘤与生物熵：熵增加原理也可以解释肿瘤在人体内的发生、扩散。现代医学研究表明，癌以原癌基因的形式存在于正常生物基因组内，没被激活时，不会形成肿瘤。原癌基因是一个活化能位点，在外界环境的诱导下，细胞可能发生癌变，即肿瘤的形成是非自发的。非自发的过程是一个熵减的过程，也就是说肿瘤细胞的熵小于正常细胞的熵。然而肿瘤细胞是在体内发生物质和能量交换的，人体这个体系就相当于肿瘤细胞的外部环境，正是由于肿瘤细胞的熵减小，导致了人体这个总体系熵增大。越恶性的肿瘤，熵值越小，与体系分化越明显，使人体的熵增也相对越大，对生命的威胁越大。

（5）生命死亡与生物熵：理论上生物熵大到极值，生命过程就结束了。事实上绝大多数死亡人群都不是衰老至死的，而是在生物熵值较大时，由于疾病等意外原因使生物熵迅速增加到极值而死亡的。即当生物熵值较大时，生命便进入了危险时期。

在生命系统中，负熵流是生命自组织过程中自主产生的，保持正常的负熵流是人体健康的保证。人衰老就是负熵流减少造成的，亚健康状态也是负熵流减少的一种表现，维持正常的负熵流可以增加人的寿命。对生命熵的研究为我们提供了认识和研究生命过程的新思路和新方法。

3. 传播学中的应用

热力学上的熵是物质系统状态的一种量度，或物质系统状态可能出现的程度，也被社会科学用以借喻人类社会某些状态的程度。熵是不能再被转化用来做功的计量单位。熵的增加就意味着有效能量的减少。每当自然界发生任何事情，一定的能量就被转化成了不能再做功的无效能量，被转化成了无效状态的能量构成了我们所说的污染。

许多人以为污染是生产的副产品，但实际上它只是世界上有效能转化为无效能的总和，即耗散了的能量。根据热力学第一定律，能量既不能被产生又不能被消灭，而根据热力学第二定律，能量只能沿着耗散的方向转化，那么污染就是熵的同义词，它是某一系统中存在的无效能量。

第五节　化学反应工程

化学反应是指分子碎裂成原子，原子重新排列组合生成新的分子的过程，在反应中常伴有发光、发热、变色甚至生成沉淀物等现象。判断一个过程是否为化学反应，其依据就是有无新的分子生成。

化学反应的本质是旧化学键断裂和新化学键形成。

对于一个反应，热力学知识可以帮助我们解决反应会不会发生的问题，但反应到底能有多么快或多么慢则要依赖于反应动力学的知识解决。

在化学反应的工业化进程中，讨论如何使化学反应用于工业生产，设计工业化用的反应器具有重要意义。

化学反应工程是化学工程的一个分支，是以工业反应过程为主要研究对象，以反应技术的开发、反应过程的优化和反应器设计为主要目的一门新兴工程学科。它是在化工热力学、反应动力学、传递过程理论以及化工单元操作的基础上发展起来的。其应用遍及化学、生物化学、石油化学、冶金、医药及轻工等许多工业部门。

一、形成

化学反应工程这一学科是在 1957 年第一届欧洲化学反应工程讨论会上正式确立的。促成该学科建立的背景是：（1）因化学工业的发展，特别是石油化学工业的发展，生产趋于大型化，这对化学反应过程的开发和反应器的可靠设计提出迫切要求；（2）化学反应动力学和化工单元操作的理论和实践有了深厚的基础；（3）数学模型方法和大型电子计算机的应用为化学反应工程理论研究提供有效的方法和工具。

化学反应工程的早期研究主要集中在流体流动、传热和传质对反应结果的影响方面，如德国 G. 达姆科勒、美国 O. 霍根和 K. M. 华生以及苏联 А. Д. 弗兰克·卡曼涅斯基等人的工作。当时曾取名为化工动力学或宏观动力学，着眼于对化学动力学做出某些修正以应用于工业反应过程。1947 年霍根与华生合著的《化工过程原理》第三分册中论述了动力学和催化过程。20 世纪 50 年代，有一系列重要的研究论文发表于《化学工程科学》杂志，对反应器内部发生的若干种重要的、影响反应结果的传递过程，如返混、停留时间分布、微观混合、反应器的稳定性等进行研究，获得了丰硕的成果，从而促成了第一届欧洲化学反应工程讨论会的召开。

《化学工程科学》杂志，英文 *Chemical Engineering Science*（CES），由荷兰爱思唯尔出版商经营出版，1951 年创刊。该刊与美国化学工程师学会会刊 *AIChE J* 及美国化学会出版的 *Industrial & Engineering Chemistry Research*（IECR）一起被认为是化工三大主流期刊，是化学工程学科发展最古老、最活跃的学术平台。

20 世纪 50 年代末到 60 年代初，出版了一系列化学反应工程的著作，如 S. M. 华拉斯的《化工动力学》，O. 列文斯比尔的《化学反应工程》等，使学科体系基本形成。此后，学者们一方面继续进行理论研究，积累数据，并应用于实践；另一方面，把应用范围扩展至较复杂的领域，形成了一系列新的分支。例如：应用于石油炼制工业和石油化工中，处理含有成百上千个组分的复杂反应体系，发展了一种新的处理方法，即集总方法；应用于高分子化工中的聚合反应过程，出现了聚合反应工程；应用于电化学过程，出现了电化学反应工程；应用于生物化学工业中的生化反应体系，出现了生化反应工程；应用于冶金工业的高温快速反应过程，出现了冶金化学反应工程等。

二、主要研究内容和方法

工业反应过程中既有化学反应，又有传递过程。虽然传递过程的存在并不改变化学反应规律，但却改变反应器内各处的温度和浓度，从而影响到反应的转化率和选择率。由于物系相态不同，反应规律和传递规律也有显著的差别，因此在化学反应工程研究中通常将反应过程按相态分为单相反应过程和多相反应过程，后者又可区分为气固相反应过程、气液相反应过程以及气液固相反应过程等。

1. 反应规律

研究化学反应规律的目的是建立反应动力学模型：也即对所研究的化学反应，以简化或近似的数学表达式来表述反应速率和选择性与温度和浓度等的关系。这本来是物理化学的研究领域，但是由于工业实践的需要，化学反应工程工作者在这方面进行了大量的工作。与物理化学不同的是，化学反应工程工作者着重于建立反应速率的定量关系式，而且更多地依赖于实验测定和数据关联。多年来，已发展了一整套动力学实验研究方法，其中包括各种实验用反应器的使用、实验数据的统计处理方法和实验规划方法等。

反应动力学是研究化学反应速率以及各种因素对化学反应速率影响的学科。如果说 19 世纪 60 年代挪威学者古德贝格（Guldberg）和维格（Waage）提出的质量作用定律是第一个重要发现的话，那么反应速率常数随温度呈指数增加的公式就是化学动力学理论的第二个重要发现。温度指数影响反应速率的公式一般称为阿伦尼乌斯（Arrhenius）公式，但它的最初提出人却是范特霍夫（图 4 - 8）。根据大量的实验事实，范特霍夫在 1884 年发表了反应速率常数的对数与实验温度的倒数呈线性关系的重要结果。

$$\ln k = \ln A - \frac{B}{T} \qquad (4-13)$$

图 4 - 8　范特霍夫❶

---

❶ 范特霍夫（荷兰语：Jacobus Henricus Van't Hoff），1852 年 8 月生于荷兰鹿特丹。1901 年的一天早上，当人们打开报纸的时候，整个版面都刊登了当地女画家画的那位送奶人的素描像。再仔细一看："范特霍夫荣获首届诺贝尔化学奖！"人们惊呆了：那位天天送给我们牛奶的人是化学家？至此，范特霍夫有了"牧场化学家"之称。据女画家芙丽莎·班诺回忆，在德国柏林郊区早晨的斯提兹大街上，总是有那么一辆马车和一位 50 多岁的车夫，一直为这一带的居民送鲜牛奶，无论春夏秋冬，无论刮风下雪，都准时不误，他再平凡不过了。但班诺觉得这位送奶人平凡中蕴含着伟大，就为这位送奶人画了素描像。请记住，照耀在范特霍夫身上的是诺贝尔化学奖的第一道灵光。

式中，A 和 B 在范特霍夫的工作中还只是意义不太明确的经验常数。

在范特霍夫发表了上述公式的五年后，阿伦尼乌斯认识到这个结果应该与玻耳兹曼分布有关系。在那以前，阿伦尼乌斯跟随玻耳兹曼做了一段时间的研究。因此，阿伦尼乌斯（图 4-9）能够有这样的认识并不完全是突发奇想。

让我们猜一猜阿伦尼乌斯可能的思路。

也许，在阿伦尼乌斯看来，如果把玻耳兹曼因子取对数，我们也能够得到一个和范特霍夫提出的一样的式子。因此，我们可以反过来，把范特霍夫公式写成指数形式。然后，根据玻耳兹曼因子的自然形式，就变成如下的公式：

图 4-9 阿伦尼乌斯[1]

$$k = e^{\ln A - \frac{B}{T}} = A\,e^{\frac{E_a}{RT}} \qquad\qquad (4-14)$$

这就是广为人知的阿伦尼乌斯公式。

我们还应该记得，在玻耳兹曼因子里的能量项就是能量差，阿伦尼乌斯认为，这个能量差应该叫作活化能（activation energy），就是阿伦尼乌斯公式中的 E_a。

我们知道，玻耳兹曼的统计热力学与气体分子运动论颇有渊源。按照分子运动论的观点，分子与器壁碰撞表现为气体对器壁的压强。那么，分子之间也应该经常发生碰撞。显然，分子间要发生化学反应，它们必须接近到一定距离，也就是它们一定要发生碰撞。

是不是每一次碰撞都会发生反应呢？不会。这是因为，反应物一般都是稳定的分子，如果碰撞的能量不足，就不会破坏它们。因此，阿伦尼乌斯认为，只有那些动能足够的分子碰撞才会导致反应。那些动能足够分子的碰撞可以称为有效碰撞。阿伦尼乌斯因此认为：有效碰撞反应物的最低能量与反应物分子的平均能量之差就是活化能。

活化能这个概念提出后，得到了化学家的广泛支持。这个演变的指数公式比那个线性公式要有名得多。进一步的研究认为，尽管指数公式简洁美观，但其解释还不能完全让人信服，对于范特霍夫公式的两个常数 A 和 B，B 的解释人们认可，但 A 还只能叫作"指前因子（pre-exponential factor）"。

另外，绝大多数化学反应并不是按化学计量式一步完成的，而是由多个具有一定程序的基元反应（一种或几种反应组分经过一步直接转化为反应物组分的反应，或称简单反应）构成。反应进行的这种实际历程称反应机理。

一般来说，化学家着重研究的是反应机理，并力图用基元反应速率的理论来计算和预测整个反应的动力学规律。化学反应工程工作者则主要通过实验测定，来确定反应物系中各组分浓度、温度与反应速率之间的关系，以满足反应过程开发和反应器设计的需要。

一方面，工业上的化学反应总是伴随着各种传递过程，在应用动力学研究中，传递过程的影响难以完全排除；另一方面，为了应用方便，研究中有意识地模拟工业反应过程的传递条件，将传递过程的影响归并到反应动力学中去，从而得到一定传递过程条件下的表观动力

---

[1] 阿伦尼乌斯，瑞典物理化学家，1859 年 2 月 19 日生于瑞乌普萨拉附近的维克城堡。电离理论的创立者，提出了酸、碱的定义；解释了反应速率与温度的关系；提出活化能的概念及与反应热的关系等。由于阿伦尼乌斯在化学领域的卓越成就，1903 年荣获了诺贝尔化学奖，成为瑞典第一位获此奖的科学家。

学规律。当然，与此对应，排除传递过程影响而得到的反映化学反应本身规律的反应动力学则称为本征动力学。

2. 传递规律

（1）研究反应器的传递规律，建立反应器传递模型。也即对各类常用的反应器内的流动、传热和传质等过程进行理论和实验研究，并力求用数学式来表达。由于传递过程只涉及物理过程，为了避免化学反应，所以研究时可以采用廉价的模拟物系（如空气、水、沙子等）代替实际反应物系进行实验。这种实验常称为冷态模拟实验，简称冷模实验。传递过程的规律可能因设备尺寸而异，冷模实验所采用的设备应是一系列不同尺寸的装置。为可靠起见，所用设备甚至还包括与工业规模相仿的大型实验装置。各类反应器内的传递过程大都比较复杂，有待更深入地去研究。

（2）研究反应器内传递过程对反应结果的影响。对一个特定反应器内进行的特定的化学反应过程，在反应动力学模型和反应器传递模型都已确定的条件下，将这些数学模型与物料衡算、热量衡算等方程联立求解，就可以预测反应结果和反应器操作性能。由于实际工业反应过程的复杂性，至今尚不能对所有工业反应过程都建立可供实用的反应动力学模型和反应器传递模型。因此，进行化学反应工程的理论研究时，概括性地提出若干个典型的传递过程。例如，伴随着流动发生的各种不同的混合，如返混、微观混合等；反应过程中的传质和传热，包括反应相外传质和传热（传质和反应相继发生）以及反应相内传质和传热（反应和传质同时进行）。然后，对各个典型传递过程逐个地进行研究，忽略其他因素，单独地考察其对不同类型反应结果的影响。例如，对反应相外的传质，理论研究得出其判据为达姆科勒数 D_a，并已导出当 D_a 取不同值时外部传质对反应结果的影响程度；同样，对反应相内的传质，也得出了相应的判据西勒模数 ϕ。这些理论研究成果构成了本学科内容的重要组成部分，这些成果一般并不一定能够直接用于反应器的设计，但是对于分析判断却有重要的指导意义。

三、应用

化学反应工程主要用于进行工业反应过程的开发、放大和操作优化以及新型反应器和反应技术的开发。

1. 工业反应过程的开发和放大

在化学反应工程学科建立以前，工业界广泛采用的方法是逐级经验放大。其步骤是，首先在小型试验中进行反应器的选型和确定工艺条件（温度、压力、浓度、流速和反应时间度），然后从小到大进行多次中间试验，直至工业规模。由于全部是试验，带有经验因素，而且试验所用设备的尺寸逐级增大，因而取名为逐级经验放大。中间试验往往耗资大而历时久。化学反应工程学科建立以后，逐步形成一套新的数学模型方法：首先在小型试验中确定动力学模型；然后在冷模试验中确定各类候选反应器的传递模型；进而在计算机上进行各候选反应器内反应过程的模拟研究，即在各种不同的工艺条件下对反应器数学模型进行数值求解，预测反应结果，并据此进行反应器的选型，优选工艺条件并设计反应器。采用这种方法时，往往也需要进行适当规模的中间试验，目的是为了检验和修正模型，以及考察模型中难以考虑的因素（如微量杂质的积累、焦油的生成、材质的腐蚀、颗粒粉碎等）可能产生的影响，而不是为了自小至大进行逐级放大。现在，逐级经验放大和数学模型两种方法同时并存，各有适用范围。但是，即使是逐级经验放大方法，也常是以化学反应工程的理论为指导，而不再是纯经验性的了。

2. 工业反应过程的操作优化

实际工业反应过程未必在最优的条件下操作，即使设计是优化的，在实施时往往有许多难以预料的因素，造成原定的优化设计条件并未对实际操作起到优化作用。运用化学反应工程理论对现行的工业反应过程进行分析，结合模拟研究，可找出薄弱环节和进一步调优的方向，通过调节和改造以获得较大的经济效益。

3. 新型反应器和反应技术的开发

反应工程的理论为新反应器和新反应技术的开发指明了方向，研究者可以据此寻找合理的设备结构和操作方法。例如石油化工裂解技术和各种新型流化床反应器，都得益于反应工程理论的指导。

四、反应器

反应器是一种实现反应过程的设备，广泛应用于化工、炼油、冶金等领域。反应器的应用始于古代，制造陶器的窑炉就是一种原始的反应器。近代工业中的反应器形式多样，如冶金工业中的高炉和转炉、生物工程中的发酵罐以及各种燃烧器，都是不同形式的反应器。

化学反应工程以工业反应器中进行的反应过程为研究对象，运用数学模型方法建立反应器数学模型，研究反应器传递过程对化学反应的影响以及反应器动态特性和反应器参数敏感性，以实现工业反应器的可靠设计和操作监控。

1. 类型

（1）管式反应器：由长径比较大的空管或填充管构成，用于实现气相反应和液相反应。

（2）釜式反应器：由长径比较小的圆筒形容器构成，常装有机械搅拌或气流搅拌装置，可用于液相单相反应过程和液液相、气液相、气液固相等多相反应过程。用于气液相反应过程的称为鼓泡搅拌釜；用于气液固相反应过程的称为搅拌釜式浆态反应器。

图 4-10 为釜式反应器和管式反应器。

(a)釜式反应器　　　　　　　　(b)管式反应器

图 4-10　釜式反应器和管式反应器

（3）有固体颗粒床层的反应器：气体或液体通过固定的或运动的固体颗粒床层以实现多相反应过程，包括固定床反应器、流化床反应器、移动床反应器、涓流床反应器等。

（4）塔式反应器：用于实现气液相或液液相反应过程的塔式设备，包括填充塔、板式塔、鼓泡塔等。

（5）喷射反应器：利用喷射器进行混合，实现气相或液相单相反应过程和气液相、液液相等多相反应过程的设备。

（6）其他多种非典型反应器：如回转窑、曝气池等。

2. 操作方式

反应器的操作方式有三种：间歇操作、连续操作和半连续操作。

间歇操作主要用于釜式反应器，首先将原料按一定配比一次加入反应器，待反应达到一定要求后，一次卸出物料。

连续操作指在反应器中连续加入原料，连续排出反应产物，如图4-11所示。当操作达到定态时，反应器内任何位置上物料的组成、温度等状态参数不随时间而变化。

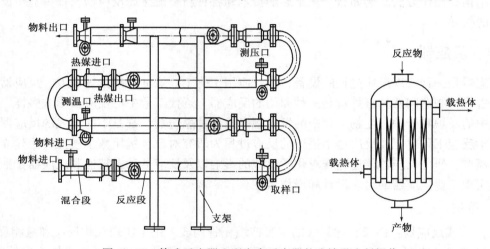

图4-11　管式反应器和固定床反应器的连续进出料操作

半连续操作又称半间歇操作，介于上述两者之间，通常是将一种反应物一次加入，然后连续加入另一种反应物。反应达到一定要求后，停止操作并卸出物料。

釜式反应器的间歇操作，优点是设备简单，同一设备可用于生产多种产品，尤其适用于医药、染料等工业部门小批量、多品种的生产；另外，间歇操作不存在物料的返混，对大多数反应有利。其缺点是需要装卸料、清洗等辅助工序，产品质量不易稳定。

大规模生产应尽可能采用连续操作的反应器。连续操作的优点是产品质量稳定，易于操作控制。其缺点是连续反应器中都存在不同程度的返混，这对大多数反应来说皆为不利因素，应通过反应器合理选型和结构设计加以抑制。

3. 加料方式

对有两种以上原料的连续反应器，物料流向可采用并流或逆流。对几个反应器组成级联的设备，还可采用错流加料，即一种原料依次通过各个反应器，另一种原料分别加入各反应器。除流向外，还有原料是从反应器的一端（或两端）加入和分段加入之分。分段加入指一种原料由一端加入，另一种原料分成几段从反应器的不同位置加入，错流也可看成一种分段加料方式。采用什么加料方式，需根据反应过程的特征决定。

4. 换热方式

多数反应有明显的热效应。为使反应在适宜的温度条件下进行，往往需对反应物系进行换热。换热方式有间接换热和直接换热，间接换热指反应物料和载热体通过间壁进行换热；直接换热指反应物料和载热体直接接触进行换热。对放热反应，可以用反应产物携带的反应热来加热反应原料，使之达到所需的反应温度，这种反应器称为自热式反应器。

按反应过程中的换热状况，反应器可分为以下三种：

（1）等温反应器：反应物系温度处处相等的一种理想反应器。反应热效应极小，或反应物料和载热体间充分换热，或反应器内的热量反馈极大（如剧烈搅拌的釜式反应器）的反应器，这样可近似看作等温反应器。

（2）绝热反应器：反应区与环境无热量交换的一种理想反应器。反应区内无换热装置的大型工业反应器，与外界换热可忽略时，可近似看作绝热反应器。

（3）非等温非绝热反应器：与外界有热量交换，反应器内也有热反馈，但达不到等温条件的反应器，如列管式固定床反应器。

换热可在反应区进行，如通过夹套进行换热的搅拌釜；也可在反应区间进行，如级间换热的多级反应器。

5. 操作条件

操作条件主要指反应器的操作温度和操作压力。温度是影响反应过程的敏感因素，必须选择适宜的操作温度或温度序列，使反应过程在优化条件下进行。例如对可逆放热反应应采用先高后低的温度序列以兼顾反应速率和平衡转化率。

反应器可在常压、加压或负压（真空）下操作。加压操作的反应器主要用于有气体参与的反应过程，提高操作压力有利于加速气相反应，对于总摩尔数减小的气相可逆反应，则可提高平衡转化率，如合成氨、合成甲醇等。提高操作压力还可增加气体在液体中的溶解度，故许多气液相反应过程、气液固相反应过程采用加压操作，以提高反应速率，如对二甲苯氧化等。

6. 选型

对于特定的反应过程，反应器的选型需综合考虑技术、经济及安全等诸方面的因素。

反应过程的基本特征决定了适宜的反应器形式，例如气固相反应过程大致是用固定床反应器、流化床反应器或移动床反应器。但是适宜的选型则需考虑反应的热效应、对反应转化率和选择率的要求、催化剂物理化学性态和失活等多种因素，甚至需要对不同的反应器分别做概念设计，进行技术和经济分析以后才能确定。

除反应器的形式以外，反应器的操作方式和加料方式也需考虑。例如，对于有串联或平行副反应的过程，分段进料可能优于一次进料。温度序列也是反应器选型的一个重要因素。例如，对于放热的可逆反应，应采用先高后低的温度序列，多级、级间换热式反应器可使反应器的温度序列趋于合理。

反应器在过程工业生产中占有重要地位。就全流程的建设投资和操作费用而言，反应器所占的比例未必很大。但其性能和操作的优劣却影响着前后处理及产品的产量和质量，对原料消耗、能量消耗和产品成本也有重要影响。因此，反应器的研究和开发工作对于发展各种过程工业有重要的意义。

五、发展

化学反应工程学科体系已基本形成，理论研究也渐趋完善，在工业应用定性指导方面已经发挥了很大的作用。但是，与理论研究相比较，反应器内传递过程的实验研究和数据积累还很薄弱，特别是对于化工生产中经常遇到的多相流动体系研究得还很不够。因此，反应工程的研究需要与多相流体力学和多相传递过程的研究相结合，以便相辅相成。同时，化学反应工程向生化、冶金等领域扩展时还会出现新的理论问题，需要进一步的研究。

第六节　动量传递

动量传递是指在流动着的流体中动量由高速流体层向相邻的低速流体层转移的过程，与热量传递和质量传递并列为三种传递过程。动量传递直接影响流动空间中的速度分布和流动阻力的大小，进而影响热量和质量的传递。动量传递是化工设备研究和设计的基础，而动量传递的理论基础是流体力学，它的主要研究对象是黏性流体的流动。

一、流体及流体力学的发展历程

1. 流体

流体，是与固体相对应的一种物体形态，是液体和气体的总称，由大量的、不断地作热运动而且无固定平衡位置的分子所构成，它的基本特征是没有一定的形状且具有流动性。流体都有一定的可压缩性，液体可压缩性很小，而气体的可压缩性较大。在流体的形状改变时，流体各层之间也存在一定的运动阻力（即黏性）。当流体的可压缩性和黏性很小时，可近似看作是理想流体，它是人们为研究流体的运动和状态而引入的一个理想模型。流体是液压传动和气压传动的介质。

具有黏性的流体在发生变形时将产生阻力，而没有黏性的流体则不会有任何阻力，度量流体黏性的物理量称为流体的黏度。没有黏性的流体又称为超流体。

流体的流动形式也可分为层流、过渡流、湍流等。若流速很慢，流体会分层流动，互不混合，此乃层流；若流速增加，越来越快，流体开始出现波动性摆动，此情况称为过渡流；当流速继续增加，达到流线不能清楚分辨时，会出现很多漩涡，这便是湍流，又称作乱流、扰流或紊流。

与液体相比气体更容易变形，因为气体分子要比液体分子稀疏得多。在一定条件下，气体和液体的分子大小并无明显差异，但气体所占的体积是同质量液体的 10^3 倍。所以气体的分子距与液体相比要大得多，分子间的引力非常微小，分子可以自由运动，极易变形，能够充满所能到达的全部空间；而液体的分子距很小，分子间的引力较大，分子间相互制约，虽然分子可以作无定周期和频率的振动，也可在其他分子间移动，但不能像气体分子那样几乎是无约束地自由移动，因此，液体的流动性不如气体。在一定条件下，一定质量的液体有一定的体积，并取决于容器的形状，但不能像气体那样充满所能达到的全部空间。液体和气体的交界面称为自由液面。

2. 流体与固体的特征对比

（1）在静止状态下，固体的作用面上能够同时承受剪切应力和法向应力；而流体只有在运动状态下才能够同时有法向应力和切向应力的作用，静止状态下其作用面上仅能够承受法向应力，这一应力是压缩应力，即静压强。

（2）固体在力的作用下发生形变，在弹性极限内形变和作用力之间服从胡克定律，即固体的变形量和作用力的大小成正比；而流体的变形量则与角变形速度和剪切应力有关，对于层流和紊流状态，它们之间的关系有所不同，在层流状态下，二者服从牛顿内摩擦定律。当作用力停止作用，固体可以恢复原来的形状；流体只能够停止变形，而不能返回原来的位置。

（3）固体有一定的形状，流体由于其变形所需的剪切力非常小，没有固定形状（图4-12），所以很容易使自身的形状适应容器的形状，并在一定的条件下得以保持。

 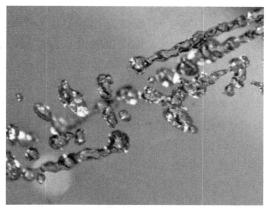

图4-12　流体的动态形状

3. 流体力学的历史进程

　　流体力学是在人类同自然界作斗争和生产实践中逐步发展起来的。古时中国有大禹治水疏通江河的传说；秦朝李冰父子带领劳动人民修建的都江堰，至今还在发挥着作用；大约与此同时，古罗马人建成了大规模的供水管道系统等。对流体力学学科的形成第一个做出贡献的是古希腊的阿基米德（图4-13），他建立了包括物理浮力定律和浮体稳定性在内的液体平衡理论，奠定了流体静力学的基础。

　　自阿基米德之后的两千多年，特别是在20世纪以来，流体力学已发展成为基础科学体系的一部分，同时又在工业、农业、交通运输、天文学、地学、生物学、医学等方面得到广泛

图4-13　阿基米德❶

应用。后来，人们一方面根据工程技术方面的需要进行流体力学应用性的研究，另一方面更深入地开展基础研究以探求流体的复杂流动规律和机理。通过湍流的理论和实验研究，了解其结构并建立计算模式，基本弄清了多相流动中流体和结构物的相互作用、边界层流动和在

---

❶ 阿基米德，伟大的古希腊百科全书式科学家，享有"力学之父"的美誉。阿基米德和高斯、牛顿并列为世界三大数学家。阿基米德曾说过："给我一个支点，我就能撬起整个地球。"中学课本里讲述了他的浮力定律，他确立的流体静力学原理在化工领域得以应用。公元前218年罗马帝国与北非迦太基帝国爆发了第二次布匿战争，阿基米德虽不赞成战争，但眼见国土危急，于是阿基米德绞尽脑汁，夜以继日地发明御敌武器。人所共知的抛石机和聚光镜就是他的发明。公元前212年，古罗马军队入侵叙拉古，阿基米德被罗马士兵杀死，终年七十五岁。阿基米德的遗体葬在西西里岛，墓碑上刻着一个圆柱内切球的图形，以纪念他在几何学上的卓越贡献。

分离、生物学、地学和环境中流体的流动等问题。

17世纪，帕斯卡（图4-14）阐明了静止流体中压力的概念。但流体力学尤其是流体动力学作为一门严密的科学，却是随着经典力学建立了速度、加速度，力、流场等概念，以及质量、动量、能量三个守恒定律的基础后逐步形成的。

17世纪，牛顿研究了在流体中运动的物体所受到的阻力，得到阻力与流体密度、物体迎流截面积以及运动速度的平方成正比关系。他针对黏性流体运动时的内摩擦力提出了牛顿黏性定律。但是，牛顿还没有建立起流体动力学的理论基础，他提出的许多力学模型和结论同实际情形还有较大的差别。

图4-14　帕斯卡[①]

之后，法国皮托发明了测量流速的皮托管；达朗贝尔对运河中船只的阻力进行了许多实验，证实了阻力同物体运动速度之间的平方关系。

瑞士的欧拉采用了连续介质的概念，把静力学中压力的概念推广到运动流体中，建立了欧拉方程，正确地用微分方程组描述了无黏流体的运动。

伯努利从经典力学的能量守恒出发，研究供水管道中水的流动，精心地安排了实验并加以分析，得到了流体定常运动下的流速、压力、管道高度之间的关系——伯努利方程。

欧拉方程和伯努利方程的建立，是流体动力学作为一个分支学科建立的标志，从此开始了用微分方程和实验测量进行流体运动定量研究的阶段。

二、流体流动的重要定律

1. 牛顿黏性定律

黏度（Viscosity）又称黏性系数、剪切黏度或动力黏度，是流体的一种物理属性，用以衡量流体的黏性。

剪应力与速度梯度的关系如图4-15所示。设有间距甚小的两平行平板，其间充满流体。下板固定，上板施加一平行于平板的切向力F，使此平板以速度u做匀速运动。紧贴于板下方的流体层以同一速度u运动，而紧贴于固定板（下板）上方的流体层则静止不动。

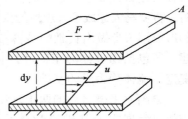

图4-15　剪应力与速度梯度

两板间各层流体的速度不同，其大小如图4-15中箭头所示。单位面积的切向力（F/A）即流体的剪应力τ。对大多数流体，剪应力τ服从下列关系式：

$$\tau = \mu \frac{\mathrm{d}u}{\mathrm{d}y} \tag{4-15}$$

式中　τ——剪应力，Pa；

μ——流体的黏度，N·s/m²，即Pa·s；

$\dfrac{\mathrm{d}u}{\mathrm{d}y}$——法向速度梯度，s^{-1}。

公式（4-15）就是著名的牛顿黏性定律。按照牛顿的观点，可以将流体分为两种，凡是满足牛顿黏性定律的流体称为牛顿型流体，不满足者称为非牛顿型流体。在化工领域，水、乙醇、苯等都认为是牛顿型流体，而番茄酱、奶膏、黄原胶等认为是非牛顿型流体。

关于牛顿（图4-16），最为人熟知的应该就是他出生的那个英格兰林肯郡下的伍尔索普庄园，因为那里长着神奇的苹果树（牛顿苹果树）。据说，著名的万有引力定律的灵感就来自伍尔索普庄园的牛顿苹果树。图4-17就是天津大学办公楼前的牛顿苹果树。

图4-16　牛顿❶　　　图4-17　天津大学办公楼前的牛顿苹果树❷

2. 机械能守恒定律与伯努利方程

机械能守恒定律是动力学的基本定律，即任何物体系统如无外力做功或外力做功之和为零，系统内又只有保守力（一个粒子从起始点移动到终结点，作用力所做的功不因为路径的不同而改变，则称此作用力为保守力）做功时，则系统的机械能（动能与势能之和）保持不变。外力做功为零，表明没有从外界输入机械功；只有保守力做功，即只有动能和势能的转化，而无机械能转化为其他能，符合这两个条件的机械能守恒对一切惯性参考系都成立。

这个定律的简化说法为：质点（或质点系）在势场中运动时，其动能和势能的和保持不变，或称物体在重力场中运动时动能和势能之和不变。这一说法隐含可以忽略不计产生势力场的物体（如地球）的动能的变化，只能在一些特殊的惯性参考系如地球参考系中才成立。

在化工知识体系中，通常的做法是：取一立方体流体微元，并假设流体的黏度为零，微元表面不受剪应力，微元受力与静止流体相同。但是，在运动流体中各力不平衡而造成加速

---

❶ 牛顿（Isaac Newton）是百科全书式科学家，主要贡献在对万有引力和三大运动定律的描述。在力学上阐明了动量和角动量守恒的原理，提出牛顿运动定律。在光学上，他发明了反射望远镜，并基于对三棱镜将白光发散成可见光谱的观察，发展出了颜色理论。他还系统地表述了冷却定律，并研究了音速。在数学上，牛顿与莱布尼茨分享了发展出微积分学的荣誉。他也证明了广义二项式定理，提出了"牛顿法"以趋近函数的零点，并为幂级数的研究做出了贡献。在经济学上，牛顿提出金本位制度。

❷ 1998年英国约克大学的基辛博士在《当代物理学》发表了《牛顿苹果树的历史》一文，认为伍尔索普庄园现在的一棵苹果树就是当初的那棵被刮倒后其主要树干重新生根发芽而成，并从树木年代学、碳样本、基因指纹识别得到证明。它在2002年被伊丽莎白女王二世下令保护。2007年春，伍尔索普庄园将牛顿苹果树枝条捐赠给天津大学。目前有东京大学、麻省理工学院和华盛顿大学少数几所著名大学拥有二代牛顿苹果树。

度 du/dt。由牛顿第二定律可知：

$$体积力 + 表面力 = 质量 \times 加速度$$

故单位质量流体所受的力在数值上等于加速度。因此，直接在欧拉平衡方程的右方补上加速度即可得到：

$$X - \frac{1}{\rho} \frac{\partial p}{\partial x} = \frac{\mathrm{d} u_x}{\mathrm{d}t} \tag{4-16}$$

$$Y - \frac{1}{\rho} \frac{\partial p}{\partial y} = \frac{\mathrm{d} u_y}{\mathrm{d}t} \tag{4-17}$$

$$Z - \frac{1}{\rho} \frac{\partial p}{\partial z} = \frac{\mathrm{d} u_z}{\mathrm{d}t} \tag{4-18}$$

式中　X、Y、Z——作用于单位质量流体上的体积力在 x、y、z 方向的分量；

ρ——流体密度；

p——压力；

u_x、u_y、u_z——X、Y、Z 轴方向上的速度。

上式即为理想流体的运动方程。

设流体微元在 $\mathrm{d}t$ 时间内移动的距离为 $\mathrm{d}l$，它在坐标轴的分量为 $\mathrm{d}x$、$\mathrm{d}y$、$\mathrm{d}z$。将上式中各式分别乘以 $\mathrm{d}x$、$\mathrm{d}y$、$\mathrm{d}z$，得：

$$X\mathrm{d}x - \frac{1}{\rho} \frac{\partial p}{\partial x}\mathrm{d}x = \frac{\mathrm{d}u_x}{\mathrm{d}t}\mathrm{d}x \tag{4-19}$$

$$Y\mathrm{d}y - \frac{1}{\rho} \frac{\partial p}{\partial y}\mathrm{d}y = \frac{\mathrm{d}u_y}{\mathrm{d}t}\mathrm{d}y \tag{4-20}$$

$$Z\mathrm{d}z - \frac{1}{\rho} \frac{\partial p}{\partial z}\mathrm{d}z = \frac{\mathrm{d}u_z}{\mathrm{d}t}\mathrm{d}z \tag{4-21}$$

因 $\mathrm{d}x$、$\mathrm{d}y$、$\mathrm{d}z$ 为流体质点的位移，按速度的定义有：

$$u_x = \frac{\mathrm{d}x}{\mathrm{d}t} \tag{4-22}$$

$$u_y = \frac{\mathrm{d}y}{\mathrm{d}t} \tag{4-23}$$

$$u_z = \frac{\mathrm{d}z}{\mathrm{d}t} \tag{4-24}$$

将此速度定义式代入式（4-16）至式（4-18）得：

$$X\mathrm{d}x - \frac{1}{\rho} \frac{\partial p}{\partial x}\mathrm{d}x = u_x\mathrm{d}u_x = \frac{1}{2}\mathrm{d}u_x^2 \tag{4-25}$$

$$Y\mathrm{d}y - \frac{1}{\rho} \frac{\partial p}{\partial y}\mathrm{d}y = u_y\mathrm{d}u_y = \frac{1}{2}\mathrm{d}u_y^2 \tag{4-26}$$

$$Z\mathrm{d}z - \frac{1}{\rho} \frac{\partial p}{\partial z}\mathrm{d}z = u_z\mathrm{d}u_z = \frac{1}{2}\mathrm{d}u_z^2 \tag{4-27}$$

对于定态流动，有：

$$\frac{\partial p}{\partial t} = 0 \tag{4-28}$$

$$\mathrm{d}p = \frac{\partial p}{\partial x}\mathrm{d}x + \frac{\partial p}{\partial y}\mathrm{d}y + \frac{\partial p}{\partial z}\mathrm{d}z \tag{4-29}$$

且注意到：

$$\mathrm{d}(u_x^2 + u_y^2 + u_z^2) = \mathrm{d}u^2 \tag{4-30}$$

于是整理得：

$$(X\mathrm{d}x + Y\mathrm{d}y + Z\mathrm{d}z) - \frac{1}{\rho}\mathrm{d}p = \mathrm{d}\left(\frac{u^2}{2}\right) \tag{4-31}$$

若流体只是在重力场中流动，取 z 轴垂直向上，则：

$$X = Y = 0 \tag{4-32}$$

$$Z = -g \tag{4-33}$$

式（4-31）成为：

$$g\mathrm{d}z + \frac{\mathrm{d}p}{\rho} + \mathrm{d}\frac{u^2}{2} = 0 \tag{4-34}$$

对于不可压缩流体，ρ 为常数，式（4-34）可写成：

$$g\mathrm{d}z + \frac{p}{\rho} + \frac{u^2}{2} = c(\text{常数}) \tag{4-35}$$

式（4-35）就是著名的伯努利（图 4-18）方程。

伯努利方程的各项分别表示单位体积流体的压力能 p、重力势能 $\rho\mathrm{d}z$ 和动能 $u^2/2$，在沿流线运动过程中，三者总和保持不变，即总能量守恒，但各流线之间总能量（即上式中的常量值）可能不同。对于气体，可忽略重力，方程还可以简化。

从伯努利方程可以看出，流动中速度增大，压强就减小；速度减小，压强就增大；速度降为零，压强就达到最大（理论上应等于总压）。据此方程，测量流体的总压、静压即可求得速度，这就是皮托管流量计（图 4-19）的测速原理。在无旋流动中，也可利用无旋条件积分欧拉方程得到相同的结果（但含义不同），此时公式中的常量在全流场不变，表示各流线上流体有相同的总能量，方程适用于全流场任意两点之间。在黏性流动中，黏性摩擦力消耗机械能而产生热，机械能不守恒，推广使用伯努利方程时，应加进机械能损失项。

图 4-18　伯努利❶

伯努利方程在飞行器的制造上具有重要意义。飞机机翼产生举力，就在于下翼面速度低

　　❶ 伯努利（Daniel Bernoull），瑞士物理学家、数学家、医学家，1700 年 2 月生于荷兰格罗宁根。在伯努利家族中，丹尼尔·伯努利是涉及科学领域较多的人。他出版了经典著作《流体动力学》（1738 年）。著名的伯努利家族曾产生许多传奇和轶事，一个关于丹尼尔的传说是这样的：有一次在旅途中，年轻的丹尼尔同一个风趣的陌生人闲谈，他谦虚地自我介绍说："我是丹尼尔·伯努利。"陌生人立即带着讥讽的神情回答道："那我就是艾萨克·牛顿！"这一次让丹尼尔感到，自己的名字在别人心目中是如此的神圣。

而压强大，上翼面速度高而压强小，因而合力向上。

三、动量传递的机理

　　动量传递的机理有两种：（1）分子动量传递，由分子热运动和分子间的吸引力引起；（2）涡流动量传递，由流体微团的脉动运动（或涡旋运动）所引起。动量传递的两个前提是相邻流体层间存在速度差异（速度梯度）和物质的交换（图4－20（a））。

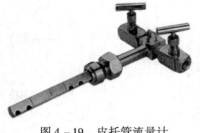

图4－19　皮托管流量计

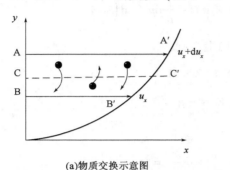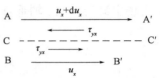

(a)物质交换示意图　　　　　　(b)剪切应力与流动方向示意图

图4－20　分子动量传递

　　设与CC′平面相邻的两流体层具有不同的速度，即AA′层较快，动量也较大，BB′层较慢，动量也较小。当此两流体层间由于分子的热运动或流体微团的脉动运动而造成物质的交换时，动量便由AA′层传递到BB′层。用动量通量τ（即剪应力）表示，为单位时间单位面积上所传递的动量。由物理学的动量定理推知：动量传递的结果，在层间必出现剪应力，大小等于动量通量。对AA′层来说，剪应力的方向与流动方向相反，它阻滞流体的前进；对BB′层来说，剪应力的方向与流动方向相同，它推动流体前进（图4－20（b））。

　　动量传递研究的基本点是剪应力τ和速度梯度du_x/dy（即剪切应变率）的关系。对分子尺度上的动量传递，剪应力与剪切应变率的关系反映流体的力学属性。根据这种关系的不同，流体有理想流体、黏性流体、牛顿型流体和非牛顿型流体之分。对微团尺度上的涡流动量传递，剪应力与剪切应变率的关系不仅因流体性质而异，而且与流动空间的几何形状、尺寸、边界表面状况和流动速度等有关。

　　剪应力与剪切应变率的关系，常被运用于以牛顿第二定律为基础的运动方程之中，借以求解速度分布和流动阻力。

四、动量传递机械

　　动量传递机械又称流体输送机械，是用于流体输送的一类通用机械，其功能在于将电动机或其他原动机的能量传递给被输送的流体，以提高流体的能位（即单位流体所具有的机械能）。单位流体得到的能量大小是流体输送机械的重要性能。用扬程或压头来表示液体输送机械使单位重量液体所获得的机械能；用风压来表示气体输送机械使单位体积气体所获得的机械能。气体输送机械与液体输送机械的原理相似，但由于气体密度小，且有可压缩性，故两者在结构上有所不同。

1. 液体输送机械

液体输送机械通称为泵。在化工生产中，被输送的液体的性质各不相同，所需泵的流量和压头也相差悬殊。为满足多种输送任务的要求，泵的型式繁多。根据泵的工作原理划分为动力式泵、容积式泵和流体作用泵三类。动力式泵又称叶片式泵，包括离心泵、轴流泵和旋涡泵等，由这类泵产生的压头随输送流量而变化；容积式泵包括往复泵、齿轮泵和螺杆泵等，这类泵的输送流量与出口压力几乎无关；流体作用泵包括以高速射流为动力的喷射泵、以高压气体（通常为压缩空气）为动力的酸蛋（因最初是用来输送酸的容器，且呈蛋形而得名）和空气升液器。

1) 离心泵

离心泵的主要工作部件是叶轮和泵壳（图4-21），叶轮由电动机或其他原动机驱动作高速旋转（通常为1000～3000r/min）。液体受叶轮上叶片的作用而随之旋转。由于惯性离心力的作用，液体由叶轮中心流向外缘，在流动过程中同时获得动能和压力能。动能的大部分又在蜗形泵壳中转化为压力能。根据泵内的叶轮数，离心泵可分为单级泵和多级泵。单级泵只有一个叶轮，产生的压头较小，一般不超过150m；多级泵则在同一轴上安装多个叶轮，液体依次通过各叶轮，因而产生的压头较高。

离心泵的效率虽稍低于容积式泵，但其结构简单，流量和压头适用范围大，振动小，操作简便。若结构和材料作适当设计和选择，可用于输送具有腐蚀性、含固体悬浮物或黏度较高的各种液体，应用最广。

离心泵的压头和效率随液体流量而变化（图4-22）。对应于泵的最高效率点 A 的流量和压头，是泵性能的额定值。为节省能耗，泵宜选择在额定值附近运转。靠高速旋转叶轮对液体做功的泵还有轴流泵，在它的泵壳中有高速回转的叶轮。液体受叶轮作用提高了压力能后，沿轴向排出。轴流泵适于输送流量大、压头要求低的液体，如在化工生产中用于液体循环。

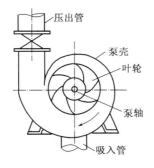 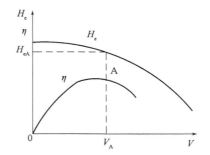

图4-21 离心泵　　　　图4-22 离心泵的压头、效率与流量的关系

H_e—离心泵的有效压头（扬程）；

η—离心泵的效率；V—离心泵的流量

2) 往复泵

往复泵主体由活柱（或活塞）、泵缸及单向开启的吸入活门和排出活门组成（图4-23）。依靠活柱的往复运动和活门的配合动作，液体经吸入活门进入泵缸后，受挤压提高压力能，然后经排出活门流出。

与离心泵相比，往复泵可产生高压头，效率较高；但其结构复杂，输送流量较小。往复泵通常用于输送流量不大但要求压头较高或需精确控制流量的清洁液体。输送含固体悬浮物的液体时，可采用弹性隔膜代替活柱（或活塞），这种往复泵称为隔膜泵。

与往复泵的作用原理相似的有齿轮泵和螺杆泵。齿轮泵由泵壳和一对互相啮合的齿轮组成（图4-24）。齿轮泵靠齿轮在旋转时互相脱开和啮合而输送液体，主要用于输送流量小、压头要求较高的黏性液体（如润滑油）。

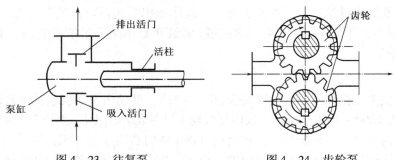

图4-23　往复泵　　　　　　　　图4-24　齿轮泵

螺杆泵由螺杆和泵壳组成，根据泵的螺杆数，分为单螺杆泵和多螺杆泵。单螺杆泵依靠螺杆在具有内螺纹的泵壳中作偏心转动以输送液体；多螺杆泵则依靠螺杆间相互啮合来输送液体。螺杆泵运转平稳，流量均匀，效率较高；但加工精度要求较高。在化工生产中螺杆泵多用于高黏度液体的输送。

2．气体输送机械

气体输送机械常根据进出口气体的压力差，即出口压力的表压（通常以101325Pa为基准）或压缩比（出口气体的绝对压力与进口气体的绝对压力之比）来分类（表4-1），也可根据结构和作用原理分类。

表4-1　常用气体输送机械

机种	出口压力表压	压缩比
通风机	≤15kPa	1~1.15
鼓风机	15~300kPa	1.15~4
压缩机	>300kPa	>4
喷射真空泵	1kPa	进口压力小于1kPa

1）通风机、鼓风机和压缩机

它们的工作原理与往复泵相似。由于气体具有可压缩性，必须尽量减少余隙容积（活塞运动到极限位置时，气缸中未能排出的高压气体所占的容积）以提高气缸容积利用系数（气缸容积的实际利用程度）。当压缩机的总压缩比大于8时，通常采用多级压缩，并在级间设置中间冷却器。

往复式压缩机现在仍广泛应用，特别在压力很高或送气量较小的场合。真空泵通常用单级压缩，压缩比大，对余隙的要求更严。作用原理与往复式压缩机（泵）类似的还有罗茨鼓风机和液环泵（图4-25）等。罗茨鼓风机由机壳和一对转子组成，靠转子的脱开与啮合使气压升高，其出口气压一般不超过80kPa（表压）。常用的液环泵为纳氏泵，它由椭圆形泵壳和叶轮组成，泵内有适量的液体，在旋转叶轮的作用下沿泵体内壁形成液环，靠液环与叶片间形成的若干密闭工作室的容积大小变化，将气体吸入或排出。这种泵可用作真空泵，也可用作压缩机。用作压缩机时出口压力（表压）可达 500~600kPa。

2）喷射真空泵

喷射真空泵由喷嘴、混合室与扩散管组成。当具有一定压力的工作流体经喷嘴流出时，泵内形成真空，将气体吸入。两股流体在混合室内进行动量交换，速度趋向一致，经扩散管时将大部分动能转化为压力能，从而排出泵外。

图4-25　液环泵

喷射真空泵的工作流体常用蒸汽，也可用水。用蒸汽时称为蒸汽喷射真空泵（图4-26），用水时称为水喷射真空泵。单级喷射真空泵仅能达到90%的真空度。为获得更高的真空度，可采用多级喷射真空泵。喷射真空泵的优点是结构简单，抽气量大，适应性强；缺点是效率低，能耗大。

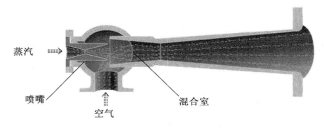

图4-26　蒸汽喷射真空泵

第七节　热量传递

热量传递是由于温度差而产生热量从高温区向低温区转移的过程，与动量传递、质量传递并列为三种传递过程。在自然界中，热量传递是一种普遍存在的现象。两物体间或同一物体的不同部位间，只要存在温差，且两者之间没有隔热层，就会发生热量传递，直到各处温度相同为止。在化工生产过程中，普遍遇到的物料升温、冷却或保温，都涉及热量传递。

一、概述

1. 热量传递方式

热量传递有热传导、对流传热和辐射传热三种基本方式。热传导依靠物质的分子、原子或电子的移动或振动来传递热量，流体中的热传导与分子动量传递类似。对流传热依靠流体微团的宏观运动来传递热量，所以它只能在流体中存在，并伴有动量传递。辐射传热是通过电磁波传递热量，不需要物质作媒介。

在实际过程中，往往是几种传热方式同时存在。如高温炉膛内热量向管壁的传递，主要依靠辐射传热，但热传导和对流传热也起一定作用；又如间壁式换热器中，热流体先依靠对流传热和热传导将热量传至热侧壁面，随即依靠热传导传至冷侧壁面，最后依靠对流传热和热传导将热量传给冷流体。

2. 热量传递计算

热量传递的计算大致分为两类：一类是计算温度分布或某一给定点的温度，以确定合理的工艺条件；另一类是确定传热速率，以确定换热设备的尺寸。传热的速率可用两种方式表示：（1）热流量，即单位时间内通过整个传热面积所传递的热量；（2）热量通量，又称热流密度，即单位时间内通过单位传热面积所传递的热量。在化工生产的大多数场合中，要求热量通量大，以期尽可能减少换热设备的使用，也有利于充分利用热能。另一种情况是为了防止热量散失或保持低温，则要求热量通量尽可能小，这就是保温。

二、换热

换热指冷热流体间所进行的热量传递，是一种属于传热过程的单元操作。换热的目的主要有：（1）物料的加热、冷却、汽化或冷凝，以达到或保持生产工艺所要求的温度或相态；（2）热量的综合利用，用待冷却的热流体向待加热的冷流体供热，以提高热量利用率。换热操作广泛应用于各工程领域，与化学工业的关系尤为密切。

在化工生产中，换热在两种流体物料间进行，或在流体物料与载热体间进行。载热体是一类专门用来接受或提供热量的流体，最常用的载热体有蒸汽、水和空气。冷热流体间的换热通常在换热器中进行。按冷热流体的接触传热方式，换热器分为间壁式、接触式和蓄热式，尤以间壁式换热器的应用最广。

换热计算的重点是间壁式换热器的计算。若已知待冷却的热流体质量流量为 q_{m1}，温度为 T_1，要求冷却后温度为 T_2，则所需换热面积的计算步骤为：

（1）计算热流量 Q：

$$Q = q_{m1} c_{p1}(T_1 - T_2) \qquad (4-36)$$

式中　c_{p1}——热流体的比热容；

（2）选择冷却剂及其进出口温度 t_2 和 t_1，由热量衡算计算出冷却剂的质量流量 q_{m2}：

$$q_{m2} = \frac{Q}{c_{p2}(t_1 - t_2)} \qquad (4-37)$$

式中　c_{p2}——冷却剂的比热容；

（3）选定冷热流体的流动条件，计算或测定传热分系数及传热系数 K；

（4）由冷热两流体的进出口温度及选定的两流体的流动方式，计算平均温度差 Δt_m；

（5）根据传热基本方程式算出传热面积 A：

$$A = \frac{Q}{K\Delta t_m} \qquad (4-38)$$

进行上述计算时，必须做出若干选择，而不同的选择会得出不同的结果。设计者必须对多种方案进行比较，从中选出一个经济上合理、技术上可行的方案。此外，若换热器对流体的流动阻力有限制，可从流速选择和换热器结构等方面予以调整。

还可用传热单元数法进行换热计算。这种方法用于原有换热器的传热性能核算更为方便。

1. 载热体与载冷剂

1）载热体

载热体也称载热介质，是换热操作中专门用以运载热量的工作介质。载热体的选择，主要取决于加热或冷却所要达到的温度，同时还要考虑温度调节的方便，以及载热体的热容、蒸气压、冰点、热稳定性、毒性、腐蚀性和价格等因素。

饱和蒸汽是最常用的载热体，在冷凝时能够放出大量潜热，无毒，能准确调节加热温度而不易使被加热物料发生局部过热，应用最广；但其加热温度不够高，通常不超过250℃，否则蒸气压过高。热水和热空气也是常用的载热体。

工业上常用的高温载热体有：(1) 矿物油，如重油、汽缸油、润滑油等，最高使用温度在敞开系统约为250℃，在封闭系统约为320℃；(2) 过热水，最高使用温度可达水的临界温度374℃，但此时压力高达22.5MPa；(3) 有机载热体，常用的是26.5%联苯和73.5%二苯醚的混合物，最高使用温度可达380℃；(4) 熔盐混合物，常用的是亚硝酸盐和硝酸盐的混合物，使用温度可达540℃；(5) 液态金属，如汞、铅或钠钾合金等，主要用于核工业中。这些载热体视使用场合的不同，既可用于加热，也可用于冷却。

2）载冷剂

以间接冷却方式应用在制冷装置中，将被冷却物体的热量传给正在蒸发的制冷剂的物质称为载冷剂。

载冷剂通常为液体，在传送热量过程中一般不发生相变。但也有些载冷剂为气体，或者液固混合物，如二元冰等。

常用的载冷剂有水、盐水、乙二醇和丙二醇溶液、二氯甲烷和三氯乙烯等。

(1) 水：性质稳定、安全可靠，无毒害和腐蚀作用，流动传热性较好，廉价易得。不足之处在于凝固点为0℃，相对而言比较高。由于较高凝固点的限制使之只适用于工作温度在0℃以上的高温载冷场合，即在0℃以上的人工冷却过程和空调装置中，水是最适宜的载冷剂，如空气调节设备等。工业用的循环冷却水，温度一般为10~30℃。

(2) 盐水：即氯化钙或氯化钠的水溶液，可用于盐水制冰机和间接冷却的冷藏装置，或冷却袋装食品。盐水的凝固温度随浓度而变，当溶液浓度为29.9%时，氯化钙盐水的最低凝固温度为−55℃；当溶液浓度为22.4%时，氯化钠盐水的最低凝固温度为−21.2℃。使用时按溶液的凝固温度比制冷机的蒸发温度低5℃左右为准，来选定盐水的浓度。氯化钙和氯化钠价格较低，但对设备腐蚀性很大。

(3) 乙二醇和丙二醇：性质稳定，与水混溶，其溶液的凝固温度随浓度而变，通常用它们的水溶液作为载冷剂，适用的温度范围为0~20℃。虽然乙二醇或丙二醇溶液的凝固点低，可达−50℃，但是低温下溶液的黏度上升非常迅速，因此，一般具有工业应用价值的温度为−20℃以上。其水溶液也有腐蚀性。

(4) 二氯甲烷和三氯乙烯：通常用它们的液体作为载冷剂。二氯甲烷的凝固温度为−97℃，适用温度范围为−50~−90℃。但是无论是二氯甲烷，还是三氯乙烯，都具有以下明显的缺点：液体挥发性高，沸点低，因此损失很重，需要补充的量非常多；含氯元素，而氯元素非常活泼，容易脱落形成盐酸及盐酸盐，造成设备腐蚀；水溶性低，因此低温下容易造成管道及设备的冰堵、爆管等损害；传热系数低（有机物的传热系数均较低）；卤代烃破坏臭氧层，造成环境污染。目前针对此类有机物载冷剂，市场上通常选择替代品。

2. 传热系数

换热操作中热量通量 q 与传热推动力（温度差 Δt）的比例系数为 K，即：

$$K = \frac{q}{\Delta t} \tag{4-39}$$

它在数值上等于在单位温度差推动下于单位时间内经单位传热面所传递的热量。对于通过平壁的传热，K 可表述为：

$$K = \left(\frac{1}{\alpha_1} + R_1 + \frac{\delta}{\lambda} + R_2 + \frac{1}{\alpha_2}\right)^{-1} \tag{4-40}$$

式中　α_1、α_2——壁面两侧的传热分系数（对于间壁式换热器而言，为对流传热系数）；

　　　λ、δ——间壁的热导率和厚度；

　　　R_1、R_2——壁面两侧的垢层热阻系数。

由于换热器的传热面积计算公式为 $A = Q/(K\Delta t_m)$，所以 K 的计算越发显得重要。

当传热过程的温度差一定时，传热系数越大，换热器的传热速率越高。虽然减少任何一项热阻都可提高传热系数，但当某项热阻远高于其他项时，传热系数则主要取决于该项的热阻（称为控制项）。壁面热阻通常很小，可忽略不计。垢层可产生相当大的热阻，因此，换热器的传热面要减少结垢或定时清洗。

传热系数的大小与冷热流体的性质、换热的操作条件（如流速和温度等）、传热面的结垢状况以及换热器的结构和尺寸等许多因素有关。

对流传热十分复杂，垢层热阻又难以确定，因此，传热系数的计算与实际值往往相差较大。

3. 热传导、对流传热与辐射传热

1）热传导

热传导是介质内无宏观运动时的传热现象，在固体、液体和气体中均可发生，但严格来说，只有在固体中才是纯粹的热传导，而流体即使处于静止状态，其中也会由于温度梯度所造成的密度差而产生自然对流，因此，在流体中对流传热与热传导同时发生。

热传导实质是物质中大量的分子热运动互相撞击，而使能量从物体的高温部分传至低温部分，或由高温物体传给低温物体的过程。在固体中，热传导的微观过程是：在温度高的部分，晶体中结点上的微粒振动动能较大；在低温部分，微粒振动动能较小，因微粒的振动互相作用，所以在晶体内部热能由动能大的部分向动能小的部分传导。固体中热的传导，就是能量的迁移。

在导体中，因存在大量的自由电子，在不停地作无规则的热运动。一般晶格振动的能量较小，自由电子在金属晶体中对热的传导起主要作用。所以一般的电导体也是热的良导体，但是也有例外，比如钻石，珠宝商可以通过测钻石的导热性来判断钻石的真假。

在液体中热传导表现为：液体分子在温度高的区域热运动比较强，由于液体分子之间存在相互作用，热运动的能量将逐渐向周围层层传递，引起了热传导现象。由于热传导系数小，传导较慢。不同于液体，气体分子之间的间距比较大，气体依靠分子的无规则热运动以及分子间的碰撞，在气体内部发生能量迁移，从而形成宏观上的热量传递。

当物体内的温度分布只依赖于一个空间坐标，而且温度分布不随时间而变时，热量只沿温度降低的一个方向传递，这称为一维定态热传导。此时的热传导可用下式描述：

$$q = -\lambda \frac{\partial t}{\partial x} \qquad (4-41)$$

式中　q——热流密度，即在与传输方向相垂直的单位面积上，在 x 方向上的传热速率；

　　　λ——热导率；

　　　t——温度。

此式表明 q 正比于温度梯度 $\frac{\partial t}{\partial x}$，但热流方向与温度梯度方向相反。此规律由法国物理学家约瑟夫·傅里叶（图4-27）于1822年首先提出，故称傅里叶定律。

图4-27　约瑟夫·傅里叶❶

2）对流传热

对流传热仅发生于流体中，它是指由于流体的宏观运动使流体各部分之间发生相对位移而导致的热量传递过程。由于流体间各部分是相互接触的，除了流体的整体运动所带来的对流传热之外，还伴有由于流体的微观粒子运动造成的热传导。在工程上，常见的是流体流经固体表面时的热量传递过程。

由于引起流体运动的原因不同，对流分为自然对流和强制对流。若运动是流体内部各处温度不同引起局部密度差异所致，则称为自然对流；若由于水泵、风机或其他外力作用引起流体运动，则称为强制对流。但实际上，热对流的同时，流体各部分之间还存在着导热，因而形成一种复杂的热量传递过程。

当流体沿壁面作湍流流动时，在靠近壁面处总有一滞流内层存在。在滞流内层和湍流主体之间有一过渡层。在壁面一侧流体和流动方向垂直的某一截面上的流体存在温度梯度。

在湍流主体内，由于流体质点湍动剧烈，所以在传热方向上，流体的温度差极小，各处的温度基本相同，热量传递主要依靠对流传热，热传导所起作用很小。在过渡层内，流体的温度发生缓慢变化，热传导和对流传热同时起作用。在滞流内层中，流体仅沿壁面平行流动，在传热方向上没有质点位移，所以热量传递主要依靠热传导进行，由于流体的导热系数很小，滞流内层中的导热热阻很大，因此在该层内流体温度差较大。

由以上分析可知，在对流传热（或称给热）时，热阻主要集中在滞流内层，因此，减薄滞流内层的厚度或破坏滞流内层是强化对流传热的重要途径。

在工程上，欲通过公式 $A = Q/(K\Delta t_{\mathrm{m}})$ 计算换热器的传热面积，式中的 K 可用式（4-40）求取。对于间壁式换热器而言，对流传热系数 α 可通过下列经验式求取：

$$\alpha = 0.023 \frac{\lambda}{d} Re^{0.8} Pr^{0.4} \qquad (4-42)$$

式中　d——管内径；

　　　Re——雷诺数；

　　　Pr——普朗特数。

---

❶ 约瑟夫·傅里叶，法国著名数学家、物理学家。1822年傅里叶提出了热的解析理论（Théorieanalytique de lachaleur），并根据它推理了牛顿冷却定律，即两相邻流动的热分子和他们非常小的温度差成正比。傅里叶在研究热的传播时创立了一套数学理论。

该经验式继续写开为：

$$\alpha = 0.023 \frac{\rho^{0.8} c_p^{0.4} \lambda^{0.6}}{\mu^{0.4}} \times \frac{u^{0.8}}{d^{0.2}} \qquad (4-43)$$

3）辐射传热

辐射传热又称热辐射，是物体由于具有温度而辐射电磁波的现象，是一种物体用电磁辐射的形式把热能向外散发的传热方式。它不依赖任何外界条件而进行。

温度较低时，主要以不可见的红外光进行辐射；当温度为300℃时热辐射中最强的波长在红外区；当物体的温度为500℃~800℃时，热辐射中最强的波长在可见光区。

物体在向外辐射的同时，还吸收其他物体辐射来的能量。物体辐射或吸收的能量与它的温度、表面积、黑度等因素有关。

在化工领域，除一些高温反应器外，辐射方面的传热涉及较少。

三、换热器

在石油、化工、轻工、制药、能源等工业生产中，常常用换热器把低温流体加热或者把高温流体冷却，把液体汽化成蒸气或者把蒸气冷凝成液体。换热器既可是一种单元设备，如加热器、冷却器和凝汽器等；也可是某一工艺设备的组成部分，如氨合成塔内的换热器。换热器是化工生产中重要的单元设备。据统计，热交换器的吨位约占整个工艺设备的20%甚至30%，其重要性可想而知。

为适应于不同介质、不同工况、不同温度、不同压力，换热器种类繁多，结构型式也多样。根据冷热流体间换热方式，换热器可分为间壁式换热器、接触式换热器和蓄热式换热器三大类。

1. 间壁式换热器

间壁式换热器是温度不同的两种流体在被壁面分开的空间里流动，通过壁面的导热和流体在壁表面对流，两种流体之间进行换热。

间壁式换热器有管壳式、夹套式、套管式和其他型式的换热器。间壁式换热器是目前应用最为广泛的换热器。

1）管壳式换热器

管壳式换热器又称列管式换热器，是以封闭在壳体中管束的壁面作为传热面的间壁式换热器。这种换热器结构较简单，操作可靠，可用各种结构材料（主要是金属材料）制造，能在高温、高压下使用。

管壳式换热器由壳体、管束、管板、折流板（挡板）等部件组成。壳体多为圆筒形，内部装有管束，管束两端或一端固定在管板上。进行换热的冷热两种流体，一种在管内流动，称为管程流体；另一种在管外流动，称为壳程流体。为提高管外流体的传热分系数，通常在壳体内安装若干挡板。挡板可提高壳程流体流速，迫使流体按规定路程多次横向通过管束，增强流体湍流程度。

换热管在管板上可按等边三角形或正方形排列。等边三角形排列较紧凑，管外流体湍动程度高，传热分系数大；正方形排列则管外清洗方便，适用于易结垢的流体。

流体每通过管束一次称为一个管程，每通过壳体一次称为一个壳程。最简单的单壳程单管程换热器，简称为1-1型换热器。为提高管内流体流速，可在两端管箱内设置隔板，将全部管子均分成若干组。这样流体每次只通过部分管子，因而在管束中往返多次，这称为多管程。同样，为提高管外流速，也可在壳体内安装纵向挡板，迫使流体多次通过壳体空间，称为多壳程。多管程与多壳程可配合应用。

由于管内外流体的温度不同，因而管壳式换热器的壳体与管束的温度也不同。如果两温度相差很大，换热器内将产生很大热应力，导致管子弯曲、断裂，或从管板上拉脱。因此，当管束与壳体温度差超过50℃时，需采取适当补偿措施，以消除或减少热应力。根据所采用的补偿措施，管壳式换热器可分为以下几种主要类型：

（1）固定管板式换热器（图4-28）：管束两端的管板与壳体联成一体，结构简单，但只适用于冷热流体温度差不大，且壳程不需机械清洗时的换热操作。当温度差稍大而壳程压力又不太高时，可在壳体上安装有弹性的补偿圈，以减小热应力。

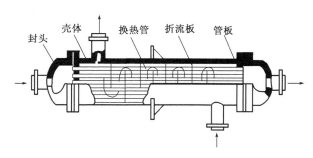

图4-28　固定管板式换热器

（2）浮头式换热器（图4-29）：管束一端的管板可自由浮动，完全消除了热应力；且整个管束可从壳体中抽出，便于机械清洗和检修。浮头式换热器的应用较广，但结构比较复杂，造价较高。

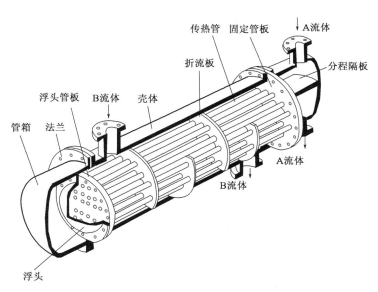

图4-29　浮头式换热器

（3）U形管式换热器（图4-30）：每根换热管皆弯成U形，两端分别固定在同一管板上下两区，借助于管箱内的隔板分成进出口两室。此种换热器完全消除了热应力，结构比浮头式简单，但管程不易清洗。

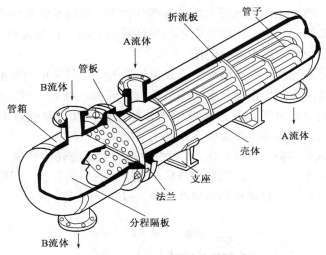

图 4 - 30　U 形管式换热器

（4）涡流热膜换热器：采用最新的涡流热膜传热技术，通过改变流体运动状态来增加传热效果，当介质经过涡流管表面时，强力冲刷管子表面，从而提高换热效率，最高可达 10000W/（m² · ℃）。同时这种结构实现了耐腐蚀、耐高温、耐高压、防结垢。其他类型的换热器的流体通道为固定方向流形式，在换热管表面形成绕流，对流换热系数降低。

2）夹套式换热器

夹套式换热器（图 4 - 31）是在容器外壁安装夹套制成，结构简单；但其加热面受容器壁面限制，传热系数也不高。为提高传热系数且使釜内液体受热均匀，可在釜内安装搅拌器。当夹套中通入冷却水或无相变的加热剂时，也可在夹套中设置螺旋隔板或其他增加湍动的措施，以提高夹套一侧的给热系数。为补充传热面的不足，也可在釜内部安装蛇管。夹套式换热器广泛用于反应过程的加热和冷却。

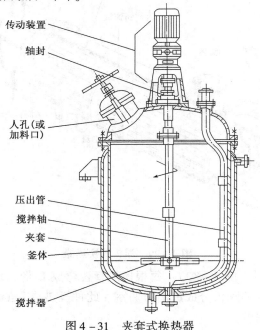

图 4 - 31　夹套式换热器

3) 套管式换热器

套管式换热器（图4-32）是由直径不同的直管制成的同心套管，并由U形弯头连接而成。在这种换热器中，一种流体走管内，另一种流体走环隙，两者皆可得到较高的流速，故传热系数较大。另外，在套管式换热器中，两种流体可为纯逆流，对数平均推动力较大。套管式换热器结构简单，能承受高压，应用亦方便（可根据需要增减管段数目）；同时具备传热系数大，传热推动力大的优点。

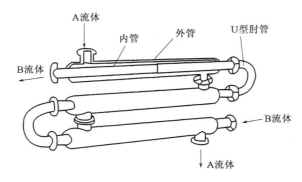

图4-32　套管式换热器

2. 直接接触式换热器

直接接触式换热器是指两股或多股流体在无固体间壁情况下热能传递的设备，通常情况下这种换热设备不仅进行传热过程还伴随有传质过程。由于冷热流体间可直接进行物理接触，因此该换热器与间壁式换热器相比，具有传热面积大、传热速率更高、传热效果好的优点，且设备的结构更加简单，维修方便。

然而直接接触式换热器的局限性在于，仅适用于工艺中允许两流体直接接触混合的情况，而不适用于为避免混合或污染而必须使各流体分开的工艺过程。

直接接触式换热器最早见于 Hausbrand 1900 年的著作《蒸发、冷凝和冷却装置》，书中对包括调气压冷凝器在内的直接接触式换热器进行了介绍。尽管直接接触式换热器提出较早，然而关于其机理与应用的研究及发展却一直晚于间壁式换热器。

直接接触传热过程有不同的分类标准。在直接接触式换热器中，冷热流体可以为并流、逆流或者错流，流体系统可为液—液、气—液、汽—液、气—固或固—固两相间的传热。就两相流股而言，既可为同一组分，如气压凝汽器中的水—水蒸气，又可为部分或全部互溶的组分。而流股间的流动状态也可分为泡状、膜状、喷射状或滴状等。

直接接触式换热器通常用在吸收、制冷、精馏、干燥等单元操作及发电、原油加工、海水淡化、乙烯急冷、煤化工、核电站应急堆芯冷却、冷却塔及食品加工等工艺中。

在化工领域，工程师们将其引入蒸馏领域，旨在开发一种直接接触传热蒸馏釜。在这种蒸馏釜内，把被蒸馏的物料当作是分散相，另一种与之不互溶、且沸点较高的液体当作是连续相。由于釜内几乎都是连续相，它完全把给其传热的换热器壁面浸没，根本无需被蒸馏的物料去润湿，所以这就从根本上减少了塔釜持液量。被蒸馏的物料流进釜内的连续相之后，大部分立即被蒸发出来，因而釜内几乎没有残留，可达到一种"干釜"的状态。同时由于料液流入釜内后迅速蒸发，所以其受热时间大大降低。此外，釜内连续相的温度很容易维持稳定，因此可以避免被蒸馏物料的局部过热。由于直接接触传热蒸馏釜存在着上述诸多优点，因此它很适合于热敏物料的蒸馏。在化工原理课程中，讲述的水蒸气精馏单元操作，其原理就在于此。

直接接触式换热器也在地热发电、中低温能源回收系统、海水淡化、海洋能转换、热能储存系统、盐及废水处理等广泛应用，典型设备是图4-33所示的冷却塔。

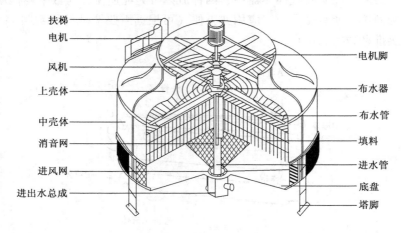

图4-33 冷却塔❶

3. 蓄热式换热器

蓄热式换热器是由固体填充物构成的蓄热体作为传热面的。与一般间壁式换热器的区别在于换热流体不是在各自的通道内吸、放热量，而是交替地通过同一通道利用蓄热体来吸、放热量。换热分两个阶段进行：先是热介质流过蓄热体放出热量，加热蓄热体并使热量被储蓄起来，接着是冷介质流过蓄热体吸取热量，并使蓄热体又被冷却。重复上述过程就能使换热连续进行。必须有两套并列设备或同一设备中具有两套并列蓄热体通道同时工作才行。

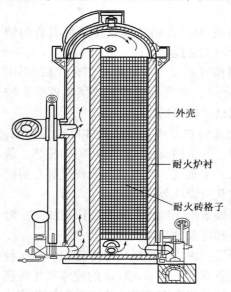

图4-34 固定式蓄热式换热器

周期变换型蓄热式换热器按结构可分为固定型和旋转型两类，图4-34为固定式蓄热式换热器。蓄热式换热器在很多工业过程中都有应用，燃烧中空气的预热就是一个典型的应用领域。其可以利用燃烧排气中的热能，用于预热未燃气，从而达到燃烧低品位燃料、提高燃烧过程的热效率、实现更高的燃烧反应温度等目的。按照这种方式，蓄热式换热器可以用于金属还原和热处理过程，以及玻璃窑炉装置，发电厂的锅炉、高温空气燃烧装置和燃气轮机装置。早期固定床蓄热式换热器应用最为广泛的领域是钢铁制造工业中的热风炉，以及电厂中的回转式空气预热器。

---

❶ 在这种设备中，用自然通风或机械通风的方法，将生产中已经提高了温度的水进行冷却降温之后循环使用，以提高系统的经济效益。例如热力发电厂或核电站的循环水、合成氨生产中的冷却水等，经过水冷却塔降温之后再循环使用。另外，随着节能和减少雾霾的需要，能耗高的风机被能耗低的水轮机所取代。

第八节 质量传递

质量传递是指物质在介质中由化学势高的部位向化学势低的部位迁移的过程，与动量传递、热量传递并列为三种传递过程。质量传递可以在同一相内进行，也可在相际进行。化学势的差异可由浓度、温度、压力和外加电场所引起。

质量传递不仅是日常生活中一种广泛存在的现象，如敞口水桶中水向静止空气中蒸发、蔗糖在水中溶解等；也是工程上常见的现象，如烟气在大气中扩散、用吸收方法脱除烟气中的二氧化硫以及催化反应中反应物向催化剂表面转移等。

在化工生产中，质量传递不仅是均相混合物分离的物理基础，而且也是反应过程中几种反应物互相接触以及反应产物分离的主要机理。研究质量传递规律，不仅对传质设备(如板式塔、填充塔等)的设计重要，而且对反应器的设计，特别在涉及受质量传递控制的反应时，也很重要。此外，在环境工程、航天技术以及生物医药工程中，质量传递都起着重要作用。

质量传递的中心问题是确定浓度分布和传质速率。浓度分布可在已知速度分布的基础上，通过对流扩散方程解出。传质速率又称质量通量，是单位时间内通过单位传质面积所传递的质量。求取浓度分布可作为确定质量通量的基础。在对流扩散的研究和计算中，常将传质速率表述为传质分系数与传质推动力(浓度差)的乘积，于是确定传质分系数成了质量传递的计算和研究的关键。

质量传递的研究方法与热量传递的研究方法颇为相似，但热量传递过程中所传递的只是热量，而在质量传递时，物系中不论是一个组分还是几个组分，它们之间都存在相互迁移，因此质量传递更为复杂。

一、质量传递的方式

质量传递有分子扩散和对流扩散两种方式。分子扩散由分子热运动引起，只要存在浓度差，就能够在一切物系中发生。对流扩散由流体微团的宏观运动所引起，仅发生在流动的流体中。

1. 分子扩散类型

分子扩散简称扩散，是在浓度差或其他推动力的作用下，由于分子、原子等的热运动所引起的物质在空间的迁移现象，是质量传递的一种基本方式。以浓度差为推动力的扩散，即物质组分从高浓度区向低浓度区的迁移，是自然界和工程上最普遍的扩散现象。以温度差为推动力的扩散称为热扩散；在电场、磁场等外力作用下发生的扩散，则称为强制扩散。

在化工生产中，物质在浓度差的推动下在足够大的空间中进行的扩散最为常见，一般分子扩散就指这种扩散，它是传质分离过程的物理基础，在化学反应工程中也占有重要地位。此外，还经常遇到流体在多孔介质中的扩散现象，它的扩散速率有时决定了整个过程的速率，如有些气固相反应过程的速率。热扩散只在稳定同位素和特殊物料的分离中有所应用，强制扩散则应用甚少。

1) 菲克定律

1855 年，德国 A. 菲克 (Adolf Fick) 参照傅里叶于 1822 年建立的热传导方程，提出了描述物质从高浓度区向低浓度区迁移的扩散方程。在组分 A 和 B 的混合物中，组分 A 的扩散速率 J_A（也称扩散通量），即单位时间内组分 A 通过垂直于浓度梯度方向的单位截面扩散的物质量为：

$$J_A = -D_{AB}\Delta C_A \qquad (4-44)$$

式中　D_{AB}——组分 A 在组分 B 中的分子扩散系数；

　　　ΔC_A——浓度 C_A 的梯度。

负号表示物质 A 向浓度减小的方向传递。

如果 C_A 仅沿 x 方向变化，则式（4-44）可简化为：

$$J_A = -D_{AB}\frac{dC_A}{dx} \qquad (4-45)$$

此式类似于热量传递中的傅里叶定律和动量传递中的牛顿黏性定律。

2) 多孔介质中的扩散

物质在多孔介质中的扩散，根据孔道的大小、形状以及流体的压强可分为三类情况（图 4-35）。

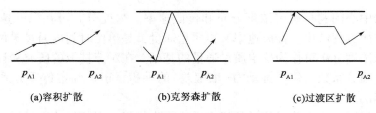

　　(a)容积扩散　　　　　(b)克努森扩散　　　　(c)过渡区扩散

图 4-35　气体在毛细孔道中的扩散

（1）容积扩散：当毛细管孔道直径远大于分子平均自由程 λ，即 $(\lambda/2r) \leqslant 0.01$（$r$ 为毛细孔道的平均半径）时，在分子的运动中主要发生分子与分子间的碰撞，而分子与管壁的碰撞所占比例很小。其扩散机理与分子扩散相同，故也称分子扩散。孔内所含流体的分子扩散，仍可用菲克定律来计算，只需考虑多孔介质的空隙率 ε 和曲折因数 τ（表示因毛细孔道曲折而增加的扩散距离），对一般的分子扩散系数加以修正。此时有效扩散系数 D_{ABp} 为：

$$D_{ABp} = D_{AB}\frac{\varepsilon}{\tau} \qquad (4-46)$$

（2）克努森扩散：如气体压强很低或毛细管孔径很小，气体分子平均自由程远大于毛细孔道直径，即 $\lambda/(2r) \geqslant 10$，这就使分子与壁面之间的碰撞机会大于分子间的碰撞机会。此时，物质沿孔扩散的阻力主要取决于分子与壁面的碰撞。根据气体分子运动论，可以推导出克努森扩散系数 D_{kp}：

$$D_{kp} = 97.0r\left(\frac{T}{m_A}\right)^{\frac{1}{2}} \qquad (4-47)$$

式中　T——绝对温度；

　　　m_A——组分 A 的相对分子质量。

（3）过渡区扩散：物质在毛细管中的运动情况介于容积扩散与克努森扩散之间，扩散系数 D_p 为：

$$D_p = \left(\frac{1}{D_{ABp}} + \frac{1}{D_{kp}}\right)^{-1} \qquad (4-48)$$

此式中如果 $1/D_{kp}$ 项可以忽略，则扩散为分子扩散；如果 $1/D_{ABp}$ 项可以忽略，则扩散为克努森扩散。

    3）热扩散

热扩散是当静止的气体或液体混合物存在温度梯度时，一种分子趋向高温区，另一种分子趋向低温区，从而在混合物内产生浓度梯度，这种现象又称为沙莱特效应。在混合物中，给定组分 A 的热扩散通量 J_{AT} 用下式表示：

$$J_{AT} = -D_T \rho \frac{d(\ln T)}{dx} \tag{4-49}$$

式中 D_T——热扩散系数；

        ρ——流体密度。

热扩散系数取决于分子的尺度和化学本质，其值常常比分子扩散系数小得多，很少大于分子扩散系数的 30%。因此，除非在温度差很大且流体严格保持层流时，热扩散在大多数的传质操作中并不重要。

2. 分子扩散系数

分子扩散系数是表征物质分子扩散能力的物理量，受系统的温度、压力和混合物中组分浓度的影响。根据菲克定律，组分 A 在组分 B 中的分子扩散系数，其值等于该物质在单位时间内单位浓度梯度作用下经单位面积沿扩散方向传递的物质量。

组分在气体中的分子扩散系数为 $10^{-5} \sim 10^{-4} \, \mathrm{m^2/s}$，在液体中的分子扩散系数为 $10^{-9} \sim 10^{-10} \, \mathrm{m^2/s}$，在固体中的分子扩散系数为 $10^{-9} \sim 10^{-14} \, \mathrm{m^2/s}$。分子扩散系数的准确数值是通过实验测定的。气体和液体中的分子扩散系数，也可用一些半经验公式估算。

    1）气体中的分子扩散系数

对于压力不太高的双组分气体混合物，将分子结构和运动作适当简化后，用气体分子运动论能够导出计算分子扩散系数的理论式，再根据实验结果作适当修正得出半经验的计算式。例如：

$$D_{AB} = \frac{1 \times 10^{-7} \, T^{1.75} \left(\frac{1}{M_A} + \frac{1}{M_B} \right)^{\frac{1}{2}}}{p \left[\left(\sum V \right)_A^{\frac{1}{3}} + \left(\sum V \right)_B^{\frac{1}{3}} \right]^2} \tag{4-50}$$

式中 D_{AB}——组分 A 在组分 B 中的分子扩散系数；

        T——绝对温度；

        M_A、M_B——组分 A 和 B 的相对分子质量；

        p——总压力；

        $(\sum V)_A$、$(\sum V)_B$——组分 A 和 B 的分子体积。

上式的计算值与实测值的平均偏差为 4%~7%，对强极性分子的系统尤为准确。

    2）液体中的分子扩散系数

曾有人对稀溶液中溶质的分子扩散作过一些理论分析，导出了如下的关系式：

$$\frac{D_{AB} \mu_B}{T} = F(V) \tag{4-51}$$

式中 μ_B——溶剂黏度；

F（V）——与混合物分子体积有关的函数。

在这个基础上提出的半经验式，可用以计算非电解质组分 A 在其稀溶液中的分子扩散系数。例如：

$$D_{AB} = \frac{7.4 \times 10^{-8} \, (\phi_B M_B)^{\frac{1}{2}} T}{\mu_B V_A^{0.6}} \tag{4-52}$$

式中　V_A——组分 A 在正常沸点下的摩尔体积；

　　　ϕ_B——溶剂的缔合因子，对于水其推荐值为 2.6，甲醇为 1.9，乙醇为 1.5，苯、醚、
　　　　　　庚烷等非缔合溶剂为 1.0。

上式的计算值与实测偏差在 13% 以内。液体中的分子扩散系数与溶液的浓度密切相关。

与前述热量传递中的传热系数求取过程一样，传质扩散系数也是通过经验或半经验公式求算的。工程中的问题，涉及经验性的计算很多，这也是工程科学需不断进步和完善的动力所在。

3）固体中的分子扩散系数

若固体内部存在某一组分的浓度梯度，也会发生扩散，例如氢气透过橡胶的扩散、锌与铜形成固体溶液时在铜中的扩散，以及粮食内水分的扩散等。物质在固体中的分子扩散系数随物质的浓度而异，且在不同方向上其数值可能有所不同，目前还不能进行计算。各种物质在固体中的分子扩散系数差别可以很大，如 25℃时氢在硫化橡胶中的分子扩散系数为 $0.85 \times 10^{-9} \, m^2/s$，20℃时氦在铁中的分子扩散系数为 $2.6 \times 10^{-13} \, m^2/s$。

3. 对流扩散

在湍流流体中，对流扩散由流体微团的宏观运动引起，分子扩散与涡流扩散同时发挥着传递作用，但质点是大量分子的集群，在湍流主体中质点传递的规模和速度远远大于单个分子，因此涡流扩散的效果应占主要地位。

涡流扩散是湍流流体中物质传递的主要方式。湍流流体中的质点沿各方向作不稳定的不规则运动，于是流体内出现旋涡，旋涡的强烈混合所引起的物质传递比分子运动的作用大得多，前者是以质点的规模而后者则是以分子的规模进行的，故涡流扩散的速率远大于分子扩散。在湍流流体中也存在分子扩散，但在大多数情况下分子扩散可以忽略，只有在湍动程度很低或在紧靠固体壁面之处才属例外。涡流扩散速率也与浓度梯度成正比，其比例系数即为涡流扩散系数。

二、传质分离过程

早在公元前，人们就知道从矿石中提取金属和从植物中提取药物的方法，这些是传质分离过程最早的应用。在近代化学工业的发展过程中，传质分离过程起了特别重要的作用。例如：经传质分离制得纯净的氮气，使合成氨的工业生产成为可能；将原油分离制得各种燃料油、润滑油和石油化工原料，后者是石油化工的基础；同样，没有分离提纯制得高纯度的乙烯、丙烯、丁二烯、氯乙烯等单体，就不可能生产出各种合成树脂、合成橡胶和合成纤维。几乎没有一个化工生产过程是不需要对原料或反应产物进行分离和提纯的。

用来作为传质分离装置的高耸塔群是化工厂最醒目的标志，而且传质分离过程的应用不限于化学工业的范围，例如核工业用各种分离方法提取核燃料，并对其废弃物进行后处理。可以说在现代生活中，从航天飞机到核潜艇、从生物化工到环境保护，都离不开对混合物的分离。

按物理化学原理，工业常用的传质分离操作可分为平衡分离过程和速率分离过程两大类。

1. 平衡分离过程

平衡分离过程是借助分离媒介（如热能、溶剂和吸附剂），使均相混合物系统变成两相系统，再以混合物中各组分在处于相平衡的两相中不等同的分配为依据而实现分离。根据两相的状态可分为：（1）气（汽）液传质过程，如蒸馏、吸收等；（2）液液传质过程，如萃取；（3）气（汽）固传质过程，如吸附、色层分离等；（4）液固传质过程，如浸取、吸附、离子交换、色层分离等。平衡分离操作应用广泛，在化工装置投资中所占比例较大。

平衡时组分在两相中的浓度关系，可以用分配系数（相平衡比）K_i表示：

$$K_i = \frac{y_i}{x_i} \qquad\qquad (4-53)$$

式中　y_i、x_i——组分i在两相中的浓度。

对于x和y相的命名，按习惯把吸收、蒸馏中的气相或汽相称为y相，把萃取中的萃取液作为y相。一般来说，分配系数取决于两相的特性以及物系的温度和压力。i和j两个组分的相平衡比K_i和K_j之比称为分离因子α_{ij}：

$$\alpha_{ij} = \frac{K_i}{K_j} \qquad\qquad (4-54)$$

在某些传质分离过程中，分离因子往往又有专门名称。例如在蒸馏中称为相对挥发度；在萃取中称为选择性系数。一般将数值大的分配系数K_i作分子，故α_{ij}大于1。只要两组分的分配系数不相等（即$\alpha_{ij} \neq 1$），便可采用平衡分离过程加以分离。α_{ij}越大就越容易分离。

大多数系统的分配系数和分离因子都不大，一次接触平衡所能达到的分离效果很有限，需要采取多级逆流操作来提高分离效率。为适应各种不同的系统以及操作条件和分离要求，要相应地使用多种不同类型的传质设备。

2. 速率分离过程

速率分离过程是在某种推动力（浓度差、压力差、温度差、电位差等）的作用下，有时在选择性透过膜的配合下，利用各组分扩散速度的差异实现组分分离的过程。这类过程所处理的原料和产品通常属于同一相态，仅有组成上的差别。速率分离方法有：（1）膜分离，如超过滤、反渗透、渗析和电渗析等；（2）场分离，如电泳、热扩散、超速离心分离等。膜分离与场分离的区别是：前者用膜分隔两股流体，后者则是不分流的。

不同类型的速率分离过程，应分别用不同的设备，并采用不同的方法进行设计计算和操作控制。

3. 传质分离技术的发展

传质分离过程中的蒸馏、吸收、萃取等一些具有较长历史的单元操作已经应用很广，并进行过大量的研究，积累了丰富的操作经验和资料。但在进一步深入研究这些过程的机理和传质规律，开发高效的传质设备，研究和掌握它们的放大规律，改进设备的设计计算方法等方面，仍有许多工作要做。传质分离过程的能量消耗，是单位产品能耗的主要部分，因此降低传质分离过程的能耗，受到普遍重视。膜分离和场分离是一类新型的分离操作，在处理稀溶液和生化产品的分离、节约能耗、不污染产品等方面，已显示出它们的优越性。研究和开发新的分离方法，各种分离方法联合使用以提高效益，以及利用化学反应来进行分离等都是很值得重视的发展方向。

三、精馏与精馏设备

精馏是一种利用回流使液体混合物得到高纯度分离的蒸馏方法，广泛用于石油、化工、轻工、食品、冶金等部门，是工业上应用最广的液体混合物分离操作。蒸馏是利用混合液体或液固体系中各组分沸点不同，使低沸点组分蒸发，再冷凝以分离整个组分的单元操作过程，是蒸发和冷凝两种单元操作的联合。与其他的分离手段如萃取、过滤结晶等相比，精馏的优点在于不需使用系统组分以外的其他溶剂，从而保证不会引入新的杂质。

精馏操作按不同方法进行分类。根据操作方式，可分为连续精馏和间歇精馏；根据混合物的组分数，可分为二元精馏和多元精馏；根据是否在混合物中加入影响汽液平衡的添加剂，可分为普通精馏和特殊精馏（包括萃取精馏、恒沸精馏和加盐精馏）。若精馏过程伴有化学反应，则称为反应精馏。

1. 精馏原理

双组分混合液的分离是最简单的精馏操作，典型的精馏设备是连续精馏装置，包括精馏塔、再沸器、冷凝器等（图4–36）。

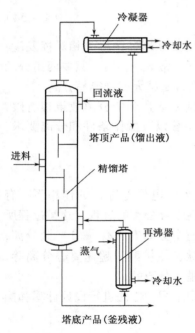

图 4–36　双组分精馏流程

精馏塔是供汽液两相接触进行相际传质的设备，位于塔顶的冷凝器使蒸气得到部分冷凝，部分凝液作为回流液返回塔顶，其余馏出液是塔顶产品。位于塔底的再沸器使液体部分汽化，蒸气沿塔上升，余下的液体作为塔底产品。进料在塔的中部，进料中的液体和上塔段下来的液体一起沿塔下降，进料中的蒸气和下塔段来的蒸气一起沿塔上升。

在整个精馏塔中，汽液两相逆流接触，进行相际传质。液相中的易挥发组分进入汽相，汽相中的难挥发组分转入液相。对不形成恒沸物的物系，只要设计和操作得当，馏出液将是高纯度的易挥发组分，塔底产物将是高纯度的难挥发组分。

进料口以上的塔段，把上升蒸气中易挥发组分进一步提浓，称为精馏段；进料口以下的塔段，从下降液体中提取易挥发组分，称为提馏段。两段操作的结合，使液体混合物中的两个组分较完全地分离，生产出所需纯度的两种产品。当使 n 组分混合液较完全地分离而取得 n 个高纯度单组分产品时，需有 $n-1$ 个塔。

精馏之所以能使液体混合物得到较完全的分离，关键在于回流的应用。回流包括塔顶高浓度易挥发组分液体和塔底高浓度难挥发组分蒸气两者返回塔中。汽液回流形成了逆流接触的汽液两相，从而在塔的两端分别得到相对纯净的单组分产品。塔顶回流入塔的液体量与塔顶产品量之比，称为回流比，它是精馏操作的一个重要控制参数，它的变化影响精馏操作的分离效果和能耗。

2. 操作评价

评价精馏操作的主要指标是：（1）产品的纯度，板式塔中的塔板数或填充塔中填料层高度，以及料液加入的位置和回流比等，对产品纯度均有一定影响，调节回流比是精馏塔操作中控制产品纯度的主要手段；（2）组分回收率，即产品中组分含量与料液中组分含之比；（3）操作总费用，主要包括再沸器的加热费用、冷凝器的冷却费用和精馏设备的折旧费，操作时变动回流比，直接影响前两项费用，此外，即使同样的加热量和冷却量，加热费用和冷却费用还随着沸腾温度和冷凝温度而变化，特别当不使用水蒸气作为加热剂或者不能用空气或冷却水作为冷却剂时，这两项费用将大大增加，选择适当的操作压力，有时可避免使用高温加热剂或低温冷却剂(或冷冻剂)，但却增添加压或抽真空的操作费用。

3. 精馏计算

精馏计算主要是精馏塔的计算。不论是板式塔或是填料塔，通常都按分级接触传质的概念来计算理论板数。对于双组分精馏塔的设计计算，通常给定的设计条件有：液体混合物（料液）的量 F 和浓度 x_f（以易挥发组分的摩尔分率表示），以及塔顶和塔底产品的浓度 x_d 和 x_w。计算所需的理论板数 N_T 和实际板数 N_P，必须先确定合理的回流比。理论塔板数的计算方法有图解法、捷算法和严格算法。

1）图解法

图解法中最常用的是麦凯勃—蒂利图解法（美国 W. L. 麦凯勃和 E. W. 蒂利在 1925 年合作设计的双组分精馏理论板计算的图解方法），用于双组分精馏计算。此法假定流经精馏段的汽相摩尔流量 V、液相摩尔流量 L 以及提馏段中的汽相流量 V'、液相流量 L' 都保持恒定。此假定通常称为恒摩尔流假定，它适用于料液中两组分的摩尔汽化潜热大致相等、混合时热效应不大，而且两组分沸点相近的系统。图解法的理论基础是组分的物料衡算和汽液平衡关系。

取精馏段第 n 板至塔顶的塔段为对象，作易挥发组分物料衡算（图 4-37）得：

$$y_{n+1} = \frac{L}{V}x_n + \frac{D}{V}x_d \tag{4-55}$$

式中　y_{n+1}——离开第 $n+1$ 板的汽相浓度；

　　　x_n——离开第 n 板的液相浓度；

　　　D——塔顶产品流量。

此式称精馏段操作线方程，在 $y-x$ 图上是斜率为 L/V 的直线。

同样取提馏段第 m 板至塔底的塔段为对象，作易挥发组分物料衡算得：

$$y_{m+1} = \frac{L'}{V'}x_m + \frac{W}{V'}x_w \tag{4-56}$$

式中　y_{m+1}——离开第 $m+1$ 板的汽相浓度；

　　　x_m——离开第 m 板的液相浓度；

　　　W——塔底产品流量。

此式称为提馏段操作线方程。

将汽液平衡关系和两条操作线方程绘在 $y-x$ 直角坐标上以求理论板数（图 4-38）。根据理论板的定义，离开任一塔板的汽液两相浓度 x_n 与 y_n，必在平衡线上，根据组分的物料衡算，位于同一塔截面的两相浓度 x_n 与 y_{n+1}，必落在相应塔段的操作线上。在塔顶产品浓度 x_d 和塔底产品浓度 x_w 范围内，在平衡线和操作线之间作梯级，每梯级代表一块理论板，总梯级数即为所需的理论板数 N_T，跨越两操作线交点的梯级为加料板。计入全塔效率，即可算得实际板数 N_P；或根据等板高度，从理论板数即可算出填充层高度。

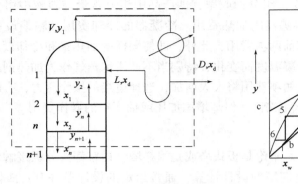
图 4 – 37　精馏段物料衡算

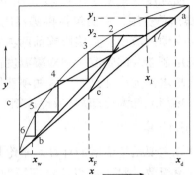
图 4 – 38　图解法求理论板数

2）捷算法

捷算法可用作粗略估算。首先根据芬斯克方程（美国 M. R. 芬斯克 1932 年建立的全回流理论板数计算方程）算出采用全回流操作达到给定产品浓度 x_d 和 x_w 所需的最少理论板数 $N_{\min}$（包括再沸器）：

$$N_{\min} = \frac{\lg \left[\left(\dfrac{x_d}{1 - x_d} \right) \left(\dfrac{x_w}{1 - x_w} \right) \right]}{\lg \alpha} \qquad (4 - 57)$$

式中　α——待分离两组分间的全塔的平均相对挥发度，常取塔顶和塔底处的相对挥发度的几何平均值。

再由 $N_{\min}$、最小回流比 $R_{\min}$ 和选用的回流比 R，从吉利兰经验关联式（1940 年美国 E. R. 吉利兰建立的计算理论板数关联式）：

$$\lg \frac{N_T - N_{\min}}{N_T + 1} = -0.9 \left(\frac{R - R_{\min}}{R + 1} \right) - 0.7 \qquad (4 - 58)$$

求出所需的理论板数 N_T。对于相对挥发度在全塔接近常数的系统，即接近于理想溶液的混合液的分离，捷算法较可靠，并可推广到估算多组分料液的精馏。捷算法在做整个生产过程的优化计算时常被采用，以节省时间。

3）严格算法

随着精馏技术日趋成熟和生产规模的扩大，具有多股加料和侧线采出等特殊功能以及具有侧塔和中间再沸器等各种复杂的精馏塔相继出现。现今越来越需要对精馏做出严格计算，以了解塔内温度、流量和浓度的变化，达到更合理的设计和操作。

电子计算机的应用，为严格计算法提供了条件。各种严格计算法均基于四类基本方程：组分物料衡算式、汽液相平衡关系、归一方程（汽相及液相中各组分摩尔分率之和为 1）和热量衡算方程。对每块理论板都可以建立这些方程，组成一个高维的方程组，然后依靠电子计算机求解。根据不同的指定条件，原则上此方程组可用于新塔设计或对现有塔的操作性能核算。

4. 精馏设备

精馏设备指的是精馏操作所用的设备，主要包括精馏塔、再沸器和冷凝器。

1）精馏塔

精馏塔是完成精馏操作的主体设备。塔体为圆筒形，塔内设有供气液接触传质用的塔板或填料。在简单精馏塔中，只有一股原料引入塔中，从塔顶和塔底分别引出一股产品。随着化工生产的发展，出现了多股进料和多股出料或有中间换热的复杂塔。在实际生产中，常有组分相同而组成不同的物料都需要分离，如果把这些物料混合以后进行分离，则能耗较大。为此可在塔体适当位置设置多个进料口，将各物料分别加入塔内。例如裂解气深冷分离的脱甲烷前冷流程，就是将组成和温度都不相同的液化裂解气在不同位置送入脱甲烷塔进行精馏。在精馏塔内，气液两相的组成沿塔高逐渐发生变化。因此，在塔体不同高度上设置出料口，可以得到组成不同的产品，称为侧线出料。石油炼制工业中的常压塔和减压塔，就是通过侧线出料得到不同产品的。

在精馏塔内气液两相的温度自上而下逐渐增加，塔顶最低，塔底最高。如果塔底和塔顶的温度相差较大，可在精馏段设置中间冷凝器，在提馏段设置中间再沸器，以降低操作费用。供热费用取决于传热量和所用载热体的温位。在塔内设置的中间冷凝器，可用温位较高、价格较便宜的冷却剂，使上升气体部分冷凝，以减少塔顶低温冷却剂的用量。同理，中间再沸器可用温位较低的加热剂，使下降液体部分汽化，以减少塔底再沸器中高温加热剂的用量。

2）再沸器

再沸器将塔底液体部分汽化后送回精馏塔，使塔内汽液两相间的接触传质得以进行。小型精馏塔的再沸器，传热面积较小，可直接设在塔的底部，通称蒸馏釜。大型精馏塔的再沸器，传热面积很大，与塔体分开安装，以热虹吸式和釜式再沸器最为常用。热虹吸式再沸器是一种垂直放置的管壳式换热器，液体在自下而上通过换热器管程时部分汽化，由在壳程内的载热体供热。它的优点是液体循环速度快，传热效果好，液体在加热器中的停留时间短；但是，为产生液体循环所需的压头，这种精馏塔的底座较高。釜式再沸器通常水平放置在釜内进行汽液分离，可降低塔座高度；但加热管外的液体是自然对流的，传热效果较差，液体在釜内停留时间也长，因而不适于黏度较大或稳定性较差的物料。

3）冷凝器

冷凝器将塔顶蒸气冷凝成液体，部分冷凝液作塔顶产品，其余作回流液返回塔顶，使塔内汽液两相间的接触传质得以进行。最常用的冷凝器是管壳式换热器。小型精馏塔的冷凝器可安装在精馏塔顶部；大型精馏塔的冷凝器则单独安装，并设有回流槽，回流液用泵送至塔顶。

四、吸收与吸收塔

在化学工业中，经常需将气体混合物中的各个组分加以分离，其目的是：(1)回收或捕获气体混合物中的有用物质，以制取产品；(2)除去工艺气体中的有害成分，使气体净化，以便进一步加工处理；(3)除去工业放空尾气中的有害物，以免污染大气。实际过程往往同时兼有净化与回收双重目的。

气体混合物的分离，总是根据混合物中各组分间物理和化学性质的差异而进行的。根据不同性质上的差异，可以开发出不同的分离方法，吸收操作仅为其中之一，它根据混合物各组分在某种溶剂中溶解度的不同而达到分离的目的。

1. 吸收的分类

吸收操作通常有以下分类方法。

1） 按过程有无化学反应分类

（1）物理吸收：吸收过程中溶质与吸收剂之间不发生明显的化学反应。

（2）化学吸收：吸收过程中溶质与吸收剂之间有显著的化学反应。

2） 按吸收过程有无温度变化分类

（1）非等温吸收：气体溶解于液体时，常常伴随着热效应，当有化学反应时，还会有反应热，其结果是随吸收过程的进行，溶液温度会逐渐变化，则此过程为非等温吸收。

（2）等温吸收：若吸收过程的热效应较小，或被吸收的组分在气相中浓度很低，而吸收剂用量相对较大时，温度升高不显著，则可认为是等温吸收。

3） 按吸收过程的操作压力分类

（1）常压吸收：操作压力不变。

（2）加压吸收：当操作压力增大时，溶质在吸收剂中的溶解度将随之增加。

2. 吸收的原理

当分离的气体混合物（原料气）含有两个或更多的组分时，其液体吸收剂能够选择地溶解其中的一个或几个组分（称为溶质），而对其余组分（称为惰性组分）则几乎不溶解，因此，气液两相采取逆向（有时也采取顺向）接触使气体混合物的组成发生改变，这种操作称为吸收。工业上实施吸收操作最常用的吸收设备是填充塔和板式塔。在吸收操作中，气体混合物和吸收剂分别从塔底和塔顶进入吸收塔中，气液两相逆流接触，气体混合物中的溶质较完全地溶解到吸收剂中，于是从塔顶获得较纯的惰性组分，从塔底得到溶质和吸收剂混合的溶剂（通称富液）。在化工生产中吸收往往与解吸同时使用，如天然气脱硫（图4-39）。

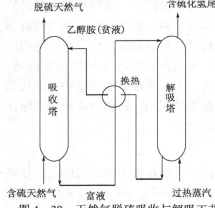

图4-39　天然气脱硫吸收与解吸工艺

当溶质有回收价值或吸收剂价格较高时，把富液送入解吸塔（又称再生装置、再生塔）进行解吸操作，得到溶质和再生的吸收剂。再生的吸收剂（通称贫液）返回吸收塔循环使用。

3. 吸收剂

吸收剂是吸收操作中能够选择性地溶解混合气体中某些特定组分的液体。吸收剂可以是纯液体，也可以是溶液，一般分为物理吸收剂和化学吸收剂两类。物理吸收剂与溶质之间无化学反应，气体的溶解度只与气液平衡规律有关；化学吸收剂与溶质之间有化学反应，气体的溶解度不仅与气液平衡规律有关，而且与化学平衡规律有关。化学吸收剂大多是某种活性组分的溶液，如碳酸钾或氢氧化钠的水溶液。

当吸收是为了制取某种溶液产品时，只能用某种特定的吸收剂，如由氯化氢制造盐酸，只能用水作吸收剂。当吸收是为了对气体混合物作组分分离时，合理选择吸收剂对吸收操作的成功与否有重大影响。

优良吸收剂的性能包括：（1）溶质在其中有较高的溶解度，因而有较大的过程推动力，并可减少吸收剂的用量；（2）易于再生，便于循环使用；（3）有较高的选择性，以取得较高纯度的解吸气；（4）不易挥发，以减少损耗；（5）黏度较低，不易起泡，以保证两相在塔内接触良好；（6）化学性质稳定，以免在使用过程中降解变质；（7）价廉易得，使用安全（无毒、不易燃烧等）。一般来说，化学吸收剂易于达到较高的选择性，并可使溶质易于溶解；但再生比较困难，消耗能量较多。事实上，很难找到一个能够满足上述各项要求的理想吸收剂，只能通过对可用吸收剂的全面评价，按经济上是否合理做出选择。为此，性能优良的新吸收剂的开发，一直为人们所关注。

4. 操作评价

评价吸收操作的主要指标是：

（1）溶质回收率：即分离得到的溶质与原料气中的溶质之比。汽液两相在吸收设备中的接触情况，再生吸收剂中溶质的残留量，吸收剂用量和操作的温度、压力等，均对溶质回收率有明显影响。

（2）溶质产品的纯度：与吸收剂的选择性溶解能力密切相关。溶质和惰性组分的溶解度差异越大，所得溶质产品的纯度越高。

（3）操作总费用：主要包括吸收剂的损失，吸收剂的再生能耗、输送气体和液体的能耗以及吸收和再生装置的折旧费用等。吸收剂的挥发性、化学稳定性和对溶质的溶解能力，都与操作费用密切相关。吸收剂的选择性和上述三项指标是选用吸收剂的重要依据。当吸收产生的富液没有回收价值或就是产品或中间产品时，就无需使吸收剂再生和循环，此时，吸收操作的经济性大大提高。

5. 吸收速率

单位时间内经单位吸收面积所吸收的溶质量称为吸收速率 N_A，是衡量吸收进行快慢的重要指标。因吸收时气液相际传质过程，所以吸收可用气相内、液相内或两相间的传质速率来表示。

吸收，常用双膜理论模型描述（图 4 – 40），对于低溶解度溶质的吸收，是液阻控制，或称液膜控制，宜用以液相摩尔分率差和液相传质系数表达的吸收速率表达式；对于高溶解度溶质的吸收，是气阻控制，或称气膜控制，宜用以气相摩尔分率差和气相传质系数表达的吸收速率表达式。

双膜理论（two-film theory），是一经典的传质机理理论，于 1923 年由惠特曼（W. G. Whitman）和刘易斯（L. K. Lewis）提出，作为界面传质动力学的理论，该理论较好地解释了液体吸收剂对气体吸收质吸收的过程。

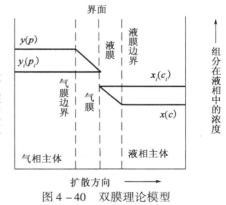

图 4 – 40　双膜理论模型

对于低溶质浓度的吸收，吸收速率 N_A 的表达式分别为：

气相内传质的吸收速率 $\qquad N_A = k_y(y - y_i)$ （4 – 59）

液相内传质的吸收速率 $\qquad N_A = k_x(x_i - x)$ （4 – 60）

气液两相内传质的吸收速率 $\quad N_A = K_y(y - y^*) = K_x(x^* - x)$ （4 – 61）

式中　y、y_i——气相主体和气相在界面处的溶质摩尔分率；

x、x_i——液相主体和液相在界面处的溶质摩尔分率；

y^*、x^*——与 x 和 y 成相平衡的气相和液相摩尔分率；

k_y、K_y——以气相摩尔分率差为推动力的气相传质分系数和传质总系数；

k_x、K_x——以液相摩尔分率差为推动力的液相传质分系数和传质总系数。

在连续吸收操作中，这三种吸收速率表达式的计算结果相同。

6. 吸收的计算

吸收的计算主要是吸收塔的计算。

设计新塔时，已知原料气的摩尔流量 G 和所含溶质的浓度 y_1（以摩尔分率计，下同），并给定了吸收后气体的溶质浓度 y_2。首先选定合适的吸收剂和它的入塔浓度 x_2，以及系统的操作温度和压力；然后计算吸收剂用量、塔径和塔高。对于工业上最常见的低溶质浓度混合气吸收，气相流量和液相流量可视为常数，因此，传质系数也可视为常数，计算就可以简化。对于双组分气体混合物的吸收，上述三项的计算如下：

1）吸收剂用量

单位气体混合物耗用的吸收剂量，即液气比 L/G，对吸收操作有很大影响。提高 L/G，则传质推动力增大，但出口溶液的浓度 x_1 将减小；降低 L/G，则出口溶液的浓度 x_1 将增大，但传质推动力减小；当 L/G 降低到某临界值时，为达到规定分离要求所需的传质面积在理论上增加到无限大，此液气比称为最小液气比 $(L/G)_{\min}$，它是为达到指定分离要求所能采用的液气比下限。从经济合理出发，常用液气比为最小液气比的 1.1～2.0 倍。L/G 确定后，即可求出吸收剂用量 L。

2）塔径

塔径 D 可按下式计算：

$$D = \sqrt{\frac{4V}{\pi u}} \qquad (4-62)$$

式中　V——气体混合物的体积流量；

　　　u——塔的操作气速。

气速的确定是塔径计算的关键，操作气速的上限是发生液泛时的泛点速度 u_f。当气速取较大值时，可缩小塔径，提高吸收速率，但气体通过塔的流动阻力也将增大。若在工艺上对气体的流动阻力有限制，操作气速往往由此限制确定；若在工艺上对气体流动阻力无限制，对于填充塔，取 $u = 0.5～0.8u_f$。

3）塔高

对于板式塔，首先计算出所需实际板数，再乘以选定的板间距，即可计算出塔高。对于填充塔，填料层高度 H 为：

$$H = H_G N_G \qquad (4-63)$$

式中　H_G、N_G——传质单元高度和传质单元数。

当填料层高度确定后，再加上塔顶和塔底的适当空间高度，即可算出塔高。

7. 吸收塔

吸收塔是实现吸收操作的设备。按气液相接触形态分为三类。第一类是气体以气泡形态分散在液相中，主要有板式塔、鼓泡吸收塔、搅拌鼓泡吸收塔；第二类是液体以液滴状分散在气相中，主要有喷射器、文氏管、喷雾塔；第三类为液体以膜状运动与气相进行接触，主要有填料吸收塔和降膜吸收塔。塔内气液两相的流动方式可以是逆流也可以是并流。通常采用逆流操作，吸收剂从塔顶加入自上而下流动，与从下向上流动的气体接触。吸收了溶质的液体从塔底排出，净化后的气体从塔顶排出。

1）填料塔

填料塔由外壳、填料、填料支承、液体分布器、中间支承和再分布器、气体和液体进出口接管等部件组成，塔外壳多采用金属材料，也可用塑料制造。

填料是填料塔的核心，它提供了塔内气液两相的接触面，填料与塔的结构决定了塔的性能。填料必须具备较大的比表面积、较高的空隙率、良好的润湿性、耐腐蚀、一定的机械强度，并且密度小、价格低廉等。

常用的填料有拉西环、鲍尔环、弧鞍形和矩鞍形填料，20 世纪 80 年代后开发的新型填料有 QH-1 型扁环填料、八四内弧环、刺猬形填料、金属板状填料、规整板波纹填料（图 4-41）、格栅填料等，为先进的填料塔设计提供了基础。

填料塔适用于快速和瞬间反应的吸收过程，多用于气体的净化。

填料塔结构简单，易于用耐腐蚀材料制作，气液接触面积大，接触时间长，气量变化时塔的适应性强，塔阻力小，压力损失为 300 ~ 700Pa，与板式塔相比处理风量小，空塔气速通常为 0.5 ~ 1.2m/s，气速过大会形成液泛。填料塔结构如图 4-42 所示。填料塔不宜处理含尘量较大的烟气，设计时应克服塔内气液分布不均的问题。

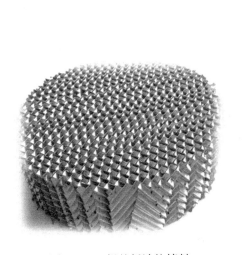

图 4-41　规整板波纹填料

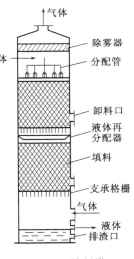

图 4-42　填料塔

2）板式塔

板式塔是在塔内装有一层层的塔板，液体从塔顶进入，气体从塔底进入，气液的传质、传热过程在各个塔板上进行。板式塔种类很多，大致可分为两类：一类是降液管式，如泡罩塔、筛孔板塔、浮阀塔、S 形单向流板塔、舌形板塔、浮动喷射塔等；另一类是穿流式板塔，如穿流栅孔板塔（淋降板塔）、波纹穿流板塔、菱形斜孔板塔、短管穿流板塔等。

第九节　化工系统工程与计算机模拟

化工系统工程是将系统工程的理论和方法应用于化工领域的一门学科，它的基本内容是：从系统的整体目标出发，根据系统内部各个组成部分的特性及其相互关系，借助运筹学和现代控制论的一些方法，依靠电子计算机技术手段，确定化工系统在规划、设计、控制和管理等方面的最优策略。

化工系统工程研究的对象是化工生产过程中的某个系统，目标是该系统的整体优化，即合理确定和控制系统各个组成部分的输入、输出状态，使得反映系统效益的某种定量函数达到最大值或最小值，这种体现系统整体目标的函数称为目标函数。例如进行某个化工装置的最优设计时，通常选投资费用和操作费用作为目标函数，寻求总费用最小的设计方案。化工系统工程是一门发展中的学科，到目前为止，人们对这门学科的理解和定义也不完全相同。

一、化工系统

同所有的系统一样，化工系统具有嵌套性的特点，即一个系统总是另一个更大系统的一部分，为该大系统的子系统；同时它又可能由更小的子系统所构成。一般把单元操作和反应过程作为化工系统的基本元素，系统可看成是一系列基本元素按一定联结方式组成的网络。因此，可将化工系统的特性归结为基本元素的特性和系统结构上的特性两个部分。

二、学科内容

化工系统工程可大致分为系统分析、系统优化、系统综合等分支。随着计算机技术的发展，用于化工过程系统分析的软件日趋完善，至今已形成了一类专门的应用软件，称为化工模拟系统，已广泛用于过程开发、设计和对现场操作的分析等。可以认为，它是系统优化及系统综合的重要辅助手段。

1. 系统分析

系统分析的主要任务是将在系统详细调查中所得到的文档资料集中到一起，对组织内部整体管理状况和信息处理过程进行分析。它侧重于从业务全过程的角度进行分析。

（1）系统分析的主要内容：业务和数据的流程是否通畅，是否合理；数据、业务过程和实现管理功能之间的关系；老系统管理模式改革和新系统管理方法的实现是否具有可行性等。系统分析所确定的内容是今后系统设计、系统实现的基础。

（2）系统分析的目的掌握以下内容：开发者对现有组织管理状况的了解；用户对信息系统功能的需求；数据和业务流程；管理功能和管理数据指标体系；新系统拟改动和新增的管理模型等。

（3）系统分析方法的步骤：限定问题，确定目标，调查研究收集的数据，提出备选方案和评价标准，备选方案评估和提出最可行方案。

2. 系统优化

系统优化是对于结构已确定的系统求出其最优解。由于化工系统中包含大量的非线性、多变量问题，因而寻求系统的优化是相当困难的。到目前为止，对于串联系统和连续系统，可运用控制论的方法加以解决，而对于在实际中更多碰到的带有再循环回路的复杂系统，一般需要在分解的基础上进行优化。

3. 系统综合

系统综合是本学科中最核心的内容，即按照给定的系统特性，寻求所需要的系统结构及各子系统的性能，并使系统按给定的目标进行最优组合。化工过程的任务是通过物质和能量的变化，将原料制成化工产品，这一生产过程通常可采取不同的方法和设备来实现。一般的化工系统，包含换热器、反应器、蒸发器、塔器等多种设备，系统综合时涉及反应路线和反应器类型的选择，分离方法和分离序列的确定，以及能量回收、三废处理、辅助设施等方面的问题，可行方案的数量是相当惊人的。化工大系统的综合是一个极为复杂的最优组合问题，现已开发了分解法、探试法、调优法和直接优化法等化工系统的综合方法。

（1）分解法：系统工程中对于复杂系统的一种处理方法，即把需要综合的大系统分解成若干易于处理的子系统，分别对各个子系统进行综合，得到局部最优解，然后再用整体目标函数加以检验，如果不满足整体最优的要求，则在各个子系统之间进行协调，直到得出预期的最优系统为止。

（2）探视法：根据以往经验总结出来的若干规则来探索解决问题的方法。例如，从经济的角度来看，精馏塔的最佳回流比是最小回流比的 1.1~2.0 倍。这就是一个探试规则。这些经验规则虽然不能全部在理论上得到严格的证明，并且有时还会遇到例外，但对于大多数情况来说还是适用的，探试法不失为一种简便而快速的求解方法。目前，这种方法已成功地应用于某些化工子系统的综合，例如用于分离系统和换热器网络。但探试法并不一定能保证得到最优解，对于复杂的化工大系统来说，还有待进一步发展。

（3）调优法：从某个选定的初始系统出发，采用某种调优策略，通过一系列的逐步修正，得出较好系统的一种综合方法。调优法一般先用分解法或探试法选定一个初始方案作为调优的起点；再对初始方案的各个环节按某种调优策略作不大的改动，得到若干与其接近的新方案；然后按照目标函数对这些方案进行比较，从中挑出最好的方案，以此作为新的初始方案；重复上述步骤，直到不能得出更好的方案为止。

（4）直接优化法：运用数学方法直接搜索化工流程最优解的一种方法。它的出发点是根据生产的要求把所有可能选用的系统组合成一个总的虚拟流程，然后运用最优化方法，按照一定的目标函数进行搜索，剔除其中一些不适宜的流程，最后得出最优流程。直接优化法的优点是可以免去复杂的组合问题，并且同时得到最优的流程结构和过程参数值。但如果流程比较复杂，就很难找到合适的最优化方法进行处理，因而也不能保证得到最优解。

目前，综合技术的发展是趋向于采用多级综合法，即首先运用分解法或探试法得到一个较好的初始流程，然后再借助调优法对它逐步进行修正。迄今为止，在系统综合方面已开展了不少工作，但已付诸工业实践的尚限于由单一的设备（如换热器、精馏塔）组成的系统。对于现代化、大型化工厂的设计来说，为了提高经济效益，合理利用资源和能源，系统综合是亟待进一步开发的领域。

系统分析和系统综合是化工系统工程的基本内容。要分析一个工艺过程（如化肥厂或石油化工厂）的性能，就要将其分解成反应器、精馏塔等基本元素，然后建立这些基本元素的数学模型及流程结构模型，通过计算机模拟计算，找出不同工况下的系统性能。同样，要分析流化床反应器或精馏塔等的性能，则要将其分解为流体力学、传热和传质等基本现象，然后用数学模拟来分析其性能。反过来，如果要综合成一个设定性能的化工厂，则要由反应器、精馏塔等基本元素为基础来合成。

三、化工模拟系统

化工模拟系统又称工艺流程模拟系统，指的是一种计算机辅助工艺设计软件，如 ASPEN Plus 和 PRO/Ⅱ等。这类软件接受有关化工流程的输入信息，进行对过程开发、设计或操作有用的系统分析计算。化工模拟是20世纪50年代末期随着计算机在化工中的应用而逐步发展起来的。开始只有适用于特定工艺流程（如氨合成、烃类裂解制乙烯等）的专用流程模拟系统，后来逐步发展到适用于各种工艺流程的通用流程模拟系统，到60年代后期化工模拟系统已得到推广应用，成为化工过程的开发和设计以及现有生产操作改进的主要常规手段。

化工模拟系统目前主要有四种类型：（1）稳态流程模拟系统，其基本功能是进行物料和能量衡算，有的还包括设备尺寸计算、成本估算和经济评价等高级功能；（2）动态流程模拟系统，用于系统的动态特性计算、控制性能的研究和系统开停车操作的模拟，也用于操作人员的培训；（3）流程的优化系统，用于系统或全流程的决策变量（操作参数）的优化搜索；（4）分批处理操作的模拟系统。

通用流程模拟系统（以稳态流程模拟为例）一般至少有以下几个组成部分：

（1）单元操作和反应过程模块如精馏、换热、闪蒸、蒸馏、流体输送等以及各种反应模块。调用这些基本单元操作模块，在计算机中可以搭成各种各样的模拟流程，来描述实际工艺流程。

（2）物性估算系统，包含基础物性数据库和估算关联模型。前者存储各种化合物的基本物性数据，如相对分子质量、密度、临界压力、临界温度、标准沸点、偏心因子等，以便计算时调用；后者是为计算各种物质（纯物质和混合物）在给定条件下的各种物性所需的估算方程式，如状态方程、计算液相活度系数的关联式、计算热焓和自由能的关联式等。物性估算系统为单元操作模块计算提供所需要的各种物性数据。

（3）数学方法。一类是系统分解方法，能够使大系统自动分隔和断裂，并排出单元模块的计算顺序；另一类是加速迭代计算收敛和其他通用的数学方法。

（4）执行系统具有输入语言自动翻译、模拟程序装配和结果打印等功能。

化工模拟系统是化工系统工程发展产生的实用性成果，主要应用在以下几个阶段：

（1）规划工作阶段。对工艺过程进行可行性分析，对多种方案进行经济评价。

（2）科学研究阶段。进行概念设计可以弄清研究的重点，也可以与实验同时开展数学模拟试验，两者互相补充，加快研究进度。

（3）放大设计阶段。对于基础设计和初步设计的多方案进行比较，寻求最优化设计，节约基本建设投资。

（4）现有工厂的技术改造和操作优化阶段。可以分析现有生产的能耗或原料消耗漏洞，发现提高生产能力的关键所在，以便有针对性地提出改造方案，也可以在计算机上模拟现场操作，进行调优试验，离线指导生产操作的优化。

第十节　化　工　设　计

化工设计是根据一个化学反应或过程设计出一个生产流程，并研究流程的合理性、先进性、可靠性和经济可行性，再根据工艺流程以及条件选择合适的生产设备、管道及仪表等，进行合理地工厂布局设计以满足生产的需要，最终使工厂建成投产。

化工设计按照时间顺序通常包括可行性研究、化工过程开发、设计与施工四个主要步骤。

一、可行性研究

可行性研究，是指在调查的基础上，通过市场分析、技术分析、财务分析和国民经济分析，对各种投资项目的技术可行性与经济合理性进行的综合评价。可行性研究的基本任务，是对新建或改建项目的主要问题，从技术经济角度进行全面的分析研究，并对其投产后的经济效果进行预测，在既定的范围内进行方案论证的选择，以便最合理地利用资源，达到预定的社会效益和经济效益。

可行性研究必须从系统总体出发，对技术、经济、财务、商业乃至环境保护、法律等多个方面进行分析和论证，以确定建设项目是否可行，为正确进行投资决策提供科学依据。

1. 研究内容

可行性研究大体可分为三个大的方面——工艺技术、市场需求、财务经济状况。

（1）全面深入地进行市场分析、预测。调查和预测拟建项目产品国内、国际市场的供需情况和销售价格；研究产品的目标市场，分析市场占有率；研究确定市场，主要是产品竞争对手和自身竞争力的优势、劣势，以及产品的营销策略，并研究确定主要市场风险和风险程度。

（2）对资源开发项目要深入研究确定资源的可利用量、自然品质、赋存条件和开发利用价值。

（3）深入进行项目建设方案设计，包括项目的建设规模与产品方案，工程选址，工艺技术方案和主要设备方案，主要材料和辅助材料，环境影响问题，节能节水，项目建成投产及生产经营的组织机构与人力资源配置，项目进度计划，所需投资进行详细估算，融资分析，财务分析，国民经济评价，社会评价，项目不确定性分析，风险分析，综合评价，等等。

项目的可行性研究是由浅到深、由粗到细、前后连接、反复优化的一个研究过程，前阶段研究为后阶段更精确的研究提出问题创造条件。可行性研究要对所有的商务风险、技术风险和利润风险进行准确落实，如果经研究发现某个方面的缺陷，就应通过敏感性参数的揭示，找出主要风险原因，从市场营销、产品及规模、工艺技术、原料路线、设备方案以及公用辅助设施方案等方面寻找更好的替代方案，以提高项目的可行性。如果所有方案都经过反复优选，项目仍是不可行的，应在研究文件中说明理由。但应说明，研究结果即使是不可行的，这项研究仍然是有价值的，因为这避免了资金的滥用和浪费。

基于上述认知，针对行业特点，化工项目的可行性研究具体包括以下内容：

（1）总论，包括项目的提出背景，投资的必要性和经济意义，以及可行性研究的依据和范围。

（2）产品需求预测和拟建规模，包括国内外需求情况的预测，国内现有工厂生产能力的估计，销售、价格竞争的能力和进入国际市场的前景预测，拟建项目的规模、产品方案和发展方向的分析。

（3）物资条件，包括资源、原材料、燃料及公用设施的需要量、来源、供应的可能性和供应方式。

（4）建厂条件和厂址方案，包括建厂的地理位置、气象、水文、地质、地形条件和社会经济现状，交通运输和水、电、汽的现状及发展趋势，厂址的比较和选择。

（5）设计方案，包括技术来源和生产方法，主要生产工艺和设备选型方案，引进技术和设备来源。

（6）环境保护，预测项目建成投产后对环境的影响，提出环境保护和"三废"治理的初步方案。

（7）劳动组织，包括企业组织、劳动定员和人员培训的估计。

（8）消防。

（9）实施进度建议。

（10）资金条件，包括主体工程和协作配套工程所需的固定投资和流动资金的估算，资金来源、筹措方式和偿还方式。

（11）效益，根据估计的投资额、生产成本和销售收入等，对项目的财务效益、经济效益和社会效益进行评价和比较。

2．步骤

可行性研究一般分为三个阶段，即机会研究、初步可行性研究和详细可行性研究。

（1）机会研究（又称立项建议）是对投资的方向提出建议，企业及基层单位根据生产中发现的问题和市场中的机会，以充分利用自然资源为基础，寻找最有利的投资机会。从企业来看，应根据资金实力的大小和现有技术能力，寻求新的效益较好的投资机会。

（2）初步可行性研究（又称立项审查）是进行可行性研究的前期活动，是大体收集材料，对投资项目的前景粗略估价的过程。由初步可行性研究，决定是否继续进行可行性研究。

（3）详细可行性研究是在初步可行性研究基础上认为基本可行后，而对项目各方面的详细材料进行全面的搜集、掌握，依此对项目的技术和经济诸方面进行综合分析考察，并对项目建成后提供的生产能力、产品质量、成本、费用、价格及收益情况进行科学的预测，为决策提供确切的依据。

经前三个阶段研究后，要将技术上可行和经济上合理与否的情况形成结论，写成报告，并对重点投资项目进行评定和决策。报告的具体内容包括资产投资项目的预测（预测投资项目需要增加哪些固定资产，增加多少，何时增加等）；提出投资概算，筹划投资来源；拟定投资方案，测算投资效果。投资方案的审核和决策投资效益指标计算出来后，就应对同一项目的不同投资方案的效益进行对比，择优进行决策。

二、化工设计的特点

1．综合性

（1）化工设计涉及政治、经济、文化、科学技术等众多的领域。生产什么产品，采用什么工艺路线，不仅要从企业的经济效益出发，还要着眼于国家的总体利益。为了不悖于国家民族利益，国家和有关部门颁布了许多法令、标准、规范。化工设计必须遵循国家的各项政策、法令和规范，必须考虑如何最合理、最有效地利用资源，选择最佳的工艺路线、生产方法，选择最合适的厂址。

（2）化工生产过程复杂，涉及多种门类的科学技术。化工设计不仅需要化工专业，还需要过控、电气、安全、环保、计算机等多种专业的协同工作。化工专业在这些专业的合作中，起主导作用，应组织、协调各专业完成任务。

2. 创造性

化工设计过程是多变量的优化过程。对于经济效益，有些变量与之有明确的函数关系，而有些参数与之没有明确的函数关系或无法用数学式、图表描述。因此，即使对同一产品进行设计，化工设计也会随着时间的推移发生变化。化工技术和社会发展变化较快的原因主要有：

（1）新型催化剂的研制。

（2）化工机械水平及自动化程度的提高。

（3）化工工艺水平的提高及新材料的应用。

（4）相关科学技术水平的提高。

（5）生产经验的总结。

（6）设计技术的提高及计算机的广泛应用。

（7）厂址条件的不同。

（8）社会需求的变化及环境保护的要求等。

设计工作人员跟踪现代科学技术的发展，根据不断变化的客观实际，运用各种技术手段，进行创造性的设计。

3. 实践性

化工设计的实践性在于：

（1）化工设计所依据的学科知识和工程技术知识源于实践。无论是工艺、设备、电气、仪表，还是土建、给排水、采暖通风等都是实践的总结。设计所用的规范和标准，也都随着生产和科学技术的进步不断改进和完善。

（2）化工设计是在一定条件下进行的工程设计，因此它必须和设计的条件相结合，且化工设计本身也包含着市场调查、厂址选择、收集气象和地质资料等实践内容。

（3）化工设计最终要受到生产实践的检验。有的在施工中要修改，有的在投产以后还要进行改进。化工设计是不断通过总结经验教训、反回修改直至完善的过程。

总之，化工设计必须紧密结合实践，在实践中不断提高。

三、化工过程开发

一种化工新产品从研制到工业生产，通常要经过基础实验、化工过程开发、工程建设等环节。基础实验是依据化学或化工理论进行的探索性研究，任务是根据所制订的研究内容，测定有关基础数据，研究有关过程的本质及规律，初步确定工艺条件、生产流程、设备结构特征及材质等，并预测扩大的结果以及对所建立的数学模型加以修正。

化工过程开发则是在基础实验及各种科技信息的基础上，开展新技术的工艺条件、技术规范、技术经济评价等方面的研究，以取得化工生产装置的设计、建设、操作所需的数据与资料，为新技术在工业生产中的应用提供技术服务。

化工过程开发主要是对新工艺、新产品、新设备进行的工程放大试验，包括模型试验、微型中间试验、中间试验、半工业试验及工业试验的部分过程或全部过程。在化工过程开发中要进行工业化要求的工艺条件、生产流程、设备结构、放大效应、控制方法、物料平衡、能量平衡、材质选择、"三废"处理、安全技术、杂质影响、产品应用及数据验证等方面的研究工作，以取得整套基础设计所需的数据。

另外，还要依据基础实验的结果，进行化工过程开发的中间评价。若中间评价过程中发现基础实验研究工作还需要补充，则必须进行补充；如果得出不可行性结论，则停止研究；若得出可行性结论，则进行概念设计。

概念设计是过程研究的前提，它以工业化为目的，进行工艺流程设计、设备设计和工业化放大，确定生产控制方法。

在概念设计的基础上进行化工过程开发，这是以工业化为目的，在已有生产经验的基础上，获得工业化生产的设备、流程、控制、安全、"三废"处理、放大效应等所需的信息。

在化工过程开发之后，需要提出完整的研究报告，并做技术经济最终评价。若最终评价得出可行性结论后，则进行基础设计；若评价认为研究工作做得不够，则应继续补充；若认为不可行，则停止开发。基础设计的主要任务是为工程设计提供新技术、新产品的技术依据。

上述工作完结，即化工过程开发工作结束，进入化工工艺设计阶段。

四、化工设计的阶段

对于大型化工装置，为了项目的总体部署，解决项目建设规模和多种产品方案的合理配合、总平面规划、总工艺流程、总定员、总投资和分装置的投资估算以及总建设进度和分期建设安排问题。在有审批后的可行性研究报告和环境影响报告书后，根据主管部门的要求进行建设工程的总体设计。总体设计之后，进行初步设计。一般化工装置不是在进行总体设计后而是在可行性研究完成审批获准后，进行初步设计。

1. 初步设计

初步设计是根据已批准的可行性研究报告，确定全厂的设计原则、设计标准、设计方案和重大技术问题，如总工艺流程、生产方法、车间组成、总图布置、水电气的供应方式和用量、关键设备和仪表选型、全厂储运方案、消防、职业安全卫生、环境保护和综合利用以及车间或单项工程的工艺流程和专业设计方案等，编制出初步设计文件与概算。

初步设计是确定建设项目的投资额及征用土地、组织主要设备及材料的采购、进行施工准备、生产准备以及编制施工图设计的依据；是编制施工图设计、签订建设总承包合同、银行贷款以及实行投资包干和控制建设工程拨款的依据。

工艺专业初步设计内容由说明书、表格和图纸三大部分组成。

1）说明书

（1）概述：说明车间（装置）设计的规格、生产方法、流程特点及技术先进可靠性和经济可行性，车间（装置）内三废治理及环境保护的措施与实际效果，车间（装置）组成、生产制度。

（2）说明原材料及产品（包括中间产品）的主要技术规格，车间（装置）危险性物料主要物性。

（3）简述生产流程，写出主反应和副反应的反应方程，注明运输方式和有关的安全措施、注意事项。

（4）主要设备的选择与参数计算。

（5）原材料、动力（水、电、汽、气）及其成本估算表。

（6）生产定员表。

（7）车间（装置）生产控制分析表及三废排放及有害物质含量表。

（8）管道材料表。

（9）存在问题及解决方案。

2）表格

（1）设备一览表。

（2）材料表。

3）图纸

（1）工艺流程图。

（2）公用系统流程图及平衡图。

（3）布置图，包括车间（装置）平面布置图和设备布置图。

2. 施工图设计

施工图设计是依据已批准的初步设计和建设单位提供的工程地质、水文地质的勘察报告和厂区地形图、主要设备的订货资料、图纸及安装说明等进行的设计。

1）施工图设计的主要任务和作用

施工图设计的主要任务是把初步设计中确定的设计原则和设计方案，根据安装工程或设备制作的需要，把工程设计各个组成部分的布置和主要施工方法，以图样及文字的形式进一步具体化，并编制设备、材料明细表。

此外，施工图设计文件是建筑工程施工、设备及管道安装的依据，同时也可以作为生产准备的依据。

2）施工图设计的基本程序

施工图设计的基本程序与初步设计程序基本相同，都包括：设计准备、开工报告、签协作表、开展工程施工图设计、校核和审核、会签、复制、归档、发送、设计总结等。不同的是开展工程施工图设计阶段，各专业间要相互配合、相互协作，共同完成，在此阶段完成的图纸量很大。

3）化工工艺设计施工图内容

化工工艺设计施工图是工艺设计的最终成品，它由文字说明、表格和图纸三部分组成。文字说明部分主要是施工图设计说明书。

表格主要有：设备一览表、设备地脚螺栓表、管段表及管道持性表、管架表、隔热材料表、防腐材料表及综合材料表等。

施工图的主要部分是图纸，主要包含管道及仪表流程图、设备装置图、管道布置图、设备安装图、管道轴测图、特殊管架图、特殊管件图及设备管口方位图等。

3. 化工车间工艺设计

化工车间是化工厂的主体车间，是化工厂设计的核心部分，因此化工车间的设计对于全厂的面貌、技术经济指标和操作、安全等起到决定性的作用。化工车间设计通常按照以下程序进行。

1）设计准备

（1）熟悉可行性研究报告。可行性研究报告是工程设计的依据，必须正确全面了解建设项目的产品方案、建设规模、生产方法、工艺路线、技术指标等，制定设计进度和工作计划。

（2）查阅文献，收集资料。按设计要求，查阅生产方法、工艺路线（重点是可行性研究报告提出的生产方法、工艺路线），有关的设备、产品、原料，中间产品的标准、规格、物性数据和化学反应的转化率、收率及其他有关参数。有些参数如转化率、收率、传递特殊参数等，必须根据同类型厂、同类型设备的现场生产测取或收集。

2）工艺流程设计

在已确定的生产工艺路线基础上，设计生产工艺流程。生产流程设计是工艺设计之首，且随着设计的深入，工艺流程设计不断完善。

工艺流程设计先通过物料衡算、能量衡算，设计工艺流程的轮廓，再进行设备计算，完成布置设计，到最后完成带控制点的工艺流程。在工艺流程设计的过程中，通常先凭设计者的经验，拟出几种流程，再运用系统工程的原理，以操作可靠、安全等为约束条件，以经济性为优化目标，以计算机为工具进行评选，选出最优的工艺流程。

3）工艺计算

工艺流程设计是设计的总框架，工艺计算则是工艺设计的核心，是其他设计的基础。随着生产技术的发展，对生产装置的技术水平、安全可靠程度、经济效益等要求越来越高，同样要求更严密、更准确的计算。

工艺计算包括物料衡算、能量衡算和设备计算。

做好工艺计算的基础是概念清楚、数据可靠、方法正确。为便于自查和审核，避免计算错误，就必须按规范进行。工艺计算所得的设计成果有：物料流程图、主要设备条件图和条件表、带控制点的工艺流程条件表、工艺操作控制条件表、动力（水、电、汽、气、煤）原料消耗表等。

如果为了比较不同设计流程和进行能耗分析，还需要绘制能流图或有效能分布图。上述数据用于不同方案比较和做工程技术经济分析，或作为后面设计的依据。

工艺计算要用到大量的基本理论、基本概念和数据处理，要进行计算、分析对比，是理论联系实际、提高分析问题和解决问题的能力、锻炼独立思考和独立工作的主要阶段。

4）车间布置设计

车间布置对生产的操作控制、正常安全运输和技术经济指标都有重要的影响。车间布置设计的主要任务是确定工艺流程中所有设备及构筑物在车间的具体位置，车间布置设计成果又是为非工艺专业设计提供条件的依据。

设计方法可以用经验法、模型设计方法等，选出合理的平面布置及立体布置，进行多方案比较，选定最优的方案。最后将选定的方案用图表示出来。

5）化工管路设计

车间布置设计完成后，进行化工管路设计，任务是确定工艺管路、阀门、阀件、管架的位置，管道、阀门、阀件的材质及连接方法，管架的型式和结构。化工管路设计应满足工艺流程要求，还要便于操作、安装、检查和检修；既要节约管材、节省操作费用，还要美观。

化工管路设计是施工图中最重要的设计内容，需绘制大量的图纸，编制大量表格，该阶段与其他专业相互配合，协同完成。

6）审核及图纸会签

在施工图设计阶段，图纸量大，各专业之间相互配合、相互协商进行，为避免错误及返工，设计各个阶段不仅要组织好中间审核，等全部设计文件完成后，还要做好最后校核、审核和审定、图纸会签，以便发现并纠正错误，保证设计任务完成。

7）编制设计概算书和说明书

设计概算书是初步设计阶段编制的化工车间投资的粗略计算，是工程项目投资的依据。设计概算书编制完成后，进行技术经济分析，得到基本建设总投资、产品成本、劳动生产率、投资回收期、工厂利润等技术经济指标。这些指标反映了设计方案的质量，可以用来判断设计的合理性。

车间工艺设计说明书是用文字、表格和图等来概括表达车间设计的材料，它与设计图纸、表格等是车间设计的最终文件。另外，初步设计说明书也是施工图设计的依据。

施工图设计说明书和施工图、表格等是直接施工的依据，并用来准备生产的原料、动力和组织投产。

8）总结、施工与开车

无论是初步设计阶段还是施工图设计阶段，工作完成以后设计院（以成达大厦为例，如图4-43所示）的设计人员都要进行总结，编写报告，对建设和施工单位进行设计交底，并处理施工中出现的设计方面的问题，参加开车、试生产和投产验收。

图 4-43　成达大厦●

本章思考题

1. 为了指导装置设计和生产操作，研究者在实验室里进行科学实践时应考虑哪些与化工研究相关的内容？其中，哪些内容可用计算机模拟代替？

2. 从化学实验到化工生产所经历的过程有哪些？化工基础知识在其中所起的作用是什么？

3. 通过本章的阅读，你认为化工学科的工程基础知识都应包括哪些？说明包括这些知识的理由。

4. 熵作为热力学的重要参数一直被解读为判断过程方向的度量，但熵的使用是有条件的，请给出并论述这个条件。另外，代替熵来判断过程进行的方向还有哪些热力学参数？

5. 当我们生产一个产品的时候，总是希望化学过程进行的快些；而也有一些过程，如用作器具的聚合物材料的老化过程总是希望它慢些。请思考，我们可以采用哪些手段来调控反应的过程。

6. 动量传递、热量传递和质量传递知识是描述过程的基本规律，不仅化工学科，机械、热力与动力工程等也是如此，请思考这三者之间的共性并给出自己的见解。

7. 通过调查文献和走访设计院（工程公司），阐述化工设计发展的特点。

● 成达大厦是中国成达工程有限公司总部办公大楼（原化工部第八设计院），坐落在我国西南文化名城——成都，这座外立面不规则的建筑，奇特的外形让人过目难忘，又因夜晚灯光射出时有水晶的质感，民间别称"水晶塔"。

第五章
化工生产与可持续发展

第一节　化工生产管理

化工生产管理是指化工生产的全过程中，有效地运用企业的基本要素（劳动者、资金和生产资料），以最经济的手段、最高的生产效率，计划、组织和控制生产部门的经济活动，使产品能满足计划规定和用户对品种、产量、质量、时间的要求。

生产管理有狭义和广义之分。狭义的生产管理是指以生产产品或提供劳务的生产过程为对象的管理，一般包括生产过程组织、生产计划的制订和执行、日常的生产准备、成品和半成品管理及生产调度等；广义的生产管理还包括质量管理、设备管理、物资管理、能源管理、劳动组织与劳动定额管理、成本控制、安全技术管理和环境保护等。上述各项内容中，化工安全技术和化工环境保护等具有十分重要的地位。而生产过程组织、生产调度、质量管理、设备管理、物资管理、能源管理等，常作为生产管理的主要内容。

一、沿革

生产管理是 19 世纪末到 20 世纪初开始形成的。1911 年，美国 F. W. 泰勒出版的《科学管理原理》一书，奠定了生产管理的科学理论基础；1924 年 W. A. 休哈特发明的质量控制统计方法——管理图以及运筹学、系统工程学等，使生产管理的内容更加丰富。鉴于化工的生产连续性受多种因素制约，在化工生产的工序管理中，休哈特的管理图法作用明显。

随着科学技术的进步，化工生产实现了电子计算机程序控制的全自动化生产管理，包括操作数据的收集、运行参数的检查分析、现场实况的可视化以及自动实现最佳过程控制等，整个生产车间乃至全厂生产过程的控制和管理，均集中在一个中央控制室内，每班仅需几个工作人员就可完成（图 5 – 1）。

图 5 – 1　化工装置中央控制室

在中国，20 世纪 50 年代是按生产作业计划组织均衡生产的；60 年代曾陆续推行了一些科学管理方法，如优选法、统筹法等；但广泛推广应用科学管理方法是在 70 年代后期，特别是 1978 年开始推行全面质量管理，使专业技术与管理技术相结合。在重点化工企业中普遍进行了目标管理、工序管理和群众性的质量管理活动。强调质量第一，用户第一，使企业从单纯生产型向生产经营型转化，重视市场调查、开发新产品和售后服务等环节，并在企业中积极推行先进的管理方法和手段，如正交设计、价值工程、工业工程、电子计算机等，使生产管理水平明显提高。1979 年又开始实施国家优质产品奖，1982 年实行国家质量管理奖、无泄漏工厂评定，现在，在石化企业推行 HSE（健康、安全和环境）管理等，对提高产品质量和生产管理水平起了推动作用。

二、生产过程的组织

生产过程的组织指对生产过程中的劳动者、劳动工具、劳动对象以及生产过程的各个环节和工序进行合理安排，以形成一个协调的生产系统。化工生产过程组织的中心是工艺管理，即选择最佳的工艺流程和工艺控制参数，减少副反应生成，从而保证产品优质、低耗和生产能力的最好发挥，以获得良好的经济效益。其主要做法是：

（1）运用科学管理方法和正交试验设计、回归分析、管理图、最优化方法等，寻求最佳的工艺条件。

（2）制订严格的工艺操作规程、分析规程和安全技术规程，使化工生产严格遵循已定的工作标准。

（3）认真执行干部、工人培训制度，操作者必须取得合格证，才能正式工作。

（4）在关键岗位建立管理点，发现问题及时解决，实行预防性管理。

三、生产调度

生产调度指对企业日常生产活动进行了解、调节和控制，对可能发生的故障采取预防性措施和出现事故后的善后处理，以保证整个生产活动尽可能按计划协调进行。及时并准确地得到信息是搞好生产调度的关键。大中型化工企业一般设有生产总调度，实行 24 小时值班制。

四、质量管理

质量管理是保证和提高产品质量或工作质量所进行的质量调查、计划、组织、协调、控制、信息反馈等各项工作的总称。20 世纪 60 年代以来，科学的质量管理在质量检验和统计质量管理的基础上，发展为全面质量管理，强调企业质量管理的系统性，注重发挥人的因素和各级组织的作用，把组织管理、技术管理与数理统计方法密切结合起来，形成了从产品的市场调查、研究、设计开始，直到生产、使用、销售和为用户服务等各个环节组成的质量管理体系，即综合管理。其最终目的是建立企业长期的质量保证体系，以取得用户的信任和保证企业的竞争能力。质量管理的主要工作内容有质量教育、标准化、方针目标管理、群众性质量管理、信息管理等。

五、设备管理

设备管理是对设备的选择评价、维护修理、改造更新和报废处理全过程的管理工作。设备管理的任务，不仅在于保证设备的正确使用，而且要求提高综合管理水平，延长系统的长周期运转，做到安全、合理、经济运行。

六、物资管理

物资管理指对企业生产过程中所需各种物资的订购、储备、使用等所进行的计划、组织和控制。化工企业大量耗用原材料，企业根据原料、辅助材料的需求量、运输距离、保证时间等确定不同的储备定额，在尽量少占用流动资金的条件下，保证生产的正常需要。因此，搞好物资管理，有利于合理地使用和节约物资、提高产品质量、降低产品成本、增加企业盈利。

七、能源管理

能源管理指对能源的转换和消耗进行科学的计划、组织、监督和控制，做到经济、合理、有效地利用能源。化工企业耗能多，节约能源潜力大，主要途径是：

（1）改革工艺流程，如采用低能耗的反应催化剂，回收反应过程的反应热，回收利用反应过程的中、低位能等。

（2）开发高效节能的单元设备，如高效换热器、膨胀机、气液传质设备等。

（3）提高能量转换效率，特别是耗能高的设备，如锅炉、大型压缩机、电动机等。

（4）加强能源科学管理，对年耗标准煤在万吨以上的企业，搞好企业能源普查和能量平衡，制订能源消耗定额等。

（5）加强资源和能源的综合利用等。

第二节　化　工　安　全

化工生产过程由于涉及危险化学品数量多、生产工艺要求苛刻，以及生产装置的大型化、连续化和自动化，一旦发生事故，后果极其严重。因此，安全问题在化工生产过程中占据着非常重要的位置。

化工安全主要包括防火防爆、危险化学品安全、化工系统危险源辨识及评价、工艺过程安全技术、压力容器安全设计、危险化学品的泄漏扩散及化工企业现代安全管理等。本节主要讲述防火防爆技术、危险化学品安全知识及化工操作安全技术。

一、防火防爆技术

防火防爆技术是化工安全技术的主要内容之一。做好预防工作，首先应该消除或控制生产过程中引起燃烧和爆炸的因素。

从预防火灾的角度将易燃固体和易燃液体进行分级，易燃固体一般以其燃点作为燃烧危险度的分级依据，而易燃液体则按其闪点（液体的蒸气发生闪燃的最低温度）分为四级，一级、二级称为易燃液体，三级、四级称为可燃液体，见表 5-1。

表 5-1　液体燃烧危险度分级标准

类别		闪点, ℃	举例
易燃液体	一级	<28	汽油、苯、酒精、煤油、松节油
	二级	28~45	
可燃液体	三级	46~120	柴油、硝基苯、润滑油、甘油
	四级	>120	

1. 火灾

火在人类的文明进程中发挥了不可替代的作用，但是，在不合适的场合、不合适的时间发生，便成为灾难，即我们常说的火灾。学术上，火灾指在时间和空间上失去控制的燃烧造成的灾害。燃烧的三要素是可燃物、助燃物和火源。对于有焰燃烧一定存在自由基的链式反应这一要素。火灾和爆炸通常都是氧化反应（也有物理过程），常伴有光、烟、或火焰。因此，灭火的主要措施就是控制可燃物、减少氧气、降低温度和化学抑制（针对链式反应）。

1）火灾类型

按照《火灾分类》（GB/T 4968—2008），根据可燃物的类型和燃烧特性，将火灾分为A、B、C、D、E、F六类。

（1）A类火灾：固体物质火灾。这种物质通常具有有机物质性质，一般在燃烧时能产生灼热的余烬，如木材、煤、棉、毛、麻、纸张等火灾。

（2）B类火灾：液体或可熔化的固体物质火灾。如煤油、汽油、柴油、原油，甲醇、乙醇、沥青、石蜡等火灾。

（3）C类火灾：气体火灾。如煤气、天然气、甲烷、乙烷、丙烷、氢气等火灾。

（4）D类火灾：金属火灾。如钾、钠、镁、铝镁合金等火灾。

（5）E类火灾：带电火灾。即物体带电燃烧的火灾，包括家用电器、电子元件、电气设备（计算机、复印机、打印机、传真机、发电机、电动机、变压器等）以及电线电缆等燃烧时仍带电的火灾，而顶挂、壁挂的日常照明灯具及起火后可自行切断电源的设备所发生的火灾则不应列入E类火灾范围。

（6）F类火灾：烹饪器具内的烹饪物，如动植物油脂火灾。

2）火灾等级

根据2007年6月26日公安部下发的《关于调整火灾等级标准的通知》，新的火灾等级标准由原来的特大火灾、重大火灾、一般火灾三个等级调整为特别重大火灾、重大火灾、较大火灾和一般火灾四个等级。

（1）特别重大火灾：造成30人以上死亡，或者100人以上重伤，或者1亿元以上直接财产损失的火灾。

（2）重大火灾：造成10人以上30人以下死亡，或者50人以上100人以下重伤，或者5000万元以上1亿元以下直接财产损失的火灾。

（3）较大火灾：造成3人以上10人以下死亡，或者10人以上50人以下重伤，或者1000万元以上5000万元以下直接财产损失的火灾。

（4）一般火灾：造成3人以下死亡，或者10人以下重伤，或者1000万元以下直接财产损失的火灾。

注："以上"包括本数，"以下"不包括本数。

3）灭火器

灭火器的种类很多，按其移动方式可分为手提和推车式；按驱动灭火剂的动力来源可分为储气瓶式、储压式、化学反应式；按所充装的灭火剂则又可分为泡沫、干粉、卤代烷、二氧化碳、酸碱、清水等。

图5-2为泡沫灭火器，最适宜扑救B类火灾，如汽油、柴油等液体火灾，不能扑救水溶性可燃、易燃液体的火灾（如醇、酯、醚、酮等物质）和E类火灾。

图5-2　泡沫灭火器

酸碱灭火器适用于扑救 A 类物质燃烧的初期火灾（一般指发生火灾初期十几分钟之内的火灾），如木、织物、纸张等燃烧的火灾；不能用于扑救 B 类火灾，也不能用于扑救 C 类或 D 类火灾，同时也不能用于带电物体火灾的扑救。

二氧化碳灭火器适用于扑救易燃液体及气体的初期火灾，也可扑救带电设备的火灾；常应用于实验室、计算机房、变配电所，以及对精密电子仪器、贵重设备或物品维护要求较高的场所。

干粉灭火器（碳酸氢钠干粉灭火器）适用于易燃、可燃液体、气体及带电设备的初期火灾；磷酸铵盐干粉灭火器除可用于上述几类火灾外，还可扑救固体类物质的初期火灾。但上述两种灭火器都不能扑救金属燃烧火灾。

4）扑救原则

扑救 A 类火灾可选择水型灭火器、泡沫灭火器、磷酸铵盐干粉灭火器、卤代烷灭火器。

扑救 B 类火灾可选择泡沫灭火器（化学泡沫灭火器只限于扑灭非极性溶剂）、干粉灭火器、卤代烷灭火器、二氧化碳灭火器。

扑救 C 类火灾可选择干粉灭火器、卤代烷灭火器、二氧化碳灭火器等。

扑救 D 类火灾可选择粉状石墨灭火器、专用干粉灭火器，也可用砂或铸铁屑末代替。

扑救 E 类火灾可选择干粉灭火器、卤代烷灭火器、二氧化碳灭火器等。

扑救 F 类火灾可选择干粉灭火器。

2. 爆炸

1）爆炸极限

可燃物质（可燃气体、蒸气和粉尘）与空气（或氧气）必须在一定的浓度范围内均匀混合，形成预混气，遇着火源才会发生爆炸，这个浓度范围称为爆炸极限，或爆炸浓度极限。例如一氧化碳与空气混合的爆炸极限为 12.5% ~74%。可燃性混合物能够发生爆炸的最低浓度和最高浓度，分别称为爆炸下限和爆炸上限，这两者有时亦称为着火下限和着火上限。在低于爆炸下限时不爆炸也不着火；在高于爆炸上限时不会爆炸，但能燃烧。这是由于前者的可燃物浓度不够，过量空气的冷却作用，阻止了火焰的蔓延；而后者则空气不足，导致火焰不能蔓延。

可燃性混合物的爆炸极限越宽、爆炸下限越低、爆炸上限越高时，其爆炸危险性越大。这是因为爆炸极限越宽，出现爆炸条件的机会就多；爆炸下限越低，可燃物稍有泄漏就会形成爆炸条件；爆炸上限越高，有少量空气渗入容器，就能与容器内的可燃物混合形成爆炸条件。应当指出，可燃性混合物的浓度高于爆炸上限时，虽然不会着火或爆炸，但当它从容器或管道里逸出，重新接触空气时却能燃烧，仍有着火的危险。

易燃气体、易燃蒸气和粉尘的爆炸危险度用下式计算：

$$爆炸危险度 = \frac{爆炸上限 - 爆炸下限}{爆炸下限}$$

爆炸危险度的数值越大，则表示其危险性越大；反之，则表示其危险性较小。典型易燃气体的爆炸危险度见表 5 - 2。

表 5 - 2　典型易燃气体的爆炸危险度

名称	爆炸危险度	名称	爆炸危险度
氨	0.87	汽油	5.00
甲烷	1.83	辛烷	5.32

名称	爆炸危险度	名称	爆炸危险度
乙烷	3.17	氢	17.78
丁烷	3.67	乙炔	31.00
一氧化碳	4.92	二硫化碳	59.00

2）爆炸的影响因素

混合系的组分不同，爆炸极限也不同。同一混合系，初始温度、系统压力、惰性介质含量、混合系存在空间和器壁材质以及点火能量的大小等都能使爆炸极限发生变化。一般变化规律是：混合系初初始温度升高，则爆炸极限变宽，即爆炸下限降低、爆炸上限升高。因为系统温度升高，分子内能增加，使原来不燃的混合物成为可燃、可爆系统。系统压力增大，爆炸极限变宽，这是由于系统压力增高，使分子间距离更小，碰撞概率增高，使燃烧反应更易进行。压力降低，则爆炸极限变窄；当压力降至一定值时，爆炸上限与爆炸下限重合，此时对应的压力称为混合系的临界压力；压力降至临界压力以下，系统便不成为爆炸系统（个别气体有反常现象）。混合体系中所含惰性气体量增加，爆炸极限变窄；惰性气体浓度提高到某一数值，混合体系就不能爆。容器、管道直径越小，则爆炸极限越窄；当管径（火焰通道）小到一定程度时，单位体积火焰所对应的固体冷却表面散出的热量就会大于产生的热量，火焰便会中断熄灭。火焰不能传播的最大管径称为该混合体系的临界直径。点火能的强度高、热表面的面积大、点火源与混合物的接触时间不等都会使爆炸极限扩大。

3）安全措施

控制气体浓度是职业安全不可缺少的一环。在排放气体前，可用涤气器等排除可燃的气体，加入惰性气体或其他不易燃的气体来降低浓度。

二、危险化学品安全知识

化学品是指各种元素组成的纯净物和混合物，无论是天然的还是人造的都称为化学品。

在化工生产中，将化学品分为安全化学品和危险化学品两大类。危险化学品是指具有毒害、腐蚀性、爆炸性、燃烧、助燃等性质，对人体、设施、环境具有危害的剧毒化学品和其他化学品；而那些对人不会造成直接或间接伤害的化学品则称为安全化学品，如水、二氧化碳、乙醇、氧等。需要说明的是，乙醇不是危险品，但它不是绝对安全的，也会引发火灾。

1. 危险化学品特征

（1）具有爆炸性、易燃、毒害、腐蚀性、放射性等性质。

（2）在生产、运输、使用、储存和回收过程中易造成人员伤亡和财产损毁。

（3）需要特别防护。

一般认为，只要同时满足了以上三个特征，即为危险品。如果此类危险品为化学品，那么它就是危险化学品。

2. 危险化学品运输

（1）在装卸搬运危险化学品前，要预先做好准备工作，了解物品性质，检查装卸搬运的工具是否牢固，不牢固的应更换或修理，如工具曾被易燃物、有机物、酸、碱等污染，必须清洗后方可使用。

（2）操作人员应根据不同物资的危险特性，分别穿戴相应合适的防护用具，工作时对毒害、腐蚀性、放射性等物品更应加强注意。

（3）操作中对危险化学品应轻拿轻放，防止撞击、摩擦、碰摔、震动。

（4）在装卸搬运危险化学品时，不得饮酒、吸烟。工作完毕后根据工作情况和危险品的性质，及时洗手、洗脸、漱口或淋浴。装卸搬运毒害品时，必须保持现场空气流通，如果发现恶心、头晕等中毒现象，应立即到新鲜空气处休息，脱去工作服和防护用具，清洗皮肤沾染部分，重者送医院诊治。

（5）装卸搬运爆炸品、一级易燃品、一级氧化剂时，不得使用铁轮车、电瓶车（没有装置控制火星设备的电瓶车），以及其他无防爆装置的运输工具。参加作业的人员不得穿带有铁钉的鞋子。

（6）装卸搬运强腐蚀性物品，操作前应检查箱底是否已被腐蚀，以防脱底发生危险。

（7）装卸搬运放射性物品时，不得肩扛、背负、揽抱，并尽量减少人体与物品包装的接触，应轻拿轻放，防止摔破包装。

（8）两种性能互相抵触的物品，不得同地装卸，同车（船）并运。对怕热、怕潮物品，应采取隔热、防潮措施。

3. 危险化学品管理条例

中国对化学品实施重点管理，无论是境内企业进行生产、经营或是境外企业将产品出口到中国，都必须依照中国的化学品法规完成应对责任。

2011 年 12 月 1 日，中国正式实施《危险化学品安全管理条例》最新修订版（即 591 号令），修订条例由原条例（344 号令）的 74 条款增加至 102 条款，对企业提出更多要求。首次将中国 GHS 标准写入该条例，即要求化学品企业依据中国 GHS 标准制作及更新安全技术说明书和安全标签，这也正式宣告中国 GHS 的实施进入法规层面；危险化学品进口企业增加登记要求；化学品使用企业增加危险化学品安全使用许可要求。

任何列入《危险化学品目录》的化学品，即具有毒害、腐蚀性、爆炸性、燃烧、助燃等性质，对人体、设施、环境具有危害的剧毒化学品和其他化学品都受到该条例管辖，涉及危险化学品生产、进口、储存、使用、经营、运输及处置企业。

《危险化学品目录》由化学品主管部门根据化学品危险特性的鉴别和分类标准确定、公布并适时更新，修订后该目录化学品收录量将会从原来的 3800 个（2002 版）增至 7000 个左右。

三、化工操作安全技术

一种化工产品在生产过程中，从原料到成品，往往要经过几个甚至几十个加工过程，除化学反应外，尚有大量的物理加工过程，这些物理加工过程主要有物料输送、破碎、筛分、搅拌、混合、加热、冷却与冷凝、沉降、过滤、蒸馏、精馏、蒸发、结晶、萃取、吸收、干燥等。本节主要从安全角度出发，说明在以上单元操作中应注意的安全问题。化工安全操作宣传图如图 5-3 所示。

1. 物料输送类单元操作的安全技术

物料输送类单元操作主要有物料输送、破碎、筛分、过滤、搅拌、混合等，这类单元操作的共同点是一般没有热量和质量的传递和转换。

图 5 - 3　化工安全操作宣传图

1) 液体物料输送

在化工生产中，液态物料采用管道输送，而且高处的物料可以由高处自流至低处。为将液态物料由低处输往高处或由一地输往另一地，或由低压处输往高压处，以及为保证一定流量而克服阻力所需要的压头，都要依靠泵来完成。

化工生产中需输送的液体物料种类繁多、性质各异，且温度、压强又有高低之分，因此，所需要输送泵的种类也较多，生产中常用的有往复泵、离心泵、旋转泵、流体作用泵四类，以离心泵使用最为广泛。

离心泵在开动前，泵内和吸入管必须充满液体，如在吸液管一侧装一单向阀门，可使泵在停止工作时，泵内液体不致流空。还可以将泵置于吸入液面之下，或采用自灌式离心泵，都可将泵内空气排尽。停车时，应逐渐关闭泵出口阀门，使泵进入空转。使用后放净泵与管道内积液，以防冬季冻坏设备和管道。在输送可燃液体时，流速过快会产生静电积累，故其管内流速不应大于安全流速，管道应有可靠的接地措施以防静电；同时要避免吸入口产生负压，使空气进入系统而导致爆炸。

2) 气体物料输送

输送气体，通常采用压缩机。为避免压缩机气缸、储气罐以及输送管路因压力增高而引起爆炸，要求这些部分应有足够的强度。此外，要安装经校验的压力表和安全阀，安全阀泄压应能将危险气体导至安全的地方。还可安装压力超高报警器、自动调节装置或压力超高自动停车装置。

压缩机在运行中，冷却水不能进入汽缸，以防发生水锤。氧压机严禁与油类接触，一般可采用含 10% 以下甘油的蒸馏水作为润滑剂。其中水的含量应以汽缸壁充分润滑而不产生水锤为准（约每分钟 80～100 滴）。

气体抽送、压缩设备上的垫圈易损坏漏气，应经常检查和及时更换。

对于特殊压缩机，根据压送气体物料的化学性质的不同，有不同的安全要求。如乙炔压缩机同乙炔接触的部件，不允许用铜来制造，以防产生比较危险的乙炔铜等。

可燃气体的输送管道，应经常保持正压，并根据实际需要安装逆止阀、水封和阻火器等安全装置。

易燃气体、液体管道不允许同电缆一起敷设。而可燃气体管道同氧气管道一同敷设时，氧气管道应设在旁边，并保持 250mm 的净距。管内可燃气体流速不应过高。管道应良好接地，以防止静电引起事故。

对于易燃、易爆气体或蒸气的抽送、压缩设备的电动机部分，应全部采用防爆型。否则，应穿墙隔离设置。

2. 传热类单元操作的安全技术

传热类单元操作主要有加热、熔融、干燥、蒸发、蒸馏、精馏、冷却与冷凝、冷冻等，这类单元操作的共同点是均伴有热量传递和转换。

1) 加热操作

加热操作的安全技术主要是针对加热过程存在的危险性而采用的安全对策和安全设施，主要目的是防止加热操作过程中产生对人的伤害和物的损失。可采用的安全技术主要有：

(1) 热蒸汽、导热油、热风、热物料的输送管道应在管道外壁包覆保温（或隔热）层，也可使用套管结构，以防烫伤并节能。

(2) 供热系统的压力容器（如分气包、换热器、反应釜等）及安全附件（如安全阀、压力表、水位计等）应定期巡检和检验。

(3) 蒸汽锅炉供热在使用蒸汽软管时，管内蒸汽压力应小于0.1MPa。

(4) 使用导热油炉供热时，导热油的流量调节宜使用旁路调节系统；使用电加热时，应预防电气伤害发生；在燃爆环境中的电气设备要符合防爆要求。

(5) 可燃物料加热不能用直火加热。直火加热的加热锅内残渣应经常清除，以免局部过热引起锅底破裂。

(6) 热源提供设备通常处于明火源所在位置，距燃爆危险场所的距离应符合相关技术标准规定的防火间距。

(7) 对温度敏感的反应设备，应使用DCS、PLC等自动控制系统，严格控制反应器温度。

(8) 当加热温度接近或超过物料的自燃点时，应采用惰性气体保护。若加热温度接近物料分解温度，应设法改进工艺条件，如采用负压或加压操作来保证安全。

(9) 反应装置中反应物料与水分接触可能发生危险时，反应装置应设置防止水分进入装置和系统中水分含量监控装置。

2) 蒸发、蒸(精)馏操作

蒸发与蒸（精）馏都是很重要的化工单元操作，应用十分广泛。前者主要用于溶液的蒸浓；后者主要用于两种或两种以上液体混合物的分离。

蒸发操作要控制蒸发温度，要对蒸发器的加热部分经常清洗。为防止热敏性物质的分解，可采用真空蒸发的方法，降低蒸发温度，或采用高效蒸发器，增加蒸发面积，减少停留时间，如采用单程循环、快速蒸发等。对腐蚀性溶液的蒸发，尚需考虑设备的腐蚀问题，可采用特种钢材制造。对于热敏性溶液的蒸发，必须考虑温度的控制问题，尤其是溶液的蒸发产生结晶和沉淀，而这些物质又不稳定时，局部过热可使其分解变质或燃烧、爆炸，这时更应注意严格控制蒸发温度。

在常压蒸馏中应注意，易燃液体的蒸馏不能采用明火作热源，采用水蒸气或过热蒸汽加热较为安全。蒸馏腐蚀性液体时，应防止塔壁、塔盘腐蚀泄漏，以免易燃液体或蒸气逸出，遇明火或灼热的炉壁而燃烧。蒸馏自燃点很低的液体时，应注意蒸馏系统的密闭，防止因高温泄漏遇空气而自燃。对于高温的蒸馏系统，应防止冷却水突然窜入塔内，否则水在塔内急速汽化，致使塔内压力突然增高，会造成物料冲出或发生爆炸，故开车前应将塔内和蒸汽管道内的冷凝水除尽。在常压蒸馏系统中，还应注意防止凝固点较高的物质凝结堵塞管道，以免使塔内压力增高而引起爆炸。蒸馏过程中，应经常清除结焦和残渣。另外，冷凝器中的冷却水或冷冻盐水不能中断，否则，未冷凝的易燃蒸气逸出会使系统温度增高，或窜出遇明火而燃烧。

真空蒸馏是一种比较安全的蒸馏方法。对于沸点较高或在高温下蒸馏时又能引起分解、爆炸或聚合的物质，采用真空蒸馏较为合适。如硝基甲苯在高温下易分解爆炸，而苯乙烯在高温下则易聚合，类似这类物质的蒸馏，必须采用真空蒸馏的方法。真空蒸馏设备的密闭性非常重要。蒸馏设备一旦吸入空气，与塔内易燃气混合形成爆炸性混合物，就有引起爆炸或着火的危险。因此，真空蒸馏所用的真空泵应安装单向阀，以防止突然停泵而使空气倒入设备。当易燃易爆物质蒸馏完毕，应在充入氮气后，再停真空泵，以防空气进入系统，引起燃烧或爆炸。真空蒸馏应注意其操作顺序：先打开真空阀门，然后开冷却器阀门，最后打开蒸汽阀门。否则，物料会被吸入真空泵，并引起冲料，使设备受压甚至产生爆炸。真空蒸馏易燃物质的排气管应通至厂房外，管道上应安装阻火器。

在加压蒸馏中，气体或蒸气容易因泄漏而有燃烧、中毒的危险。因此，设备应严格进行气密性和耐压试验及检查，并应安装安全阀及温度、压力的调节控制装置，严格控制蒸馏温度与压力。在石油产品的蒸馏中，应将安全阀的排气管与火炬系统相接，安全阀起跳即可将物料排入火炬烧掉。此外，在蒸馏易燃液体时，应注意系统的静电消除，特别是苯、丙酮、汽油等不易导电液体的蒸馏，更应将蒸馏设备、管道良好接地；室外蒸馏塔应安装可靠的避雷装置。蒸馏设备应经常检查、维修，认真搞好停车后、开车前的系统清洗、置换，避免发生事故。对易燃易爆物质的蒸馏，厂房要符合防爆要求，有足够的泄压面积，室内电机、照明等电气设备均应采用防爆产品，并且灵敏可靠。

3）冷却与冷凝操作

在化工生产中，把物料冷却在大气温度以上时，可以用空气或循环水作为冷却介质；冷却温度在15℃以上时，可以用地下水；冷却温度在0～15℃时，可以用冷冻盐水。另外，还可以借某种沸点较低的介质的蒸发从需冷却的物料中取得热量来实现冷却，常用的介质有氟利昂、氨等，此时，物料被冷却的温度可达–15℃左右。在冷却冷凝操作中，应注意：

（1）开车时，应先通冷却介质；停车时，应先停物料，后停冷却系统。

（2）在冷却时要注意控制温度、设备及管道。

（3）应根据被冷却物料的温度选用冷却设备、冷却剂、压力以及所要求冷却的工艺条件。

（4）对于腐蚀性物料的冷却，应选用耐腐蚀材料的冷却设备，如石墨冷却器、塑料冷却器，以及用高硅铁管、陶瓷管制成的套管冷却器、四氟换热器等。

（5）应保持冷却设备的密闭性，不允许物料窜入冷却剂中，也不允许冷却剂窜入被冷却的物料中（特别是酸性气体）。

（6）对反应温度敏感的反应设备应使用反应温度自动控制系统和安全联锁，以保证反应温度在控制范围之内。

（7）使用冷凝操作的设备，使用前宜先清除冷凝器中的积液，再打开冷却水，然后再通入高温物料。

3. 物料分离类单元操作的安全技术

物料分离类单元操作较为广泛，主要有沉降、过滤、蒸馏、精馏、蒸发、结晶、吸收、萃取、干燥等。

1）吸收、萃取和结晶操作

吸收操作是指气体混合物在溶剂中因选择溶解而实现气体混合物组分分离的操作。常用的吸收设备有喷雾塔、填料塔、板式塔等。除化学反应吸收过程外，吸收操作也常见于化工企业尾气吸收处理系统中，多为气液吸收。

萃取操作是指在欲分离的液体混合物中加入一种适宜的溶剂，使其形成两液相系统，利用液体混合物中各组分在两液相中分配差异的性质，使易溶组分较多地进入溶剂相从而实现混合物的分离。在萃取过程中，所用的溶剂称为萃取剂，混合液体称为原料，原料中欲分离的组分称为溶质，其余组分称为稀释剂。

结晶操作是固体物质以晶体形态从蒸气、溶液或熔融物中析出的过程。

2）吸收、萃取、结晶操作危险性分析和安全技术

吸收、萃取、结晶单元操作通常除了物料性质本身的危险外，其他固有危险一般较少。同时由于吸收、萃取、结晶单元操作中可能伴有加热、冷却、搅拌等操作，故这些操作的危险性分析和安全技术基本相同。

第三节　化工机械与设备

化工生产中为了将原料加工成一定规格的产品，往往需要经过原料预处理、化学反应以及反应产物的分离和精制等一系列化工过程，实现这些过程所用的机械与设备，常常都被划归为化工机械与设备，也称化工装备。

一、化工机械与设备的特点

化工机械与设备是化学工厂中必不可少的生产装备，化工机械与设备有别于其他机械的显著特点是：

（1）涉及的能量形式多种多样，相互间转换过程也较复杂，最常见的能量形式有热能、机械能、化学能、电磁能等。

（2）工质性质多变，如其组成、组分及其相态的多变等。

（3）运行工况域十分宽阔，操作参数特殊，如高低压、高低转速、高低温、高低黏度等。

（4）具有优良的适应不同化学性质要求的特点。

二、化工机械与设备的分类

化工机械与设备因具有优良的适应性，从而构成了化工机械与设备特殊结构的千变万化。大体上可以分为化工机器和化工设备两类。

1. 化工机器

化工机器的主要作用部件为运动的机械，又称动设备，如各种过滤机、破碎机、离心分离机、旋转窑、搅拌机、旋转干燥机以及流体输送机械等。下面以过滤机为例进行说明。

过滤机是利用过滤介质的多孔性从而实现固液分离的设备，应用于化工、石油、制药、轻工、食品、选矿、煤炭和水处理等部门。中国古代即已将过滤技术应用于生产。公元105

年蔡伦改进了造纸法，他在造纸过程中将植物纤维纸浆荡于致密的细竹帘上，水经竹帘缝隙滤过，湿纸浆薄层留于竹帘面上，干后即成纸张。最早的过滤大多为重力过滤，后来采用加压过滤提高了过滤速度，进而又出现了真空过滤。20 世纪初发明的转鼓真空过滤机实现了过滤操作的连续化。此后，各种类型的连续过滤机相继出现。间歇操作的过滤机（如板框压滤机等）因能实现自动化操作而得到发展，过滤面积越来越大。为得到湿量低的滤渣，机械压榨的过滤机得到了发展。

板框压滤机的工作原理：板框压滤机（图 5 - 4）由交替排列的滤板和滤框构成一组滤室。滤板的表面有沟槽，其凸出部位用以支撑滤布。滤框和滤板的边角上有通孔，组装后构成完整的通道，能通入悬浮液、洗涤水和引出滤液。板、框两侧各有把手支托在横梁上，由压紧装置压紧板、框。操作时，先由供料泵将悬浮液压入滤室，在滤布上形成滤渣，直至充满滤室。滤液穿过滤布并沿滤板沟槽流至板框边角通道，集中排出。过滤完毕，可通入清水洗涤滤渣。洗涤后，有时还通入压缩空气，除去剩余的洗涤液。随后打开压滤机卸除滤渣，清洗滤布，重新压紧板、框，开始下一工作循环。

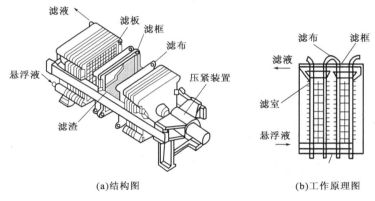

(a)结构图　　　　　　　　　(b)工作原理图

图 5 - 4　板框压滤机

2. 化工设备

化工设备指主要作用部件是静止的或者只有很少运动的机械，又称静设备，如各种容器（槽、罐、釜等）、普通窑、塔器、反应器、换热器、干燥器、蒸发器、反应炉、电解槽、结晶设备、传质设备、吸附设备、流态化设备、普通分离设备以及离子交换设备等。化工机械的划分是不严格的，一些流体输送机械（如泵、风机和压缩机等）在化工部门常被称作化工机械，但同时它们又是各种工业生产中的通用机械。近代化工机械的设计和制造，除了依赖于机械工程和材料工程的发展外，还与化学工艺和化学工程的发展紧密相关。化工机械主要研究机械的耐腐蚀等，还有电化学等。下面以石油炼制工业常用的球罐和化工厂供给原料用的铁路槽车为例进行介绍。

球罐是一种钢制、大容量、承压的球形储存容器，它可以用来作为液化石油气（LPG）、液化天然气、液氨及其他介质的储存容器（图 5 - 5），也可作为压缩气体（空气、氧气、氮气、氢气、城市煤气）的储罐。操作温度一般为 - 50 ~ 50℃，操作压力一般在 3MPa 以下。与立式圆筒形储罐相比，在相同容积和相同压力下，球罐的表面积最小，故所需钢材面积少；在相同直径情况下，球罐壁内应力最小，而且均匀，其承载能力比圆筒形储罐大 1 倍，故球罐的板厚只需相应圆筒形储罐壁板厚度的一半。但球罐的制造、焊接和组装要求很严，检验工作量大，制造费用较高。

由上述特点可知，采用球罐，可大幅度减少钢材的消耗，一般可节省钢材 30%～45%；此外，球罐占地面积较小，基础工程量小，可节省土地面积。20 世纪 30 年代，世界上仅有少数几个国家能进行球罐的制造，如美国在 1910 年、德国在 1930 年分别建造了有限的几台铆接结构的小型低压球罐。20 世纪 40 年代初，随着焊接技术逐渐趋向成熟，以及适合焊接的新钢种的出现，球罐的制造由铆接改为焊接。20 世纪 60 年代至今，随着世界各国综合国力和科技水平的大幅度提高，形成了球罐制造水平的高速发展期。我国制造球罐始于 20 世纪 60 年代初，随着国民经济的高速发展和改革开放的需要，近年来球罐的制造技术已得到了飞速发展。目前国内已独立制造或引进了不同规格和用途的球罐，其最大容积已超过 10000m^3，最大压力超过 3MPa，最低设计温度在 −30℃ 以下。

铁路槽车（图 5 − 6）通常是将圆筒形卧式储罐安装在列车底盘上，罐体上设有人孔、安全阀、液相管、气相管、液位计和压力表等附件，车上还设有操作平台、罐内外直梯、防冻蒸汽夹套等。大型铁路槽车的罐容为 25～55t，小型铁路槽车的罐容为 15～25t。在运量不大、运距较近、接铁路支线方便的地方，常采用这种运输方式。

 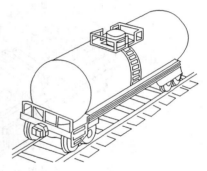

图 5 − 5　用于储存 LPG 的球罐　　　　　图 5 − 6　铁路槽车

三、化工机械与设备的腐蚀与防护

化工生产中的物料往往具有强烈的腐蚀性，每年由于腐蚀所报废的金属设备和材料相当于金属年产量的 1/3，且设备腐蚀还将引起停工减产、产品污染、跑冒滴漏、物料损失，增加原材料消耗，提高产品成本，影响产品质量，恶化劳动条件，甚至引发设备事故等负面影响。因此，必须认真对待化工机械与设备的腐蚀与防护。

1. 腐蚀的定义与分类

腐蚀是指金属在周围介质作用下，由于化学变化、电化学变化或物理溶解而产生的破坏，如铁生锈、铜生绿锈等。单纯机械原因而引起的破坏，不属于腐蚀。

（1）化学腐蚀：金属表面与周围介质直接发生化学反应而引起的破坏，如金属在非电解质溶液中的腐蚀、金属在高温下与空气中的氧作用的腐蚀。化学腐蚀的反应特点是非电解质中粒子与金属原子相互作用，直接传递电子，没有电流产生，在金属表面生成腐蚀物。

（2）电化学腐蚀：不纯的金属与电解质溶液接触时，会发生原电池反应，比较活泼的金属失去电子而被氧化发生的腐蚀。金属的腐蚀原理有很多，其中电化学腐蚀是最为广泛的一种。当金属被放置在水溶液中或潮湿的大气中，金属表面会形成一种微电池，也称腐蚀电池（其电极习惯上称阴极、阳极，不叫正极、负极）。阳极上发生氧化反应，使阳极发生溶解，阴极上发生还原反应，一般只起传递电子的作用。腐蚀电池的形成原因主要是金属表面吸附了空气中的水分，形成一层水膜，因而使空气中 CO_2、SO_2、NO_2 等溶解在这层水膜中，形成电解质溶液，而浸泡在这层溶液中的金属又总是不纯的，如工业用的钢铁，实际上是合金，即除铁之外，还含有石墨、渗碳体（Fe_3C）以及其他金属和杂质，它们大多数没有铁活泼。这样形成的腐蚀电池的阳极为铁，而阴极为杂质，又由于铁与杂质紧密接触，使得腐蚀不断进行。

（3）物理腐蚀：金属通过单纯的物理溶解作用所引起的破坏。许多金属在高温熔盐、熔碱及液态金属中可发生这类腐蚀，例如用来盛放熔融锌的钢容器，由于铁被液态锌所溶解，钢容器逐渐被腐蚀而变薄。

2．腐蚀的防护

（1）选择合适的耐腐蚀材料。选材时要考虑温度、压力和材料耐腐蚀性之间的关系。工程上经常根据腐蚀的速度曲线选用合适的金属材料。根据腐蚀速度曲线图可知某一材料在某种酸的所有浓度和温度范围内的腐蚀情况。通常腐蚀速度随温度的升高而增加，承压设备易产生晶间腐蚀、应力腐蚀、缝隙腐蚀，故在高温高压下，对材料的耐蚀性要求更高。选材时还要考虑材料的价格和来源，首先考虑用普通钢、耐腐蚀的低合金钢或非金属材料，节约不锈钢。

（2）设备结构设计合理。设备结构不合理，常引起附加应力，形成缝隙，使液体停滞，蒸汽局部冷凝，固体沉积器底，腐蚀产物积聚等，这些都会加剧腐蚀。

（3）对设备进行防腐蚀保护，衬覆保护层（包括金属保护层和非金属保护层）。金属保护层是用耐腐蚀金属覆盖在不耐腐蚀金属表面，常见的有电镀（镀镍、镀铬）、喷镀、衬不锈钢或用复合钢板；非金属保护层可采取衬橡胶、塑料（四氟乙烯、玻璃钢等）、衬瓷砖、瓷板、辉绿岩板、不透性石墨，也可以刷涂料。

（4）还可以采用电化学防护法（包括阴极保护法和阳极保护法）。阴极保护法包括外加电流保护法和牺牲阳极保护法，外加电流保护即将受保护的金属设备和外加直流电源的负极相接，使整个金属设备极化为阴极，而得到保护；牺牲阳极保护即在受保护的金属设备上联结一种负电位的金属（或合金），使之成为待牺牲的阳极以保护设备。阳极保护法是将受保护的金属设备与外加直流电源的正极相连，使设备进行阳极钝化，生成氧化膜而得到保护。

第四节　化工过程控制

化工生产大多数是连续性生产，各设备相互关联，当其中某一设备的工艺条件发生变化时，都可能引起其他设备中某些参数波动，从而偏离了正常的工艺条件。为此，就需要用一些自动控制系统，对生产中某些关键性参数进行自动控制，使它们在受到外界干扰（扰动）而偏离正常状态时，能自动地控制而回到规定的数值范围内。为此而设置的系统被称为自动控制系统。

一、化工过程控制的沿革

20 世纪 40 年代以前，虽然生产过程中已经采用了自动化装置，但其设计和运行都是根据经验进行的，没有系统的理论指导。直到 40 年代中期才开始把电工中比较成熟的经典控制理论，初步应用到工业控制中来。50 年代早期，生产上出现高度集中控制的自动化装置。

到 60 年代，高等院校化工系较完整的教材中，出现了控制系统的分析、设计和复杂的新型控制方案的文献资料，以及以计算机为控制工具，利用现代控制理论，进行多变量优化性质设计的研究报告。但是，由于当时计算机的投资大、可靠性差，没有在生产上发挥巨大的作用。70 年代后期，微型计算机问世，在经济方面和可靠性方面都有很大进展，在生产上发挥了巨大作用。同时，计算机擅长逻辑判断、程序时序性的工作，因此，除控制外，信号报警、生产调度、安全管理、自动开停车等都纳入计算机程序。21 世纪，随着人工智能的广泛应用，化工过程基本实现了精准控制。

二、自动控制系统

自动控制系统是在人工控制的基础上产生和发展起来的。所以，在介绍自动控制之前，先分析人工操作，并与自动控制比较，以帮助我们分析和了解自动控制系统。

1. 人工操作

以液位控制为例，阐述人工操作的过程，如图 5-7 所示。归纳起来，操作人员所进行的工作有三方面：

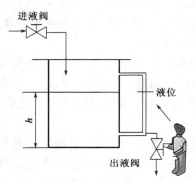

图 5-7　液位控制的人工操作

（1）检测：用眼睛观察玻璃管液位计（相当于自动控制系统的测量元件）中液位高度 h，并通过神经系统告诉大脑。

（2）运算（思考）、命令：大脑根据眼睛看到的液位高度，加以思考并与要求的液位值进行比较，得出偏差的大小和正负，然后根据操作经验，经思考、决策后发出命令。

（3）执行：根据大脑发出的命令，通过手去改变阀门开度，进而改变出口流量，使液位保持在所需的高度上。

眼、脑、手三个器官，分别发挥了检测、运算、执行的作用，来完成测量、求偏差、操作阀门以纠正偏差的全过程。

由于人工控制受到人生理上的限制，因此在控制速度和精度上都满足不了大型现代化生产的需要。为了提高控制精度和减轻劳动强度，可用一套自动化装置来代替上述人工操作，这样人工操作就变成自动控制了。

2. 自动控制系统的构成

自动控制系统是在人工控制的基础上产生和发展起来的，其主要装置包括测量元件与变送器、自动控制器、执行器，分别代替了人的眼、脑、手三个器官的功能。

自动控制系统自动化装置的三个部分分别是：

（1）测量元件与变送器：它的功能是测量液位并将液位的高低转化为一种特定的、统一的输出信号（如气压信号或电压、电流信号等）。

（2）自动控制器：它接受变送器送来的信号，与工艺需要保持的液位相比较得出偏差，并按某种运算规律算出结果，然后将此结果用特定的信号（气压或电流）发送出去。

（3）执行器：通常指控制阀，它与普通阀门的功能一样，只不过它能自动地根据控制器送来的信号来改变阀门的开启度。

在自动控制系统的组成中，除了必须有前述的自动化装置外，还必须具有控制装置所控制的生产设备或机器，称为被控对象，简称对象。图 5-8 所示的液体储槽就是这个液位自动控制系统的被控对象。化工生产中的各种容器、反应器、换热器及泵和压缩机等都是常见的被控对象，甚至一段输气管道也可以是一个被控对象。

在研究自动控制系统时，为了能清楚地表示出自动控制系统中各个组成环节之间的相互影响和信号联系，便于对系统分析研究，一般都用方块图来表示控制系统的组成。用方块表示控制系统的每个组成部分（环节）；方块之间用一条带有箭头的线条表示信号的相互作用关系，箭头指向方块表示这个环节的输入，箭头离开方块表示这个环节的输出；线条旁的字母或文字表示环节间相互作用的变量。图 5-8 的液位自动控制系统可以用图 5-9 的方块图来表示。

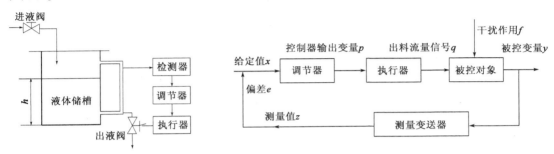

图 5-8　液位自动控制系统　　　　　图 5-9　液位自动控制系统方块图

图 5-8 的液体储槽在图 5-9 中用一个"被控对象"方块来表示，其液位就是生产过程中所要保持恒定的变量，在自动控制系统中称为被控变量，用 y 表示。在方块图中，被控变量 y 就是对象的输出。影响被控变量 y 的因素是进料流量，这种引起被控变量波动的外来因素，在自动控制系统中称为干扰作用（扰动作用），用 f 表示，干扰作用是作用于对象的输入信号。与此同时，出料流量的变化是由于控制阀动作所致，如果用一个方块表示控制阀，那么，出料流量即为液体自动控制系统方块图的输出信号。出料流量的变化也是影响液位变化的因素，所以也是左右对象的输入信号。出料流量信号 q 在方块图中把执行器和被控对象连接在一起。

3. 开环系统与闭环系统

对于任何一个简单的自动控制系统，若按照上面的原则去作它们的方块图时，就会发现，不论它们在表面上有多大差别，它的各个组成部分在信号传递关系上都形成一个闭合的环路。信号沿箭头方向前进，通过若干环节后，最终又返回到原来的起始点，所有的自动控制系统都是闭环系统。

在控制系统的方块图中，信号沿箭头方向前进，通过若干环节后，最终不能返回到原来的起始点，称为开环系统。如图 5-10 所示，自动加料系统就属于典型的开环系统。

(a)自动加料系统示意图　　　　　　(b)自动加料系统方块图

图 5-10　自动加料系统示意图及方块图

4. 反馈

图 5 - 9 中，系统的输出变量是被控变量，但是它经过测量元件和变送器后，又返回到系统的输入端，与给定值进行比较。这种把系统（或环节）的输出信号直接或经过一些环节重新返回到输入端的做法叫反馈。反馈信号取负值时称为负反馈，负反馈能够削弱原来的信号；反馈信号取正值时称为正反馈，正反馈能够使原来的信号进一步增强。

综上所述，自动控制系统是具有被控变量负反馈的闭环系统。它与自动检测、自动操作等开环系统比较，其本质的区别，就在于自动控制系统有负反馈。

第五节　化工环境保护

化工环境保护是指减少和消除化工生产中的废水、废气和废渣（简称"三废"）对周围环境的污染和对生态平衡及人体健康的影响，防治污染，改善环境，化害为利等工作，基本内容包括：(1)研究化工生产与环境保护的关系，运用行政、经济、法律、教育等手段制订环境管理的方针、政策和管理条例，以及环境保护技术经济政策等；(2)开发无污染、少污染的生产工艺、设备，采用先进、高效、经济合理的控制技术；(3)开发综合利用化工"三废"技术；(4)研究污染物分析检测方法和仪器，对环境进行监测，制订化工"三废"污染物排放控制指标以及评价环境质量和环境影响等。

一、化工生产中的污染

化工生产中排出的废水、废气、废渣中的污染物及排放量，随品种、所用原料、生产工艺、规模以及管理程度而异。

1. 废水

化工生产对环境造成的污染以水污染最为突出。化工生产废水主要是设备冷却水、洗涤废水等，通常情况下，废水中都含有无机污染物和有机污染物，需要处理后才能排放或重新利用。

1）废水中 COD 的测定

COD 是英文 Chemical Oxygen Demand 的简写，为化学需氧量，是在一定的条件下，采用一定的强氧化剂处理水样时，所消耗的氧化剂量。它是表示水中还原性物质多少的一个指标。水中的还原性物质有各种有机物、亚硝酸盐、硫化物、亚铁盐等，但主要的是有机物。因此，COD 又往往作为衡量水中有机物质含量多少的指标。COD 越大，说明水体受有机物的污染越严重。

COD 的测定方法有重铬酸盐氧化法、高锰酸钾氧化法、分光光度法、快速消解法、快速消解分光光度法。但需注意的是，COD 的测定方法不同，其测定值也有不同。目前最为常用的是高锰酸钾氧化法与重铬酸钾氧化法。高锰酸钾（$KMnO_4$）氧化法的氧化率较低，但比较简便。在测定水样中有机物含量比较大时，可以采用重铬酸钾（$K_2Cr_2O_7$）氧化法，氧化率高，再现性好。

有机物对工业水系统的危害很大。严格来说，COD 也包括了水中存在的无机性还原物质。通常，因废水中有机物的含量远远多于无机物质的含量，因此，一般用 COD 来代表废水中有机物质的总量。在测定条件下水中不含氮的有机物质易被高锰酸钾氧化，而含氮的有机物质就比较难分解。

与 COD 相近，用于测定废水中污染物含量的另一个指标是 BOD，即生化需氧量。

2）危害

（1）含有氰、酚、砷、汞、镉和铅等有毒物质的废水 BOD 和 COD 高，pH 值不稳定，排入水中后会大量消耗水中的溶解氧，导致水域缺氧。

（2）废水中有毒物质直接对鱼类、贝类和水生植物造成毒害。

（3）有毒重金属还会在生物体内长期积累造成中毒。

（4）含氮、磷较高的化肥生产废水排入水中后，引起水域氮、磷含量增加，使藻类等水生植物大量繁殖，出现水域富营养化，造成鱼类窒息而大批死亡。

2. 废气

工厂排出的硫氧化物、氮氧化物、氟化氢、氯气等废气都对植物有害。二氧化硫可直接危害植物的芽、叶、花，轻者减产，重者枯死；氟化物不仅使牲畜受害，而且使作物生理代谢受到抑制，牧业、农业均受损失。石油化工厂和氮肥厂排出的烃废气和氮氧化物，在阳光照射下会发生化学反应，生成臭氧和过氧化乙酰硝酸酯等，造成光化学烟雾污染。

3. 废渣

其危害性以铬渣为代表，铬渣中的水溶性六价铬是一种致癌物质，若随地面水流出厂外或渗入地下水中，会严重污染周围环境及水源。

上述各种工业有害物质接触人体或被吸入人体后，将直接损害人体健康。例如：二氧化硫对上呼吸道黏膜具有强刺激性；二氧化硫氧化后形成的硫酸雾侵入肺泡，会引起肺气肿和肺硬化而致人死亡；一氧化氮急性中毒将迅速导致肺部充血和水肿，甚至窒息死亡；悬浮粉尘进入肺中，沉积于肺内，可导致各种"尘肺病"等。

二、污染物排放标准

污染物排放标准是国家对人为污染源排入环境的污染物的浓度或总量所作的限量规定，其目的是通过控制污染源排污量来实现环境质量标准或环境目标，污染物排放标准按污染物形态分为气态、液态、固态以及物理性污染物（如噪声）排放标准。

1. 制定污染物排放标准的原则

（1）尽量满足环境质量标准的要求。

（2）必须考虑所规定的容许排放量在控制技术上的可行性和经济上的合理性。

（3）必须考虑污染源所在地区的环境条件（如环境的自净能力）和区域范围内污染源的分布和特点等。

2. 污染物排放标准

污染物排放标准通常按污染物形态和适用范围两个方面划分。

1）按污染物形态划分

（1）气态污染物排放标准：规定二氧化硫、氮氧化物、一氧化碳、硫化氢、氯、氟以及颗粒物等的容许排放量。

（2）液态污染物排放标准：规定废水（废液）中所含的油类、需氧有机物、有毒金属化合物、放射性物质和病原体等的容许排放量。

（3）固态污染物排放标准：规定填埋、堆存和进入农田等处的固体废物中的有害物质的容许含量。

此外，还有物理性污染物排放标准，如噪声标准等。

2）按污染物适用范围划分

（1）通用的污染物排放标准：规定一定范围（全国或一个区域）内普遍存在或危害较大的各种污染物的容许排放量，适用于各个行业。有的通用排放标准按不同排向（如水污染物按排入下水道、河流、湖泊、海域）分别规定容许排放量。

（2）行业的污染物排放标准：规定某一行业所排放的各种污染物的容许排放量，只对该行业有约束力。因此，同一污染物在不同行业中的容许排放量可能不同。行业的污染物排放标准还可以按不同生产工序规定污染物容许排放量，如钢铁工业的废水排放标准可按炼焦、烧结、炼铁、炼钢、酸洗等工序分别规定废水中 pH 值、悬浮物总量和油等的容许排放量。

三、污染物防治方法

对应化工生产中的"三废"，其污染物的防治方法有废水处理、废气治理和废渣治理三个方面。

1. 废水处理

工业废水的有效治理应遵循如下原则：

（1）最根本的是改革生产工艺，尽可能在生产过程中杜绝有毒有害废水的产生，如以无毒用料或产品替代有毒用料或产品。

（2）在使用有毒原料以及产生有毒中间产物和产品的生产过程中，采用合理的工艺流程和设备，并实行严格的操作和监督，消除跑冒滴漏现象，尽量减少流失。

（3）含有剧毒物质的废水，如含有一些重金属、放射性物质、高浓度酚、氰等的废水应与其他废水分流，以便于处理和回收。

（4）一些流量大而污染轻的废水如冷却废水，不宜排入下水道，以免增加城市下水道和污水处理厂的负荷，这类废水应在厂内经适当处理后循环使用。

（5）成分和性质类似于城市污水的有机废水，如造纸废水、制糖废水、食品加工废水等，可以排入城市污水系统。应建造大型污水处理厂，包括因地制宜修建的生物氧化塘、污水库、土地处理系统等简易可行的处理设施。与小型污水处理厂相比，大型污水处理厂（图5-11）既能显著降低基本建设和运行费用，又因水量和水质稳定，易于保持良好的运行状况和处理效果。

（6）一些可以生物降解的有毒废水如含酚、氰废水，经厂内处理后，可按容许排放标准排入城市下水道，由污水处理厂进一步进行生物氧化降解处理。

（7）含有难以生物降解的有毒污染物的废水，不应排入城市下水道或输往污水处理厂，而应进行单独处理。

图5-11　大型污水处理厂

废水的处理：包括固体悬浮物与液体分离、有机物及可氧化物质的氧化去除。处理方法有物理处理法、化学处理法、物理化学处理法和生物处理法。

（1）物理处理法主要用于去除废水中悬浮固体、砂和油类，一般用作其他方法的预处理步骤，包括过滤、重力分离、离心分离等。

（2）化学处理法是利用化学作用处理废水中溶解性物质或胶体的方法，可用来去除废水中的胶体物、重金属、乳化油、色度、臭味、酸、碱等，包括中和、混凝、氧化、还原等方法。

（3）物理化学法是利用物理、化学作用，去除废水中的溶解性有害物质的方法，包括吸附、萃取、离子交换、电渗析、反渗透等方法。

（4）生物处理法是通过微生物的作用，分解废水中有机污染物的方法，分为活性污泥法和生物膜法两类，具体包括普通活性污泥法、粉末活性炭—活性污泥法、生物滤池、生物流化床和厌氧消化等方法。

2. 废气处理

废气处理技术上可分为除尘技术和气体净化技术两类。除尘技术有重力沉降除尘、离心除尘、洗涤除尘、过滤除尘以及静电除尘等；气体净化技术主要有吸收法、吸附法和化学催化法等。

（1）吸收法是借助于适当的液体吸收剂处理气体混合物，以去除其中一种或多种组分的方法（例如硝酸厂尾气的吸收）。

（2）吸附法是利用某些固体吸附剂的巨大吸附表面和选择吸附能力，将气体中有毒物质从废气中吸附除去，从而达到净化目的。图 5 - 12 为化工生产过程中的尾气吸收和吸附装置。

（3）化学催化法主要是利用催化剂的催化作用，将气体中的有害物质催化转化为各种无毒化合物。

图 5 - 12　化工生产过程中的尾气吸收和吸附装置

3. 废渣处理

废渣处理包括湿式氧化法、焚烧法、土地填埋法和厌氧消化等方法。

（1）湿式氧化法是在高温加压的条件下，用空气中的氧对有毒废物或污泥等进行氧化分解，去除废物中有毒物质的方法。

（2）焚烧法是在焚烧炉内，将污泥或可燃性固体废弃物高温燃烧氧化，使有害物质转化为二氧化碳、水、灰分及其他组分的方法。

（3）土地填埋法是将固体废弃物适当处置后加以填筑的方法。填埋场地应选择黏土土质或通过人工衬里以阻止沥滤液的渗透。

（4）厌氧消化法是在厌氧条件下，通过厌氧细菌的作用，使污泥发酵，将复杂的有机物变为简单有机物，同时副产沼气（甲烷）作燃料的方法。

第六节　化工可持续发展

化工行业作为国民经济发展的支柱性产业，发展过程中在带来了巨大经济效益的同时，也对环境造成了严重的破坏。过去的几年，我国各地雾霾现象严重，空气污染导致各地发病率上升。十九大后，环境明显好转。图 5 – 13 为宣传图。

图 5 – 13　推动可持续发展，中国向世界发出邀请的宣传图

对于环境污染现象的治理，传统方法是先污染后治理，这种粗放型的经济发展模式尽管在一定程度上为我国经济发展做出巨大贡献，但同时也导致我国环境污染问题越来越严重。"绿水青山，就是金山银山"，化工生产必须从源头上走可持续发展的道路。为了谋求人类社会的长远发展，提升环保工作开展力度是十分有必要的。国家相继出台一系列政策和规范，以求改善化工产业生产过程中出现的污染问题，谋求行业可持续发展。

一、可持续发展的定义

可持续发展已成为当今一个应用范围非常广的概念，不仅在经济、社会、环境等方面运用，而且在教育、生活、艺术等方面也经常运用。在人们的潜意识里，只要是持续而不停顿的发展皆可称为持续发展。实际上，可持续发展解决的是当前利益与未来利益、眼前利益与长远利益的关系问题。下面给出不同时期针对不同领域的可持续发展的定义。

1. 广泛性定义

该定义是在 1987 年由世界环境及发展委员会所发表的"布伦特兰报告书"中所载的，其主要描述是：可持续发展是既满足当代人的需求，又不对后代人的需求能力构成危害的发展。它们是一个密不可分的系统，既要达到发展经济的目的，又要保护好人类赖以生存的大气、淡水、海洋、土地和森林等自然资源和环境，使子孙后代能够永续发展和安居乐业。可持续发展与环境保护既有联系，又不等同。环境保护是可持续发展的重要方面。可持续发展的核心是发展，但要求在严格控制人口、提高人口素质和保护环境、资源永续利用的前提下进行的经济和社会的发展。发展是可持续发展的前提，人是可持续发展的中心体，可持续长久的发展才是真正的发展。

2. 科学性定义

由于可持续发展涉及自然、环境、社会、经济、科技、政治等诸多方面，所以，由于研究者所站的角度不同，对可持续发展所作的定义也就不同。大致归纳如下：

（1）侧重自然方面的定义。"持续性"一词首先是由生态学家提出来的，即"生态持续性"（Ecological Sustainability），意在说明自然资源及其开发利用程序间的平衡。1991 年 11 月，国际生态学联合会（INTECOL）和国际生物科学联合会（IUBS）联合举行了关于可持续发展问题的专题研讨会。该研讨会的成果，发展并深化了可持续发展概念的自然属性，将可持续发展定义为"保护和加强环境系统的生产和更新能力。"

（2）侧重于社会方面的定义。1991 年，由世界自然保护同盟（INCN）、联合国环境规划署（UN－EP）和世界野生生物基金会（WWF）共同发表《保护地球——可持续生存战略》（*Caring for the Earth：A Strategy for Sustainable Living*），将可持续发展定义为"在生存于不超出维持生态系统容量的情况下，改善人类的生活品质"，并提出了人类可持续生存的九条基本原则。

（3）侧重于经济方面的定义。E. B. 巴比尔（Edivard B. Barbier）在其著作《经济、自然资源：不足和发展》中，把可持续发展定义为"在保持自然资源的质量及其所提供服务的前提下，使经济发展的净利益增加到最大限度。"皮尔斯（D. Pearce）认为"可持续发展是今天的使用不应减少未来的实际收入"，"当发展能够保持当代人的福利增加时，也不会使后代的福利减少。"

（4）侧重于科技方面的定义。斯帕思（Jamm Gustare Spath）认为"可持续发展就是转向更清洁、更有效的技术，尽可能接近'零排放'或'密封式'工艺方法，尽可能减少能源和其他自然资源的消耗。"

3. 综合性定义

《我们共同的未来》中将可持续发展 定义为"既满足当代人的需求，又不对后代人满足其自身需求的能力构成危害的发展。"

1989 年联合国环境发展会议（UNEP）专门为可持续发展的定义和战略通过了《关于可持续发展的声明》，认为可持续发展的定义和战略主要包括四个方面的含义：（1）趋于国家和国际平等；（2）一种支援性的国际经济环境；（3）维护、合理使用并提高自然资源基础；（4）在发展计划和政策中纳入对环境的关注和考虑。

总之，可持续发展就是建立在社会、经济、人口、资源、环境相互协调和共同发展的基础上的一种发展，其宗旨是既能相对满足当代人的需求，又不能对后代人的发展构成危害。

可持续发展注重社会、经济、文化、资源、环境、生活等各方面协调发展，要求这些方面各项指标组成的向量变化呈现单调递增态势（强可持续性发展），至少其总的变化趋势不是单调递减态势（弱可持续性发展）。

二、可持续发展的原则

1. 公平性原则

可持续发展是一种机会、利益均等的发展，它既包括同代内区际间的均衡发展，即一个地区的发展不应以损害其他地区的发展为代价；也包括代际间的均衡发展，也就是既满足当代人的需要，又不损害后代的发展能力。该原则认为人类各代都处在同一生存空间，他们对这一空间中的自然资源和社会财富拥有同等享用权，他们应该拥有同等的生存权。因此，可持续发展把消除贫困作为重要问题提了出来，要予以优先解决，要给各国、各地区的人，世世代代的人以平等的发展权。

2. 持续性原则

人类经济和社会的发展不能超越资源和环境的承载能力，即在满足需要的同时必须有限制因素。因此，在满足人类需要的过程中，主要限制因素有人口数量、环境、资源，以及技术状况和社会组织对环境满足眼前和将来需要能力施加的限制。持续性原则的核心是人类的经济和社会发展不能超越资源与环境的承载能力，从而真正将人类的当前利益与长远利益有机结合。

3. 共同性原则

各国可持续发展的模式虽然不同，但公平性和持续性原则是共同的。地球的整体性和相互依存性决定全球必须联合起来，认知我们的家园。

可持续发展是超越文化与历史的障碍来看待全球问题的。它所讨论的问题是关系到全人类的问题，所要达到的目标是全人类的共同目标。虽然国情不同，实现可持续发展的具体模式不可能是唯一的，但是无论富国还是贫国，公平性原则、持续性原则是共同的，各个国家要实现可持续发展都需要适当调整其国内和国际政策。只有全人类共同努力，才能实现可持续发展的总目标，从而将人类的局部利益与整体利益结合起来。

三、化工可持续发展的途径

化学工业的可持续发展不仅关系着行业健康发展，也直接影响着国民经济的可持续发展。当前，追求规模化和经济效益已不再是化学工业的唯一目标，可持续发展和绿色化工成为未来发展的指导方针；同时，责任关怀作为可持续发展的重要组成部分，近年来在行业中的发展也在不断加强。中国经济多年的高速增长引发了严重的生态环境问题，经济进一步的发展面临严峻的资源环境瓶颈约束。

要实现化工可持续发展，就必须改变传统的经济与环境二元化的经济模式，建立一种把二者内在统一起来的生态经济模式，建立绿色化工产业。

建设可持续发展化工，开展绿色化工的相关途径如下：

（1）健全和完善法律法规，增强环保意识，实现可持续发展。为了切实贯彻可持续发展战略，增强全民环保意识是十分有必要的。保护环境需要有严明的法律法规提供保障，健全和完善相关法律法规内容，加强各级监督和管理，以此来规范化工企业生产行为。我国针对环境保护制定的法律规范和标准相继出台，主要有环境空气质量标准、海水水质标准、污水综合排放标准以及大气污染物综合排放标准。随着人们生活水平和要求的提高，相应的对污染物排放指标的完善越来越严格，对于保护生态环境有着较为深远的影响。

（2）做好化工污染的控制工作。在日常生活中，造成化工污染的主要原因是化工工艺不够合理。为此，在控制化工污染的过程中就要采用高科技绿色化技术，以此来把握好原材料绿色化以及化学反应绿色化，彻底得到高效绿色的催化剂与助溶剂等。采用绿色的原材料与催化剂、助溶剂进行反应，让原材料分子中的原子彻底转化，并不产生任何的废气、废渣与废水，最终实现废物零排放。在化工生产废物回收与处理方面进行预先设计，避免在操作环节与施工过程对环境造成影响而再进行处理，从根本上做好化工新产品整个生命周期中绿色化控制工作。

（3）改善传统的化工产品生产体制。目前随着科学技术的不断更新与发展，公众环境保护意识逐渐增强，政府相关规章管理条例也对化工污染进行了限制，在社会舆论压力与监督系统的约束下，人们对传统化工操作流程与化工工艺对环境的污染开始越加重视，并逐渐认识到化工污染的危害与影响。所以对化工污染的防治管理工作不仅要对生产过程进行管理，还应当对化工生产整个生命周期进行管理与控制，在改革的过程中积极主动寻找新型的无污染替代品来满足环境与经济的需要，这样才能彻底改变传统的化工生产体系。

（4）积极利用可再生资源生产绿色的化工产品。目前，在世界上95%以上的有机化学产物都来源于石油，且这些石油产品都是很难降解的，加之整个地球中的石油储备有限，开采与加工过程都对环境有着一定的影响；但是石油与人们日常生活与生产活动密切相关，使石油成了人类活动中各领域中的首选原料。在地球中现存使用量最多的可再生资源是木质纤维与淀粉，这些都是含糖聚合物，将其进行粉碎后作为化工原料，在一定温度条件下，通过发酵与催化，可以生产出符合人们需求的无污染又可降解的化工产品。这样不仅对环境起到了保护作用，还能从根本上实现化工行业的可持续发展，图5-14是用生物原料制造环境友好型塑料的车间。

图5-14　用生物原料制造环境友好型塑料的车间

（5）对新建的化工项目采取评价制度。现今所使用的环境影响评价制度是建立在可持续发展的基础之上，而评价是建立在污染物处理是否达标的基础之上，其工作重点主要是污染物处理的规模、财力以及生产性能。但是该评价制度往往忽视了化工生产过程自身的环境保护措施，所以这样很难实现绿色化工生产。而新建环保评价制度就是在此基础上加强了对整个生产过程的审计，如原材料的选择、施工的工艺以及技术的选择等。

（6）开展绿色教育与宣传工作。目前，我国对绿色化工的认识还处在探索阶段，所以需采取各种方式进行宣传，如通过媒体进行宣传、举办专题研讨会等，采取实际行动来实现对绿色化工的宣传与教育工作。尤其是在培养专业人才上，要注重在高等院校中对化工教材进行改革，并且设置专门的化工研究内容，将绿色化工的理论与思想融入教学中；并通过一些绿色化工方面的教学活动，让学生认识到化工科技性与自然性的统一，同时充分认识到绿色化工对可持续发展的重要性，只有这样才能为我国培养出环保意识与竞争能力强的高级化工人才。

总之，要实现可持续发展，就必须在发展模式上有一个变革性转变。当然，在全球经济趋向于一体化的今天，要彻底解决这个问题，并不是一个国家一朝一夕可以做到的。当代人类所面临的困难是全球性的，因此，只有通过全人类长期的共同努力才能做到。贯穿绿色发展理念，坚持经济、环境、社会共赢发展，推动经济的绿色转型，在绿色消费、绿色出口等需求侧精准施策，为中国经济发展注入绿色动力，使绿色产业成为新的经济增长点，不仅拉动我国经济走出下行压力的雾霾，迈向中高端，而且促进我国生态环境质量总体改善，为人民提供更多优质的生态产品。

第七节 绿色化工

绿色化工是指在化工产品生产过程中，从工艺源头上就运用环保的理念，推行源消减，进行生产过程的优化集成，废物再利用与资源化，从而降低了成本与消耗，减少废弃物的排放和毒性，减少产品全生命周期对环境的不良影响。绿色化工的兴起，使化学工业环境污染的治理，由先污染后治理转向从源头上进行治理。

石油和化学工业是国民经济的支柱产业，在国家经济发展中起着举足轻重的作用。绿色化工是当今国际化学工业科学研究的前沿，它从源头上消除污染，合理利用资源和能源，降低生产成本，实现可持续发展。我国是一个能源紧缺、资源短缺、人口众多的国家，因此，节能、环保和节约资源是今后石油和化工持续、快速、健康发展的重要内容和前提条件。

一、原子经济反应技术

如今，现有化工行业所面临最严峻的考验是节能与减排。经过反复分析并研究化学与资源、环境之间的关系，1991 年美国斯坦福大学托罗斯特（Trost）教授提出了原子经济概念。虽然这一概念提出很早，但只在近些年才得到广泛的关注和研究，到目前为止已经发展成为当今全球国际化学的前沿领域之一，为新世纪化工领域的可持续性发展奠定了基础。

原子经济性是指反应物中的原子有多少进入了产物，用数学式表示为：

$$AE = \frac{\sum P_i M_i}{\sum F_j M_j} \times 100\% \tag{5-1}$$

式中　AE——原子经济性；

P_i——目的产物分子中原子 i 的数目；

F_j——原料分子中原子 j 的数目；

M——各原子的相对原子质量。

原子经济反应的本质是将传统化工技术生产的路线由原来的"先污染后治理"转变为"源头上消除污染"。欲从源头上控制化工污染的发生，化学合成途径的选择至关重要。除理论产率外，还应考虑和比较不同途径的原子利用率。理想的原子经济性反应其原子转化率应是 100%。100% 表示不产生副产物或废物，或者说是废物的零排放。

作为绿色化工技术中十分重要的一个方面，近些年来原子经济反应的研究及应用也越来越多。美国化工领域将其作为新世纪化工绿色化发展的主要方向之一，并将"绿色化工挑战奖"颁发给该领域最新成果的研发人员，提出原子经济概念的托罗斯特教授获得了 1998年美国"总统绿色化学挑战奖"的学术奖。我国自然科学基金委员会及中科院也开展了相关技术咨询活动，并将原子经济反应等绿色化工技术研究课题纳入我国国家重大科技计划之中，相关院校也纷纷进行了绿色化工技术研究机构的组建。图 5-15 为绿色化工技术的原则和方法关系图。

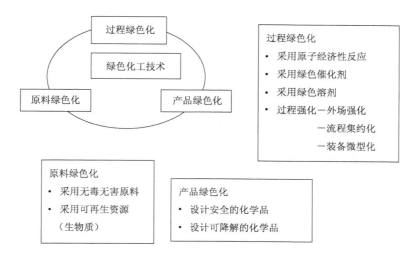

图 5 – 15　绿色化工技术的原则和方法

二、绿色化工技术

绿色化工技术也被称为可持续发展化学技术,是在绿色化学基础上发展起来的化学技术,主要有以下几个方面:生物技术、催化技术、膜技术、高级氧化技术、微波技术、等离子体技术等。

(1)采用绿色原料。绿色原料是指在使用过程中能与生态环境和谐并对人类身心健康无害的原料。如生产异氰酸酯的传统工艺一直采用毒性极高的光气合成法,杜邦公司用一氧化碳将胺直接羰基化而合成了异氰酸酯,并已实现工业化。新工艺去掉了对人类、对环境有毒有害的光气,从原料到产品整个生产过程毒性显著降低。

(2)开发绿色合成工艺。通过化学与生物学结合开发模拟生物系统的新型催化剂,使一些化学合成能在温和的条件下或水溶液中进行,其核心工艺技术是生物催化。另外,采用高选择性的化学催化剂也是开发绿色化学技术的有效途径。在传统的 Friedel-Crafts 酰化反应(简称傅克反应)中,一般用强腐蚀、易水解的三氯化铝作催化剂,生产 1t 酰化产物将带来 3t 对环境有害的酸性铝盐废弃物。而采用无毒的 EPZG 催化剂取代三氯化铝,不仅催化剂用量为原来的 10%,而且废弃物排放量也只有原来的 10%。

(3)生产绿色化学品。各行各业使用的化学品,应从绿色化学品概念出发,尽可能使用低毒、低残留、易生物降解的化学产品。化工生产也从绿色概念出发,开发低毒或无毒无害的化学品,以满足各个领域的需要。

三、生物化学技术

生物化学技术包括分离技术、分析检测技术、分子生物学技术等。

(1)分离技术:沉淀、吸附、膜分离(过滤、透析等)、离心、层析、电泳等。

(2)分析检测技术:电泳、层析、光谱、质谱、电化学技术、分子标记等。

(3)分子生物学研究技术:基因重组、分子杂交、PCR 与反转录核酸测序、免疫技术、生物芯片等。

天然生物原料由于自身属性等原因,能够同环境达到相融相合的境界,因此,已经成为绿色化工领域的关注重点，也开始成为化工领域生产过程中的首选材料。例如木质纤维素、淀粉等，这些由于含有大量的糖类聚合物，因此，将其破碎为单体后作为化工原料，通过较为温和的条件，在酶类催化或细菌发酵等作用下，就可以生产出无污染，又能够生物降解的绿色产品。此技术目前已经在石油化工中得到了一定程度的应用，并获得了较为理想的效果。

化工生产应利用这些先进的发展技术，从"末端污染"向"绿色生产"转化，大力发展绿色化工，开发和生产耐用的、能重复使用的和环境友好的化学产品。

四、绿色化工与环境化工的区别和协调发展

1. 绿色化工理念

与环境化工的处理不同，绿色化工旨在把传统的化工工艺绿色化，设计环境友好的化学反应路线，同时生产绿色化学产品。欲将传统的化学工业建设和改造成为可持续发展的绿色化学工业，必须从工艺源头上运用环境保护的理念，推行源消减，进行生产过程的优化集成、废物再利用与资源化，从而降低成本与消耗，减少废弃物的排放和毒性，减少产品全生命周期对环境的不良影响。

绿色化工可转变经济增长方式，有效促进化工行业从粗放型向集约型转变。绿色化工通过改进工艺技术和设备，能够最大限度地提高资源和能源的利用率，合理利用资源，降低物耗，提高经济效益，并把它们与环境保护有机地结合起来，有利于化工挖掘环保潜力，提高化工企业的管理水平和技术水平，有效实现节能降耗、减少污染物的产生量和排放量的目标，从而实现经济增长与环境保护的协调发展。

2. 环境化工理念

环境化工是指在化工产品生产过程中，将化学工程技术的专业知识与环境工程治理的专业知识结合起来，在治理环境污染中着重处理生产排出的废弃物，将污染物脱除或者转化达到排放要求的过程。环境治理技术主要包括各种物理化学法和生物法，它们基于化学工程的基本单元操作而实现，如高盐废水的蒸发处理（图5-16）。可以说环境化工技术是化工技术在环境污染治理技术中的应用，环境化工使化工污染废物得以合格处理并安全排放。

环境化工所采用的末端治理把环境责任更多地放在环保研究、管理等人员身上，把注意力集中在对生产过程中已经产生的污染物的处理上。末端治理在环境管理发展过程中是一个重要的阶段，它有利于消除污染，也在一定程度上减缓了生产活动对环境的污染和破坏趋势。但随着时间的推移、工业化进程的加速，末端治理的局限性也日益显露。

（1）污染控制与生产过程控制没能密切结合，资源和能源不能在生产过程中得到充分利用，如农药、染料生产收率都比较低。生产过程中排出的污染物实际上都是物料，这不仅对环境产生极大的威胁，同时也严重地浪费了资源。因此，改进生产工艺及控制，提高产品的收率，即可大幅度削减污染物的产生，不仅增加了经济效益，同时也减轻了末端治理的负担。污染控制只

图5-16 高盐废水蒸发处理装置

有与生产过程控制紧密结合，才能改变末端控制被动的局面，才能使资源得到充分利用，才能避免浪费的资源还要消耗其他的资源和能源去进行处理等问题。

（2）污染物产生后再进行处理，不仅处理设施基建投资大，而且运行费用高。"三废"处理与处置往往只有环境效益而无经济效益。目前，化工企业投入的环保资金除了部分用于预处理的物料回收、资源综合利用等项目外，大部分投资用来进行污水处理场等环保项目的建设。由于建厂时没有抓住生产全过程控制和源削减，生产的同时污染物产生量很大，造成污染治理的投资很大，当然维持处理设施的运行费用也就非常巨大。目前，许多装置由于种种原因，物料流失严重，物耗和产品成本很高，不仅造成了经济损失，而且流失到环境中的物料还需要很高的费用去处理、处置，使企业负担双重的经济压力。

（3）现有的污染治理技术还存在局限性，使得排放的"三废"在处理、处置过程中对环境仍存在一定的风险性，会对环境带来二次污染。如废渣堆存可能引起地下水污染，废物焚烧会产生有害气体，废水处理可能产生含重金属的污泥及活性污泥等。

3. 绿色化工与环境化工的区别

绿色化工与环境化工虽然有着密切的联系，却不是等同的概念，它们也存在着处理原则的巨大差异（表5-3）。

表5-3　环境化工与绿色化工的比较

	绿色化工	环境化工
思考方式	污染物的源头抑制	污染物的末端处理
产生时代	20世纪80年代末	20世纪70~80年代
控制过程	生产源头和全过程控制	污染物达标和排放控制
产污量	明显减少	间接或可推动减少
排污量	减少	减少
资源利用率	增加	无明显变化
资源消耗	减少	增加
产品产量	增加	无显著变化
产品成本	降低	增加（污染治理费用）
经济效益	增加	减少（用于治理污染）
治理污染费用	减少	随排放标准严格，成本增加
污染转移	无	有可能
目标对象	全社会	企业或周围环境

绿色化工以源头处理为主导，而环境化工主要采用末端治理方法。环境化工的产生早于绿色化工，人们在知道化工废弃物对人类环境造成污染时，就逐渐开始发展了末端治理方法。并且，已逐步走向成熟。当人们逐渐意识到末端处理产生化工废物的数量越来越多，对人类的毒害作用越来越大，成本也逐渐增加而不可控制时，绿色化学和绿色化工技术理念才应运而生。从源头治本的方式进行处理，对废物的产生具有相对可控制性，相比于环境化工，绿色化工虽然起步晚，但是潜力却无穷。在二者协调发展、互帮促进的情况下，绿色化工更加切实地符合可持续发展的时代主题，在新时代下被大力提倡。

4. 绿色化工与环境化工协调发展

从环境保护的角度看，环境化工与绿色化工两者并非互不相容，也就是说推行绿色化工还需要环境化工。环境保护是实现社会发展的前提，保护环境，确保人与自然的和谐，是经济能够得到进一步发展的前提，也是人类文明延续的保证。在化工行业高速发展的今天，绿色化工和环境化工都是在保证化工生产给人类社会来带来最大利益的同时，运用先进的技术和方法来减少或消除那些对人类健康、社区安全、生态环境有害的各种物质，减少化工生产对环境的污染，改善人类赖以生存的环境，守住绿水蓝天必不可少的两种方式。

由于工业生产无法完全避免产生污染物，使用过的产品最终要进行无害化处理、处置。因此，完全否定末端治理是不现实的。绿色化工和环境化工是并存的，只有不断努力，实施生产全过程和治理污染过程的双重控制才能保证最终环境保护目标的实现。

因此，环境化工和绿色化工在化工生产中缺一不可，都是控制化工污染的有效手段，是化工行业得以循环进行的必然选择，符合当下社会绿色、环保、可持续发展的时代主题。绿色化工和环境化工有着共同的发展目标，在新时代的发展中相辅相成、相互协作，共同缔造化工行业和谐美好的发展前景。

 本章思考题

1. 化工过程的本质安全都体现在哪些方面？除了从化工机械与设备和化工自动控制进行思考外，从化工设计角度如何考虑？

2. 实现"三传一反"的机械设备都有哪些？阐述机械设备结构特点。

3. 化工环保与绿色化工的根本区别主要体现在哪些方面？另外，请思考化学学科应对绿色化工如何作出贡献。

参 考 文 献

[1] 中国大百科全书编委会.中国大百科全书：化工.北京：中国大百科全书出版社，1987.

[2] 化工百科全书编委会.化工百科全书.第18卷.北京：化学工业出版社，1998.

[3] 国务院学位委员会第六届学科评议组.学位授予和人才培养一级学科简介.北京：高等教育出版社，2013.

[4] 中华人民共和国教育部高等教育司.普通高等学校本科专业目录和专业介绍（2012年）.北京：高等教育出版社，2013.

[5] 中国科学院化学学部，国家自然科学基金委化学科学部.展望21世纪的化学工程.北京：化学工业出版社，2004.

[6] 李淑芬，王成扬，张毅民.现代化工导论.北京：化学工业出版社，2015.

[7] 高金森，徐春明，何静，等.化学工程学科发展及战略研究.中国科学：化学，2014，44（9）：1385－1393.

[8] 冯亚青，张凤宝，夏淑倩.构建化工类专业教学质量国家标准提高化工人才培养质量.中国大学教学，2018（1）：38－40.

[9] 戴猷元.化工概论.北京：化学工业出版社，2012.

[10] 李为民，王龙耀，许娟.新能源与化工概论.台北：五南图书出版公司，2012.

[11] 吴曼，宋爱芳，张岩，等.基于典型期刊文献计量分析的国内外化工领域研究特点及趋势—对《化工学报》，AIChE Journal，Chemical Engineering Science，Industrial & Engineering Chemistry Research 发文分析.化工学报，2018，69（2）：873－884.

[12] Jan Harmsen. Process intensification in the petrochemicals industry：Drivers and hurdles for commercial implementation. Chemical Engineering and Processing. 2010（49）：70－73.

[13] Pablo J. Bereciartua，Ángel Cantín，Avelino Corma，et al. Control of zeolite framework flexibility and pore topology for separation of ethane and ethylene. Science，358，2017：1068－1071.

[14] 苏建民.化工与石油化工概论.北京：中国石化出版社，2015.

[15] 邹长军.石油化工工艺学.北京：化学工业出版社，2010.

[16] 诸林.天然气加工工程.北京：石油工业出版社，2008.

[17] 彭笑刚.物理化学讲义.北京：高等教育出版社，2012.

[18] 石油化工规划参数资料.基本有机原料.北京：中国石化总公司发展部，1992.1－36.

[19] Kirk－Othmer. Encyclopedia of Chemical Technology. Vol. 9，4th ed. New York：John Wiley & Sons，Inc.，1994. 877－915.

[20] John，J. Mckitta. Encyclopedia of Chemical Processing and Design. Vol. 20，New York and Basel：Marcel Dekker. Inc.，1987. 88－159.

[21] V. M. Zakoshansky. The Cumene Process for Phenol－Acetone Production. Petroleum Chemistry，2007，47（4），273－284.

[22] 洪仲苓.化工有机原料深加工.北京：化学工业出版社，1997.

[23] 司航.化工产品手册，有机化工原料.3版.北京：化学工业出版社，1999.

[24] 廖学品.化工过程危险性分析.北京：化学工业出版社，2000.

[25] Igor Bulatov. Towards cleaner technologies：emissions reduction，energy and waste minimisation industrial implementation. Clean Technol Environ Policy 2009（11）：1－6.

[26] 李健秀.化工概论.北京：化学工业出版社，2005.

[27] 邵荣，许伟. 化工导论. 南京：南京大学出版社，2014.

[28] 魏寿彭，丁巨元. 石油化工概论. 北京：化学工业出版社，2011.

[29] 邬国英，李为民，单玉华. 石油化工概论. 2版. 北京：中国石化出版社，2006.

[30] 孙小平. 石油化工概论. 北京：化学工业出版社，2017.

[31] 张娜，王强，时维振. 现代化工导论. 北京：中国石化出版社，2013.